AF453155

ENCYCLOPÉDIE AGRICOLE
Publiée sous la direction de G. WERY

C. Martin

# LAITERIE

ENCYCLOPÉDIE AGRICOLE
Publiée par une réunion d'Ingénieurs agronomes
SOUS LA DIRECTION DE G. WERY

# LAITERIE

PAR

## Charles MARTIN

INGÉNIEUR AGRONOME
FONDATEUR ET ANCIEN DIRECTEUR DE L'ÉCOLE NATIONALE D'INDUSTRIE LAITIÈRE
DE MAMIROLLE

*Introduction par le Dr P. REGNARD*
DIRECTEUR DE L'INSTITUT NATIONAL AGRONOMIQUE
MEMBRE DE LA SOCIÉTÉ N[le] D'AGRICULTURE DE FRANCE

Avec 114 figures intercalées dans le texte.

PARIS

LIBRAIRIE J.-B. BAILLIÈRE ET FILS

19, rue Hautefeuille, près du Boulevard Saint-Germain

1904

# INTRODUCTION

Si les choses se passaient en toute justice, ce n'est pas moi qui devrais signer cette préface.

L'honneur en reviendrait bien plus naturellement à l'un de mes deux éminents prédécesseurs :

A Eugène TISSERAND, que nous devons considérer comme le véritable créateur en France de l'enseignement supérieur de l'Agriculture : n'est-ce pas lui qui, pendant de longues années, a pesé de toute sa valeur scientifique sur nos gouvernements, et obtenu qu'il fût créé à Paris un Institut agronomique comparable à ceux dont nos voisins se montraient fiers depuis déjà longtemps ?

Eugène RISLER, lui aussi, aurait dû plutôt que moi présenter au public agricole ses anciens élèves devenus des maîtres. Près de douze cents Ingénieurs Agronomes, répandus sur le territoire français, ont été façonnés par lui : il est aujourd'hui notre vénéré doyen, et je me souviens toujours avec une douce reconnaissance du jour où j'ai débuté sous ses ordres et de celui, proche encore, où il m'a désigné pour être son successeur.

Mais, puisque les éditeurs de cette collection ont voulu que ce fût le directeur en exercice de l'Institut agronomique qui présentât aux lecteurs la nouvelle *Encyclopédie*, je vais tâcher de dire brièvement dans quel esprit elle a été conçue.

Des Ingénieurs Agronomes, presque tous professeurs d'agriculture, tous anciens élèves de l'Institut national agronomique, se sont donné la mission de résumer, dans une série de volumes, les connaissances pratiques absolument nécessaires aujourd'hui pour la culture rationnelle du sol. Ils ont choisi pour distribuer, régler et diriger la besogne de chacun, Georges Wery, que j'ai le plaisir et la chance d'avoir pour collaborateur et pour ami.

L'idée directrice de l'œuvre commune a été celle-ci : extraire de notre enseignement supérieur la partie immédiatement utilisable par l'exploitant du domaine rural et faire connaître du même coup à celui-ci les données scientifiques définitivement acquises sur lesquelles la pratique actuelle est basée.

Ce ne sont donc pas de simples Manuels, des Formulaires irraisonnés que nous offrons aux cultivateurs; ce sont de brefs Traités, dans lesquels les résultats incontestables sont mis en évidence, à côté des bases scientifiques qui ont permis de les assurer.

Je voudrais qu'on puisse dire qu'ils représentent le véritable esprit de notre Institut, avec cette restriction qu'ils ne doivent ni ne peuvent contenir les discussions, les erreurs de route, les rectifications qui ont fini par établir la vérité telle qu'elle est, toutes choses que l'on développe longuement dans notre enseignement, puisque nous ne devons pas seulement faire des praticiens, mais former aussi des intelligences élevées, capables de faire avancer la science au laboratoire et sur le domaine.

Je conseille donc la lecture de ces petits volumes à nos anciens élèves, qui y retrouveront la trace de leur première éducation agricole.

Je la conseille aussi à leurs jeunes camarades actuels, qui trouveront là, condensées en un court espace, bien des notions qui pourront leur servir dans leurs études.

J'imagine que les élèves de nos Écoles nationales d'Agriculture pourront y trouver quelque profit, et que ceux des Écoles pratiques devront aussi les consulter utilement.

Enfin, c'est au grand public agricole, aux cultivateurs que je les offre avec confiance. Ils nous diront, après les avoir parcourus, si, comme on l'a quelquefois prétendu, l'enseignement supérieur agronomique est exclusif de tout esprit pratique. Cette critique, usée, disparaîtra définitivement, je l'espère. Elle n'a d'ailleurs jamais été accueillie par nos rivaux d'Allemagne et d'Angleterre, qui ont si magnifiquement développé chez eux l'enseignement supérieur de l'Agriculture.

Successivement, nous mettons sous les yeux du lecteur des volumes qui traitent du sol et des façons qu'il doit subir, de sa nature chimique, de la manière de la corriger ou de la compléter, des plantes comestibles ou industrielles qu'on peut lui faire produire, des animaux qu'il peut nourrir, de ceux qui lui nuisent.

Nous étudions les manipulations et les transformations que subissent, par notre industrie, les produits de la terre : la vinification, la distillerie, la panification, la fabrication des sucres, des beurres, des fromages.

Nous terminons en nous occupant des lois sociales qui régissent la possession et l'exploitation de la propriété rurale.

Nous avons le ferme espoir que les agriculteurs feront un bon accueil à l'œuvre que nous leur offrons.

Dᴿ PAUL REGNARD,

Membre de la Société nationale
d'Agriculture de France,
recteur de l'Institut national
agronomique.

# PRÉFACE

Depuis bien des siècles, la France produit des beurres et des fromages appréciés. Mais c'est durant les vingt-cinq dernières années que l'industrie laitière a pris dans notre pays une importance de plus en plus grande.

Par suite de certaines conditions économiques, telles que la diminution du prix des céréales et la disparition de la vigne sur certains points, une superficie plus considérable a été consacrée aux plantes fourragères. L'accroissement du troupeau s'en est suivi; les vaches laitières, à la fois plus nombreuses et mieux nourries, ont produit davantage.

L'industrie laitière, qui intéresse tant d'agriculteurs, n'a pas atteint son maximum. Que l'on envisage la consommation locale, ou que l'on songe à l'exportation, le débouché peut s'étendre encore.

La transformation du lait à la ferme, c'est-à-dire la fabrication domestique, diminue d'importance, surtout en ce qui concerne les fromages si renommés de roquefort, de brie, de camembert. Les groupements des apports, disposant de moyens d'action plus puissants comme installation, personnel et débouchés, gagnent du terrain.

Dans le domaine de la laiterie aussi, la division du travail semble devoir être la loi de l'avenir; l'agriculteur tend à concentrer son activité vers un seul but : la production du lait.

Ce n'est pas un motif pour qu'il se désintéresse des transformations successives. Plus que jamais, en effet, il doit savoir ce que devient son lait, car, de plus en plus, la valeur de la matière première sera envisagée d'après sa richesse et d'après les qualités qui permettent d'en obtenir des beurres et des fromages de choix.

Les membres des laiteries coopératives sont personnellement intéressés à l'utilisation du lait qu'ils produisent; ils peuvent même être appelés à prendre une part active dans la direction en qualité de membres du conseil de gérance. Il est indispensable qu'ils connaissent à fond les manipulations à effectuer.

Il en est de même pour les industriels qui possèdent des laiteries.

Ce livre s'adresse donc à tous ceux qui ont des intérêts dans l'industrie laitière, soit à titre de producteurs, soit comme exploitants.

Trop souvent, on a considéré la fabrication du beurre et des fromages comme ne nécessitant aucune connaissance spéciale, comme pouvant être organisée sans études préalables.

De là, pour beaucoup d'imprévoyants, des mécomptes, des insuccès, parfois la ruine.

En réalité, l'industrie laitière a profité largement des découvertes de la chimie, de la microbiologie et de la mécanique, et il n'est pas inutile à celui qui l'exploite de posséder des notions précises de ces sciences, aujourd'hui surtout où, par suite de la concurrence, il faut arriver à fabriquer des produits de qualité supérieure.

Voilà pourquoi, tout en maintenant à cet ouvrage son caractère pratique, nous avons cru devoir donner une explication théorique des diverses manipulations. Avec ces bases, le fabricant, raisonnant le travail, est mieux armé pour combattre les accidents de fabrication qui peuvent se produire.

L'ordre adopté est le suivant.

L'*étude du lait* vient en tête. Ce liquide est de composition très variable et il importe de bien connaître les éléments qui interviennent dans sa production, afin de chercher à l'obtenir avec les qualités voulues.

Les *procédés pratiques de contrôle* sont décrits en détail. La vérification de la matière première est la base de la réussite. Parfois on la néglige, ou bien l'on n'envisage la valeur du produit qu'au point de vue de la richesse, alors que de nombreuses malfaçons proviennent, non d'un lait pauvre, mais d'un lait malsain, conséquence de la malpropreté ou d'une maladie de l'animal.

Le contrôle a encore une autre utilité ; il doit s'étendre à toutes les manipulations. Il ne suffit pas de fabriquer de bons produits, il faut les obtenir au meilleur marché possible, arriver par conséquent à diminuer le prix de revient. Dans la laiterie, où le coulage sous toutes ses formes est si facile, le contrôle permanent du travail s'impose. C'est une vérité trop souvent méconnue.

Les *microbes* jouent un rôle si important dans la laiterie, qu'un chapitre spécial leur a été consacré.

Pasteur, d'abord, puis notre éminent maître M. Duclaux ont ouvert la voie suivie par d'autres chercheurs et nous devons notre reconnaissance à tous ces savants qui nous ont appris comment on devait utiliser certaines espèces microbiennes et lutter contre d'autres très nuisibles.

Les notions préliminaires établies, l'ouvrage décrit le *commerce du lait en nature*. De plus en plus, ce liquide prend une place importante dans l'alimentation et dans la thérapeutique.

*L'industrie beurrière* est ensuite traitée. Elle a subi des perfectionnements notables depuis l'introduction de l'écrémeuse centrifuge. Grâce à cet appareil et à l'emploi des cultures pures de ferments lactiques, on peut faire aujourd'hui du bon beurre partout.

*L'industrie des fromages* présente des difficultés plus grandes car des fermentations complexes interviennent.

L'expérience raisonnée est utile à connaître. Nous nous sommes efforcé de décrire les pratiques sanctionnées par des observations sérieuses. La fabrication du gruyère a été particulièrement développée. Cette industrie, qui a fait de grands progrès depuis quelques années, peut s'étendre encore.

Un chapitre a été consacré aux *industries diverses* et un autre aux *sous-produits* qui ne sont pas toujours bien utilisés.

La coopération laitière, très en progrès dans notre pays, ne pouvait être passée sous silence. Nous l'avons signalée en donnant les détails nécessaires sur le fonctionnement des *beurreries coopératives* et des *fruitières*.

C'est dans cette voie que doivent s'engager de plus en plus les producteurs de lait.

Besançon, janvier 1904.

CHARLES MARTIN.

# LA LAITERIE

## I

## LE LAIT

Le lait est un liquide sécrété par les glandes mammaires des mammifères femelles après la parturition : il sert de premier aliment pour les jeunes.

Le lait de vache tient la première place, tant pour l'alimentation humaine que pour la fabrication du beurre et des fromages, puis viennent ceux de chèvre et de brebis. C'est l'étude du lait de vache qui sera faite tout d'abord.

Ce liquide, sécrété dans des conditions normales et examiné aussitôt après la traite, a une couleur qui va du blanc mat au blanc jaunâtre ; il est plus ou moins opaque, de consistance homogène un peu crémeuse. Il dégage une faible odeur qui rappelle celle de l'animal qui le fournit ; sa saveur est douce et agréable.

## I. — COMPOSITION ET PROPRIÉTÉS DU LAIT

### 1. — LES ÉLÉMENTS DU LAIT.

Le lait qui représente une émulsion parfaite, renferme comme éléments principaux : des matières grasses, une substance albuminoïde, la caséine, un sucre, le lactose, des sels minéraux et de l'eau : c'est un aliment complet.

**Matière grasse.** — La matière grasse constitue l'élément essentiel du beurre ; elle se présente dans le

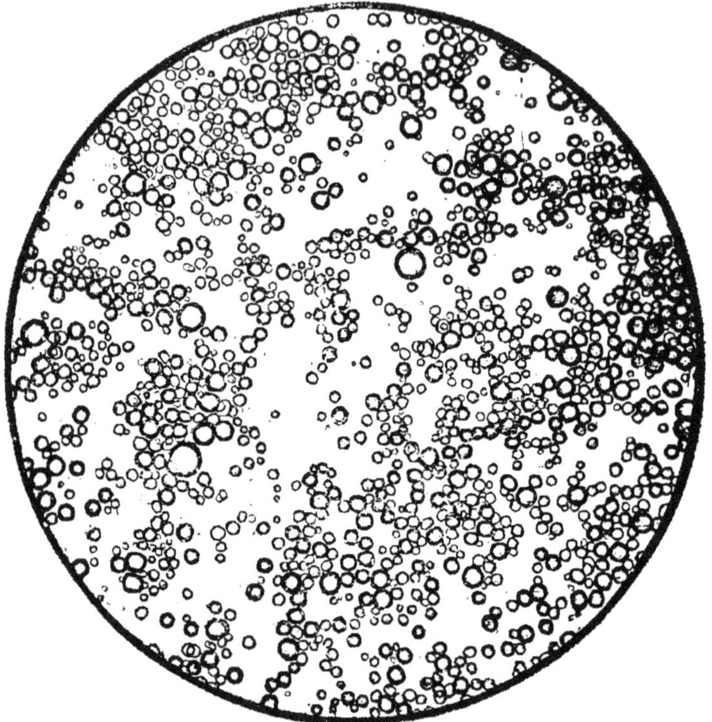

Fig. 1. — Vue d'une goutte de lait de vache au microscope.

lait sous la forme de petits globules, visibles seulement au microscope (fig. 1). Le diamètre de ces globules varie généralement de 1/100 à 1/600 de millimètre.

Pendant longtemps on a supposé que les globules gras étaient entourés d'une enveloppe. M. Duclaux et avec lui d'autres observateurs repoussent l'hypothèse de cette membrane.

La matière grasse du lait est composée de cinq triglycérides à acides fixes (palmitine, stéarine, oléine, butine, myristine) et de quatre triglycérides à acides volatils (butyrine, caproïne, capryline, caprinine).

Les trois premiers s'y trouvent dans la proportion moyenne de 91 p. 100, les autres n'y entrent que pour 9 p. 100.

La présence des quatre glycérides à acides volatils caractérise la matière grasse du lait : les autres graisses et notamment celles d'origine animale n'en renferment point. Ce sont les glycérides à acides volatils qui interviennent pour produire l'arome du beurre.

Les divers éléments qui constituent la matière grasse du lait ont des points de fusion variables.

La stéarine fond à 55°, la palmitine à 63°. L'oléine est liquide à la température ordinaire et ne se solidifie qu'à — 6°.

Or la proportion des différentes graisses varie beaucoup, principalement sous l'influence de l'alimentation. En été, lorsque les vaches sont nourries au vert, la quantité d'oléine augmente ; elle diminue par le régime sec, surtout lorsque la paille entre pour une forte part dans la ration.

On conçoit donc facilement que le *point de fusion* de la matière grasse du lait ne peut pas être uniforme. En réalité, il varie de 29 à 41°, mais il se maintient habituellement entre 31° et 36° : le point de fusion moyen est à 33°.

La matière grasse fondue et refroidie *se solidifie* entre 25° et 20°, en moyenne à 23°.

Les points de fusion et de solidification sont en concordance : pour une matière grasse ayant un point de fusion supérieur, le point de solidification sera élevé et inversement. La fermeté de la matière grasse à la température ordinaire est d'autant plus grande que le point de fusion est plus haut.

Le *poids spécifique* de la matière grasse du lait est de 0,93 à 15°.

La couleur de la matière grasse n'est pas uniforme : sous diverses influences, notamment par suite de l'alimentation, elle peut être soit blanche, soit plus ou moins jaune.

**Caséine.** — Pendant longtemps on a cru que plusieurs matières albuminoïdes existaient dans le lait, mais, d'après les expériences de M. Duclaux, il n'y en a qu'une seule : la caséine ; c'est l'élément principal du fromage ; ce savant a montré que, dans du lait abandonné à lui-même, soustrait à l'action des microbes, et en dehors de toute intervention étrangère, une partie de la caséine allait au fond du vase comme un corps solide, en vertu des lois de la pesanteur.

La caséine existe dans le lait sous deux formes : *en suspension* pour les 5/6 environ et *en dissolution* pour 1/6. Seule la caséine en suspension précipite sous l'action de la présure ou sous celle des acides. La caséine en solution précipite à l'ébullition après addition d'acide.

La caséine, en se coagulant, forme un bloc, un caillot qui retient la plupart des éléments du lait, en même temps qu'une certaine quantité d'eau.

Obtenue à l'état pur, la caséine se présente comme une masse amorphe, de couleur blanche. Elle ne se dissout plus dans l'eau et, chauffée, elle ne devient pas fluide, mais elle se décompose en brûlant.

D'après Fleischmann, le poids spécifique de la matière albuminoïde du lait serait de 1 486.

**Lactose.** — Le sucre de lait ou lactose appartient au groupe des hydrates de carbone, en particulier à la famille des sucres. Dans le lait il est entièrement dissous. A l'état pur, le lactose se présente sous la forme de cristaux, incolores, transparents.

Le lactose est peu soluble dans l'eau, sa saveur est beaucoup moins sucrée que celle du sucre de canne.

Le poids spécifique du sucre de lait est de 1.545.

**Sels minéraux.** — Les sels minéraux du lait sont les mêmes que ceux des tissus : sels de chaux, de potasse, de soude, de magnésie, de fer, combinés avec du chlore ou de l'acide phosphorique.

Voici la composition des sels du lait indiquée par Fleischmann, comme moyenne :

| | |
|---|---:|
| Potasse | 25,64 |
| Soude | 12,45 |
| Chaux | 24,58 |
| Magnésie | 3,09 |
| Sesquioxyde de fer | 0,34 |
| Acide phosphorique | 21,24 |
| Chlore | 16,34 |
| | 103,68 |

L'excès sur le nombre 100 correspond au chlore compté comme de l'oxygène.

Une partie du phosphate de chaux est en *suspension*, comme on le constate en abandonnant du lait au repos : après plusieurs semaines le phosphate s'est déposé au fond du vase.

**Autres éléments.** — Henckel a montré la présence constante de *l'acide citrique* dans le lait : il y en a en moyenne 1 gramme par litre.

*L'oxygène*, *l'acide carbonique*, *l'azote*, se trouvent dans tous les laits.

Les *matières colorantes* et *odorantes* des fourrages, certains *médicaments* absorbés passent aussi en partie dans le lait.

D'après Babcok, le lait renfermerait une diastase, la *galactase*, qui aurait une action sur la digestion du lait et la maturation des fromages.

**Composition centésimale.** — Le lait présente des différences considérables dans sa composition, et c'est ce que M. Duclaux a exprimé en disant : *Il n'y a pas un lait, il n'y a que des laits.*

Voici d'une part la composition moyenne du lait de vache et de l'autre les écarts qui peuvent se rencontrer :

|  | Composition moyenne. | Limites des variations. |
|---|---|---|
|  | P. 100. | P. 100. |
| Eau . . . . . . . . . . . . . . . | 87,5 | De 85,0 à 90,0 |
| Matière grasse. . . . . . . | 3,5 | De 2,0 à 6,0 |
| Caséine. . . . . . . . . . . . | 3,65 | De 2,5 à 4,5 |
| Sucre de lait. . . . . . . . | 4,60 | De 3,5 à 5,5 |
| Sels minéraux. . . . . . . | 0,75 | De 0,5 à 1,0 |
|  | 100,00 | |

Les écarts dans la composition sont d'autant plus marqués qu'il s'agit de vaches isolées : le mélange des laits de plusieurs animaux donne des chiffres plus constants.

L'*extrait sec* est la somme de tous les éléments du lait moins l'eau. Il s'élève en moyenne à 12,5 p. 100, avec des variations allant de 10 à 15 p. 100; son poids spécifique est compris entre 1,3 et 1,4.

On envisage aussi parfois *l'extrait sec moins la graisse* : il est de 9 p. 100 en moyenne : son poids spécifique présente une certaine constance, il s'écarte peu de 1,6.

## II. — LES PROPRIÉTÉS DU LAIT.

**Action de la chaleur.** — Le lait frais peut supporter la cuisson sans se coaguler dans toute la masse, mais dès qu'il atteint 70° il subit des modifications. En même temps qu'une petite partie de caséine se coagule, une saveur particulière, désignée communément suivant l'expression de *goût de cuit*, se développe avec plus ou moins d'intensité : la coloration peut être modifiée et tirer sur le brunâtre.

Soumis à l'action de la présure, le lait qui a été chauffé ne donne pas un caillot homogène, comme le lait cru, mais bien un précipité floconneux. La caséine a été modifiée et les sels de chaux sont devenus insolubles. On peut restituer au lait sa propriété de donner un caillé homogène, en l'additionnant de sels de chaux solubles, notamment de chlorure de calcium.

La *chaleur spécifique* du lait, d'après Fleischmann, est inférieure à celle de l'eau. Elle varie d'ailleurs, suivant la proportion d'extrait sec. Elle serait en moyenne de 0,847, c'est-à-dire que pour élever d'un degré centigrade la température d'un kilogramme de lait il faudrait 0,847 calorie, alors que pour la même quantité d'eau, il faudrait une calorie. Le lait s'échauffe donc plus facilement que l'eau, mais il se refroidit aussi plus rapidement.

Le *point d'ébullition* du lait est un peu plus élevé que celui de l'eau (d'une fraction d'un degré centigrade).

Le *point de congélation* est au contraire inférieur : il est compris entre 0°,53 et 0°,58.

**Viscosité.** — La caséine, étant pour une partie en suspension dans le lait, rend ce liquide plus ou moins visqueux. Le degré de viscosité est influencé d'une façon notable par la température. Le lait froid s'attache davantage aux parois du récipient qui le renferme que le lait chaud.

**Densité.** — La densité du lait est la résultante des densités de l'eau, de la graisse, du sucre, de la caséine et des sels, et comme ces éléments sont en proportion variable dans le lait, on comprend que la densité du liquide varie aussi. Sur un mélange de laits de plusieurs vaches, les limites vont de 1 028 à 1 034, à 15° C., mais dans la très grande majorité des cas, la densité se trouve comprise entre 1 029 et 1 033 ; pour des laits individuels, on trouve exceptionnellement comme chiffres extrêmes 1 026 et 1 036.

La densité moyenne du lait est de 1 031,6.

**Réaction.** — Tous les laits frais ont une réaction légè-

rement acide qui se décèle très nettement lorsqu'on se
sert comme indicateur de la phénolphtaléine.

La détermination de l'acidité a une très grande importance, tant pour reconnaître les laits anormaux, que pour
guider la fabrication du beurre et des fromages.

Les laits sains marquent 16° à 20° à l'acidimètre Dornic.

### III. — COLOSTRUM.

Le liquide sécrété un peu avant et immédiatement après
la parturition s'appelle *colostrum*. Il se distingue du lait
par sa composition chimique, ses propriétés, et aussi parce
qu'il renferme certains éléments figurés. On y rencontre
notamment les corpuscules granuleux de Donné.

La couleur du colostrum va du jaunâtre au jaune brun.
Il est visqueux, il a une odeur forte caractéristique, sa
saveur est légèrement salée, il caille lorsqu'on le chauffe.

Avec la phénolphtaléine, il donne une réaction acide
beaucoup plus élevée que celle du lait, réaction pouvant
aller jusqu'à 50 à l'acidimètre Dornic ; son poids spécifique
est élevé ; il varie de 1 040 à 1 080. On ne peut établir de
moyenne pour la composition du colostrum, puisque ce
produit se modifie incessamment à partir du vêlage.
D'une façon générale il est plus riche que le lait en
matière albuminoïde et en sels minéraux et plus pauvre
en sucre. D'après M. Houdet (1), la matière albuminoïde
peut atteindre, au début, près de 19 p. 100.

Le colostrum doit toujours être donné aux jeunes, car
il a une action utile sur le canal digestif qu'il débarrasse
entièrement du méconium accumulé pendant la vie intra-
utérine : d'autre part, en raison de sa haute valeur nutritive, et de sa digestibilité, il convient très bien comme
premier aliment.

Mais on ne doit pas du tout l'employer pour la fabri-

_______________

(1) V. Houdet. *Contribution à l'étude du colostrum de la vache.*

cation du beurre, et encore moins pour celle du fromage. Le beurre a mauvais goût, et la bonne fermentation du fromage est compromise.

Peu à peu le colostrum disparaît, pour faire place au lait; la durée de cette transformation est variable. Ne pas accepter le lait, au moins pendant les huit jours qui suivent le vêlage et on doit ne le recevoir ensuite que si les caractères sont normaux, ce que l'on reconnaît au moyen de l'épreuve de la cuisson et de l'acidimètre.

## IV. — INFLUENCE DE DIVERS ÉLÉMENTS SUR LA PRODUCTION DU LAIT.

La production du lait est modifiée, tant en ce qui regarde la quantité que la richesse, par différentes circonstances dont nous allons indiquer les principales.

**Individualité.** — Parmi les éléments qui influent sur la quantité du lait et sur la teneur en principes utiles, aucun ne peut être mis en parallèle avec l'individualité. l'aptitude de l'individu. Depuis longtemps le fait était admis pour la quantité. Plus récemment la démonstration a été donnée en ce qui concerne la richesse.

Les expériences de Fleischmann et Hittcher poursuivies pendant huit ans, de 1889 à 1897, ont ouvert la voie. De nombreuses recherches dans le même sens ont été ensuite entreprises.

Nous avons eu l'occasion de faire cette étude il y a quelques années avec M. Dornic, et nous sommes arrivés aux mêmes conclusions.

Il est aujourd'hui parfaitement démontré que des vaches de même race, de même âge, ayant un poids vif équivalent, soumises à un régime et à une alimentation absolument semblables présentent, à la même période de lactation, des différences considérables, non seulement sous le rapport de la quantité, mais également dans la richesse du lait, différences qui peuvent aller du simple au double.

L'aptitude à produire un lait riche ou un lait pauvre est avant tout une propriété individuelle en regard de laquelle les autres éléments qui peuvent influencer la sécrétion ont une action restreinte.

Sans doute les aliments de bonne qualité, d'une digestibilité élevée, donnés en quantité suffisante, permettent à chaque vache de fournir le lait le plus riche possible; mais la limite à cette richesse est très variable, elle dépend du coefficient individuel. En nourrissant très bien de mauvaises beurrières, on ne peut arriver à leur faire produire du bon lait.

Contrairement à l'opinion habituellement répandue, la richesse du lait n'est pas forcément incompatible avec l'abondance, et s'il est des vaches qui donnent beaucoup de lait et du lait pauvre, il en est d'autres qui donnent beaucoup de lait et du lait riche.

Dans nos essais la vache qui a fourni le lait le plus riche était une des meilleures laitières de l'étable.

Il y a donc un grand intérêt à sélectionner les vaches qui donnent à la fois beaucoup de lait et du lait riche. Et cela d'autant plus que la propriété de donner beaucoup ou peu de beurre est à un haut degré héréditaire.

Tous les signes extérieurs concernant l'aptitude à produire beaucoup de lait sont plus ou moins trompeurs, et quant à la richesse, il n'en est aucun qui puisse la faire reconnaître sûrement.

Aussi, au lieu d'apprécier les vaches laitières uniquement d'après les formes extérieures, il est indispensable de vérifier soigneusement leurs aptitudes productrices.

En Danemark les éleveurs sont entrés dans cette voie, et les résultats obtenus sont absolument remarquables.

On s'est proposé de déterminer les vaches qui pour une quantité donnée d'aliments produisent en aussi grande quantité que possible du lait et de la matière grasse.

Il s'est constitué des *sociétés de contrôle* entre dix ou douze agriculteurs voisins. Un agent expérimenté, appointé par la société, visite habituellement deux fois par mois chaque domaine. Il assiste à la traite et au pesage de la quantité de lait produite en vingt-quatre heures. Il inscrit les résultats dans un registre spécial et prélève un échantillon dont il détermine la teneur en matière grasse. Il pèse aussi la quantité d'aliments consommés en vingt-quatre heures. Chaque vache ayant un compte spécial, il est facile de connaître au bout de l'année les animaux qui produisent le plus. On arrive ainsi à éliminer les mauvaises laitières, celles qui utilisent mal la nourriture, et on augmente par là le rendement du troupeau.

Le fonctionnement des sociétés de contrôle pourrait être imité par les laiteries coopératives, les sociétés de Herd-Book, les syndicats d'élevage ; mais un agriculteur peut aussi sélectionner lui-même les animaux sans aucune difficulté, le dosage de la matière grasse étant à la portée de tous, grâce aux appareils pratiques que nous décrirons plus loin.

**Race.** — Les vaches qui appartiennent à la même race présentent des caractères communs, non seulement en ce qui concerne les formes extérieures, mais aussi pour les aptitudes. Or la quantité de lait produite et sa richesse constituent des caractères essentiels qui servent à distinguer les races comparées entre elles : tout en tenant compte des différences individuelles que présentent entre eux les sujets d'une même race, on peut dire qu'il y a des races beurrières, telles que la jerseyaise, la parthenaise, etc., alors que d'autres, la hollandaise, par exemple, se signalent par un lait beaucoup plus pauvre sécrété plus abondamment.

**Période de lactation.** — La période de lactation s'étend du jour du vêlage jusqu'à l'époque où la vache est tarie. Dans les conditions normales, cette période dure 300 à 320 jours.

Chez les vaches qui ne sont pas en gestation, la période de lactation dure plus longtemps.

Habituellement, peu de temps après le vêlage, la quantité de lait atteint son maximum et diminue ensuite d'une façon constante. Mais toutes les vaches ne se comportent pas de la même façon. Les unes, très abondantes au début, diminuent ensuite brusquement ; d'autres donnent une quantité moindre au commencement, mais se maintiennent longtemps au même niveau : ce sont souvent celles qui durant la période totale fournissent le plus de lait.

En général, la quantité de matière sèche et spécialement la proportion de matière grasse augmentent à partir du vêlage, se maintiennent pendant un certain temps puis augmentent encore notablement vers la fin de la période. L'acidité du lait diminue aussi à cette époque, et le lait ne caille pas de la même façon ; le caillé obtenu est plus mou, le goût est parfois légèrement amer ou salé, le lait s'écrème plus difficilement ; ce sont là des points très importants dont il faut tenir compte dans la fabrication du beurre et des fromages. Lorsque les modifications sont prononcées, il est préférable de réserver le lait pour l'alimentation des porcs.

**Age.** — La quantité de lait augmente habituellement depuis le premier vêlage jusqu'au quatrième ou au sixième. En général, à partir de huit ans la vache donne moins de lait. Mais il y a des différences assez grandes suivant les races, et aussi suivant le régime auquel les animaux sont soumis. Avec des soins convenables une vache peut donner une quantité satisfaisante de lait jusqu'à un âge assez avancé.

**Activité sexuelle.** — Les expériences relatives à l'influence de l'activité sexuelle sur la production du lait sont très contradictoires, parce que l'individualité intervient fortement.

Quelquefois il n'y a aucun changement ; dans

d'autres cas, des modifications profondes apparaissent : la quantité de lait baisse sensiblement, la densité s'écarte des limites habituelles, la matière grasse diminue dans des proportions considérables, l'acidité du lait augmente, le lait caille à l'ébullition.

Si intenses que soient ces modifications, elles disparaissent rapidement.

La *castration* des vaches, préconisée pour prolonger la lactation, ne donne pas toujours des résultats certains, et elle doit être réservée exclusivement pour les bêtes taurelières.

**Régime.** — La production intensive du lait exige que les vaches se trouvent dans des conditions hygiéniques normales.

L'étable doit être suffisamment spacieuse.

La température sera comprise entre 13° et 18°. Si la température est trop basse, le rendement diminue, car une certaine quantité d'aliments est utilisée pour produire la chaleur ; si elle est trop élevée, le rendement diminue aussi, l'activité des glandes mammaires étant ralentie ; de plus, le lait a une tendance à l'acidification rapide.

Il faut que l'air se renouvelle, surtout en été, mais de telle façon que les animaux ne soient pas exposés à un courant violent qui pourrait provoquer une inflammation du pis.

Les vaches brossées, étrillées chaque jour se portent mieux et produisent davantage.

**Alimentation.** — Pour que les vaches fournissent le maximum de lait, il faut qu'elles soient nourries suffisamment avec des aliments digestibles. Lorsque ces conditions sont réalisées, la composition du lait varie très peu, quels que soient les aliments qui entrent dans la ration.

On a cependant constaté l'influence heureuse de la mise au pâturage, qui augmente souvent la quantité, comme aussi la richesse en matière grasse ; les animaux consomment avec profit un fourrage tendre, riche en protéine digestible ; de plus, le séjour au grand air a certainement sa part dans cette action favorable.

Il ne faut pas gaspiller la nourriture et donner à une vache laitière une quantité telle qu'elle engraisse ; le prix de revient du lait s'accroîtrait sans profit.

On doit, par exemple, ne pas alimenter aussi copieusement les vaches taries que celles qui sont au début de la période de lactation.

Il faut surtout nourrir économiquement en s'attachant à choisir les aliments complémentaires les plus avantageux.

Les expériences très bien conduites depuis de longues années par le laboratoire de l'Institut agronomique de Copenhague fournissent à cet égard des renseignements utiles.

D'après ces nombreux essais, 1 livre de céréales = 1 livre de maïs = 1 livre de son = 1 livre de mélasse = 1 livre de substance sèche de racines = 3/4 livre de tourteaux de coton ; c'est-à-dire que l'on peut substituer dans la ration les aliments les uns aux autres dans la proportion indiquée, sans que cet échange amène une diminution ou une augmentation de lait.

Mais, trop souvent en hiver la nourriture est insuffisante, il y a alors diminution de rendement et de qualité ; de plus, les vaches qui ont souffert pendant quelques mois ne fournissent pas en été la même quantité qu'habituellement, la productivité s'est affaiblie.

Il est utile de donner régulièrement du sel aux vaches laitières.

Lorsqu'on change d'alimentation, il faut opérer la substitution progressivement, afin d'habituer les organes digestifs à la nouvelle nourriture.

Un changement brusque de régime provoque un amoindrissement dans la sécrétion du lait.

L'eau ne doit jamais être donnée trop froide, sinon on constate une diminution de rendement.

Si les vaches ne sont pas *tranquilles* dans l'étable, la composition du lait peut s'en ressentir d'une façon défavorable ; c'est ce que l'on constate, par exemple, lorsqu'on éloigne le veau de la mère ; celle-ci se tourmente et le lait n'est plus le même.

**Espacement des traites.** — On a souvent remarqué des différences sensibles dans la quantité et la qualité du lait livré le matin et le soir ; cela provient de ce que les traites ne sont pas également espacées. Après un plus long intervalle entre les deux traites, en général la vache livre plus de lait, mais un lait moins riche, surtout en matière grasse ; si les traites sont plus rapprochées, le lait est sécrété en moins grande quantité, mais la proportion des éléments utiles est accrue. Suivant les intervalles, les différences peuvent être plus ou moins considérables.

**Nombre de traites.** — Il est démontré qu'en trayant trois ou quatre fois par jour, au lieu de deux, la quantité de lait augmente, mais pas dans une proportion considérable. Aussi, en tenant compte des frais supplémentaires que cette pratique occasionne, on n'aura pas habituellement intérêt à l'employer, sauf s'il s'agit de vaches fraîches très abondantes.

Pour les fabrications qui exigent un lait très sain, telles que celle du gruyère, la méthode de traire une troisième fois au milieu du jour présenterait un inconvénient sérieux, en ce sens que le lait ne pouvant être livré que plusieurs heures après risquerait de s'altérer pendant l'été.

**Traite fractionnée.** — De nombreuses expériences ont montré que les premières parties de la traite sont moins riches en extrait et surtout en matière grasse que les dernières parties :

Boussingault, après avoir partagé une traite en six portions, les soumit à l'analyse et trouva les chiffres suivants :

| ÉCHAN-TILLONS. | QUANTITÉ en grammes. | DENSITÉ. | EXTRAIT sec p. 100. | MATIÈRE grasse p. 100. | EXTRAIT sec p. 100 moins la matière grasse. |
|---|---|---|---|---|---|
| 1 | 398 | 1033,9 | 10,47 | 1,70 | 8,77 |
| 2 | 628 | 1032,9 | 10,75 | 1,76 | 8,99 |
| 3 | 1295 | 1032,5 | 10,85 | 2,10 | 8,75 |
| 4 | 1390 | 1032,0 | 11,23 | 2,54 | 8,69 |
| 5 | 1565 | 1031,2 | 11,63 | 3,14 | 8,49 |
| 6 | 315 | 1030,1 | 12,67 | 4,08 | 8,59 |
| Totaux et moyennes. | 5591 | » | 11,27 | 2,55 | 8,72 |

L'augmentation de matière sèche portait exclusivement sur l'augmentation de matière grasse.

On voit d'après les chiffres qui précèdent qu'il est nécessaire de traire les vaches à fond : un trayage incomplet, s'il se produit souvent, a encore une autre conséquence fâcheuse, c'est que la glande mammaire ne fonctionnant pas suffisamment, la productivité diminue, et dans ces conditions une bonne laitière peut devenir médiocre.

**Travail.** — Dans les pays de petite culture, on utilise souvent les vaches pour effectuer les travaux des champs ; il s'ensuit naturellement une diminution dans la sécrétion du lait, mais si l'exercice est modéré, et si les bêtes sont copieusement nourries, la composition n'est pas affectée sensiblement.

Par contre, un travail excessif diminue très notablement la valeur du lait, qui s'acidifie beaucoup plus vite.

## V. — LAITS DE COMPOSITION ANORMALE.

Les défauts que l'on rencontre dans les laits sont pour la plupart occasionnés par des organismes infiniment petits, des microbes, comme on le verra plus loin. Mais il en est qui ont une autre origine ; voici les principaux :

**Lait sableux**. — Ce lait renferme des calculs qui parfois sont de grosseur telle que les trayons sont obstrués, et qu'il en résulte des inflammations du pis. Ils sont principalement formés de phosphate de chaux. Les causes qui provoquent ce défaut sont mal connues; on accuse généralement une alimentation trop riche en sels minéraux, ou une maladie de l'animal.

**Lait sanguinolent**. — Par suite de lésions du pis, de rupture des vaisseaux sanguins, le sang peut passer dans le lait. Après un certain temps de repos, on constate au fond du récipient un dépôt rouge constitué par les globules sanguins; le défaut s'observe parfois aussi lorsque la vache est atteinte d'hématurie.

**Lait amer**. — Certaines plantes absorbées par la vache communiquent une saveur amère au lait. D'autres fois, les vaches arrivées à la fin de la période de lactation donnent un lait amer.

**Lait alcalin**. — Le lait dit alcalin est celui dont l'acidité est inférieure à l'acidité normale minima; ce lait est généralement riche en sels de soude et de potasse, mais la proportion de chaux est diminuée; il apparaît dans certaines maladies (troubles digestifs, etc.) et aussi lorsque la vache est arrivée à la fin de la période de lactation.

## VI. — LAITS D'AUTRES ANIMAUX.

**Lait de chèvre**. — Le lait de chèvre a une couleur d'un blanc presque mat; il a une odeur et une saveur particulières qui rappellent les émanations cutanées de l'animal.

Le lait de chèvre est habituellement plus riche en extrait sec que le lait de vache, mais, comme pour ce dernier, les différences individuelles existent.

La chèvre fournit proportionnellement plus de lait que la vache, puisqu'elle en donne jusqu'à vingt fois son

poids ; mais elle consomme proportionnellement davantage
d'aliments.

D'après König, voici la moyenne de la composition du lait
de chèvre pour 100 analyses, ainsi que les chiffres extrêmes.

|  | DENSITÉ. | EAU. | EXTRAIT SEC. | MATIÈRE grasse. | CASÉINE et autres albuminoïdes. | SUCRE DE LAIT. | SELS minéraux. |
|---|---|---|---|---|---|---|---|
| Moyenne .. | 1030,5 | 85,71 | 14,29 | 4,78 | 4,29 | 4,46 | 0,76 |
| Maximum . | 1036,0 | 90,16 | 17,98 | 7,55 | 5,95 | 5,77 | 1,06 |
| Minimum.. | 1028,0 | 82,02 | 9,84 | 3,10 | 3,22 | 3,26 | 0,39 |

**Lait de brebis.** — Le lait de brebis est blanc jaunâtre ;
sa saveur et son odeur sont en général moins agréables
que celles du lait de vache. Il exige pour se coaguler
davantage de présure ; la crème monte lentement, et il
fournit un beurre mou et de conservation difficile.

Il sert exclusivement à la fabrication des fromages.

MM. Trillat et Forestier ont étudié méthodiquement
le lait des brebis de la région des Causses (1). Les analyses
ont porté sur 171 échantillons dans seize laiteries
alimentées par le lait provenant de plus de cent bergeries.

Voici une analyse d'un lait de la région de Roquefort :

Extrait .............. .......... 18,90 p. 100.
Beurre..... ............. .... 6,98 —
Lactose..................... 5,53 —
Caséine.... ........ .... 5,54 —
Cendres . .. .. .. ... .. .... 0,961 —
Chaux...... . ............... 0,255 —
Acidité.......................... 2,66 —

(1) *Comptes rendus de l'Académie des sciences de Paris.* 1902, p. 1517.

Les auteurs ont constaté le poids considérable de l'extrait qui s'élève fréquemment à 200 grammes par litre ; quelquefois même ce chiffre est dépassé.

La différence avec le lait de vache porte surtout sur la matière grasse et sur la caséine dont les poids par litre atteignent souvent 70 à 80 grammes pour la première et 55 à 70 grammes pour la seconde.

Le lait de brebis est aussi considérablement plus minéralisé que celui de vache.

**Lait de jument.** — Le lait de jument est employé par quelques peuplades du sud de la Russie pour fabriquer une boisson fermentée, le Koumiss. Il est relativement pauvre en matière sèche ; le lactose s'y trouve en plus grande quantité que dans les autres laits. Il a une couleur blanche tirant sur le bleuâtre, et une saveur douceâtre.

**Lait d'ânesse.** — La composition du lait d'ânesse se rapproche de celle du précédent. Ce lait est parfois consommé en nature.


## II. — LES MICROBES DANS L'INDUSTRIE LAITIÈRE

### I. — **NOTIONS GÉNÉRALES.**

Les êtres infiniment petits appelés *microbes*, visibles seulement au microscope, jouent un rôle considérable dans l'industrie laitière. Ce sont eux qui font cailler le lait, fermenter la crème, mûrir les fromages. Ils sont tantôt utiles, tantôt nuisibles.

Quiconque s'occupe de laiterie doit les connaître et savoir comment ils interviennent, de façon à pouvoir à volonté favoriser ou combattre leur développement (1).

Quelques notions générales sur ce sujet trouvent donc naturellement ici leur place.

(1) Voy. Macé. *Traité pratique de microbiologie.*

Les microorganismes sont de nature végétale ; ils comprennent trois groupes principaux : les bactéries, les levures, les moisissures.

**Bactéries**. — Découverts il y a trois cents ans, ces microbes ne sont bien connus que depuis les travaux de Pasteur. C'est à l'illustre savant que revient l'honneur d'avoir montré la place considérable qu'ils occupent dans la nature. Il prouva que, sans eux, les fermentations n'avaient pas lieu, qu'ils se trouvaient répandus partout, dans l'air, dans l'eau, dans la terre, qu'ils étaient susceptibles de se multiplier. Les bactéries sont unicellulaires, elles sont rangées dans la classe des algues. Leurs formes, très différentes, peuvent être néanmoins ramenées à trois types : rond, droit, en spirale ; une bille de billard, un crayon, un tire-bouchon, a-t-on dit, représentent ces trois formes.

Pour évaluer les dimensions des bactéries, on adopte comme unité de mesure, la millième partie du millimètre : la plupart ont une longueur qui va de un à quelques millièmes de millimètre.

La multiplication des bactéries se fait par scissiparité, c'est-à-dire que la bactérie se divise en deux parties dont chacune continue sa vie indépendante et pourra se diviser à son tour. Cette multiplication s'opère avec une incroyable rapidité.

Beaucoup de bactéries produisent aussi des *spores*, cellules capables de germer et de donner naissance à de nouvelles plantes.

Certaines conditions sont nécessaires aux microorganismes pour qu'ils puissent vivre et se multiplier.

Tout d'abord une *température* déterminée leur est indispensable, c'est à la température de 36° environ que la plupart des espèces se développent le mieux : leur activité vitale décroît d'autant plus que la température du milieu s'écarte en plus ou en moins de ce chiffre.

La chaleur les détruit ; c'est ainsi qu'à 75° presque

tous les organismes meurent, quelques-uns même déjà à 60°; à 100° tous sans exception sont détruits. Par contre, les spores qui sont beaucoup plus résistantes subsistent. Pour anéantir sûrement toutes les spores, il faut les soumettre à une température humide et sous pression de 115°; elles supportent beaucoup mieux la température sèche qui doit aller jusqu'à 180° pour être entièrement efficace.

Les fonctions des microbes sont atténuées à mesure que l'on descend au-dessous de 15°, mais le froid n'a pas d'action destructive sur ces organismes et ils supportent très bien des températures notablement inférieures à 0°; ils reprennent leur vitalité aussitôt qu'ils se trouvent placés dans une température favorable.

L'*oxygène* a une action manifeste sur les bactéries; pour beaucoup d'entre elles l'oxygène est indispensable à l'existence, on les appelle *aérobies*; d'autres ne se développent qu'en son absence, ce sont les *anaérobies*: pour celles-ci, l'oxygène est un poison.

Les bactéries ont besoin pour leur nutrition, de *carbone* et de *matières azotées*.

A toutes les espèces une certaine quantité *d'eau* est nécessaire pour assurer leur plein développement. C'est pourquoi le degré de concentration du milieu est à envisager.

La *réaction* a aussi une influence, des espèces ne prospérant qu'en milieu acide, d'autres en milieu alcalin.

Certaines *substances chimiques* tuent les bactéries, par exemple, l'acide phénique, la chaux, le formol, l'acide sulfureux, etc., ce sont des *antiseptiques*.

Si plusieurs espèces de bactéries se trouvent dans le même milieu, il y a entre elles une lutte pour l'existence: les plus vigoureuses, celles qui se multiplient le plus rapidement, prennent possession du terrain; les autres disparaissent plus ou moins.

Lorsqu'une sorte de bactérie s'est multipliée pendant

un certain temps dans un milieu déterminé on voit souvent son développement se ralentir, puis cesser ; elle a donné naissance à des produits qui, à une dose déterminée, arrêtent son action. Mais, à ce moment, elle est remplacée par des espèces ayant d'autres exigences et susceptibles de vivre dans le milieu modifié.

**Levures.** — Les levures sont des microorganismes plus gros que les bactéries. Elles sont sphériques ou plus habituellement ovales : leur diamètre atteint plusieurs millièmes de millimètre.

La reproduction des levures s'opère par bourgeonnement, c'est-à-dire qu'on voit apparaître sur le globule un petit renflement qui se développe peu à peu jusqu'à atteindre la grosseur de la cellule-mère : à ce moment, soit qu'il se détache de celle-ci ou non, il peut bourgeonner à son tour.

**Moisissures.** — Les moisissures sont plus grosses que les levures, elles appartiennent à la classe des cryptogames. Elles sont constituées par un feutrage épais de filaments entrelacés que l'on nomme *mycelium*. De ce *mycelium* partent de nombreux filaments verticaux qui supportent les spores.


## II. — LES MICROBES DU LAIT.

Le lait, au moment où il sort de la glande mammaire, ne contient pas de microbes si l'animal est sain.

M. Duclaux a fait à ce sujet l'expérience suivante. Avant la traite on lave le pis avec un liquide antiseptique et l'on recueille le lait dans un vase préalablement stérilisé ; le lait se conserve parfaitement.

Cette expérience ne réussit que si l'on prend les précautions les plus minutieuses. Il faut notamment laisser écouler, sans les recueillir, les premiers jets qui renferment des microbes provenant de l'orifice du canal du trayon, celui-ci étant en communication avec l'air extérieur.

D'où viennent les nombreux germes que le lait frais renferme déjà?

Des matières excrémentitielles qui souillent la mamelle et le ventre de la vache et qui tombent dans le lait pendant la traite. Or ces matières renferment en très grand nombre des microbes apportés par les aliments.

Les fourrages servent de support à des microorganismes; en outre, ceux qui sont altérés (foin moisi, pommes de terre gâtées, etc.), les produits fermentés (drêches) renferment des espèces spéciales.

Amenés dans le tube digestif certains de ces êtres sont détruits, d'autres, au contraire, trouvent des conditions très favorables à leur développement et se retrouvent multipliés dans les excréments.

Les mains du vacher, si elles ne sont pas très propres, contribuent aussi à la contamination.

L'air de l'étable renferme également des poussières, des débris de foin, accompagnés de germes. Comme le lait s'écoule en minces filets présentant dans leur ensemble une surface considérable, comme aussi, par l'écume, il reste en contact prolongé avec l'air, on peut conclure qu'une atmosphère impure ensemencera le liquide.

Les récipients dans lesquels on recueille le lait sont parfois lavés avec de l'eau contaminée, c'est encore une source d'altérations.

Lorsqu'une vache est atteinte d'une affection contagieuse (tuberculose, mammite, etc.), le lait peut renfermer des bactéries qui occasionnent la maladie : les bactéries *pathogènes* comme on les nomme.

Le lait est un excellent aliment pour beaucoup de microbes; introduits dans le liquide, ils s'y développent rapidement, surtout si la température est favorable.

Miquel a trouvé que, dans un même lait laissé au repos, le nombre des bactéries était de 100 000 par centimètre cube à 15°, de 72 000 000 à 25° et de 165 000 000 à 35°.

Dans l'industrie laitière, les microbes n'agissent pas

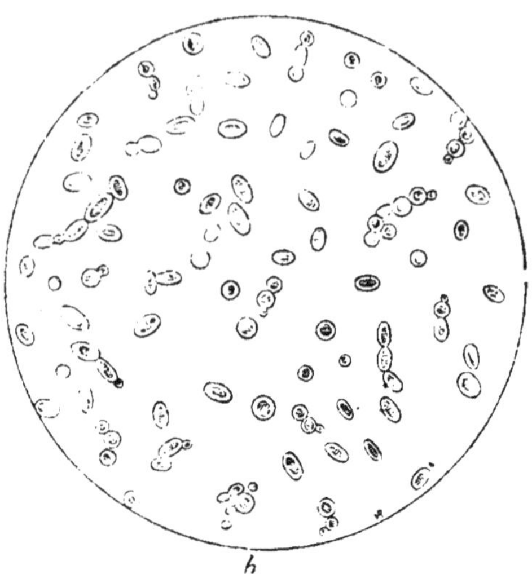

Fig. 2. — Levure de lactose Duclaux.

tous de la même façon; les uns sont utiles en ce sens qu'ils déterminent les transformations nécessaires pour obtenir de bons produits; les autres, au contraire, occasionnent des altérations et, par conséquent, sont à combattre.

On distingue les ferments du lactose et ceux de la caséine.

**Ferments du lactose.** — Le lactose peut subir la fermentation alcoolique, c'est-à-dire se transformer en alcool et en acide carbonique. Mais, pour ce dédoublement, des levures spéciales sont nécessaires; elles sont assez peu répandues. On a isolé les levures Duclaux (fig. 2 et Kayser fig. 3).

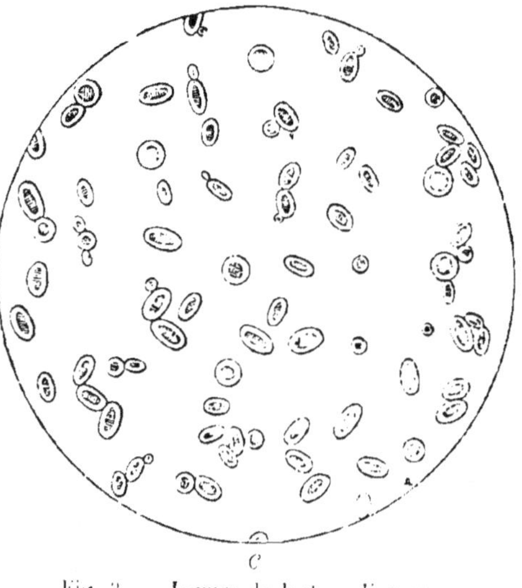

Fig. 3. — Levure de lactose Kayser.

La fermentation alcoolique du lactose est utilisée dans la préparation d'un lait mousseux, le *Képhir*.

La fermentation que subit le plus facilement le lactose. c'est la fermentation lactique ; le sucre se transforme en acide lactique qui communique une saveur acidulée au lait. Les acides ayant la propriété de faire cailler le lait, lorsque la proportion d'acide lactique obtenue par la fermentation du sucre est suffisante, environ 0, 60 p. 100, on voit le lait se coaguler.

Lorsque la quantité d'acide a atteint un certain niveau. les microbes cessent d'en produire car ils ne se plaisent pas dans un milieu trop acide. Les ferments lactiques sont très nombreux, mais ils n'agissent pas tous de la même façon ; les uns donnent de l'acide lactique en grande quantité, d'autres en quantité minime.

En général les ferments lactiques n'ont pas de spores et ils sont tués aux environs de 70°.

Les ferments lactiques sont les hôtes habituels du lait et l'on peut dire que dans du lait abandonné au repos sans avoir subi un traitement quelconque, la coagulation se produit après un temps plus ou moins long.

Si le lait est destiné à la consommation il est fortement déprécié lorsqu'il est caillé, néanmoins il n'a pas perdu toute sa valeur, comme ce serait le cas s'il avait subi certaines autres fermentations. Dans divers pays le lait caillé constitue un mets apprécié.

D'autre part. la coagulation du lait par les ferments lactiques seuls sert de base à la préparation de certains fromages.

Mais le rôle éminemment utile que remplissent ces organismes c'est d'intervenir dans la maturation de la crème.

L'acide lactique qu'ils produisent détermine la saponification partielle des glycérides de la matière grasse, les acides gras volatils mis ainsi en liberté, joints aux produits de la nutrition des microbes. contribuent à donner au beurre un arome particulier.

Certains ferments lactiques produisent, en même temps que l'acide lactique, des gaz : acide carbonique et hydrogène ; le dégagement gazeux est parfois même très prononcé.

Le lait aigri peut subir une fermentation nouvelle : l'acide lactique se transforme en acide butyrique sous l'influence du *ferment butyrique* et le goût et l'odeur du beurre rance se développent.

**Ferments de la caséine.** — Les microbes qui peuvent vivre aux dépens de la caséine la coagulent à

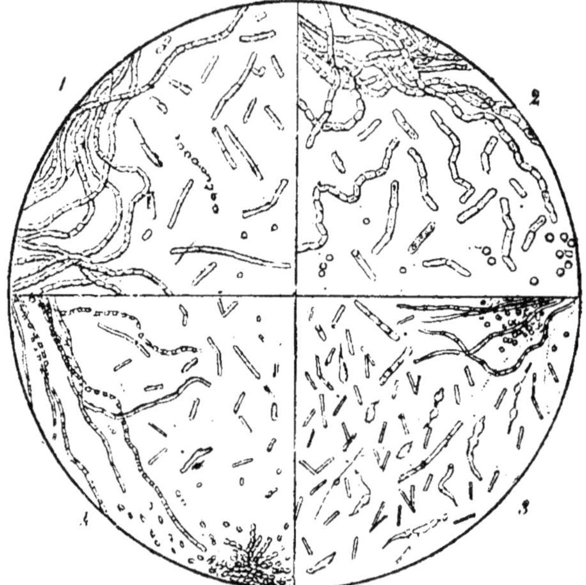

Fig. 4. — Ferments aérobies du lait (Duclaux. *Le lait*).
1. Tyrothrix geniculatus ; 2. Tyrothrix scaber ; 3. Tyrothrix virgula ; 4. Tyrothrix tenuis.

l'aide d'une substance identique à celle que sécrète la muqueuse de l'estomac du veau : la *présure*. Toutes les espèces n'ont pas d'ailleurs le même pouvoir coagulant.

Certains ferments sécrètent, outre la présure, une autre diastase, la *caséase* qui a la propriété de dissoudre la caséine.

M. Duclaux, qui a étudié cette transformation, a donné le nom de *caséone* à la caséine ainsi solubilisée (1).

Cette substance est utilisée par les microbes qui donnent alors des produits variés : leucine, tyrosine, sels ammoniacaux, acides gras, carbonate d'ammoniaque, etc.

La nature et la proportion de ces résidus varient d'ailleurs avec les microbes. Le goût final peut être agréable ou désagréable suivant que telle ou telle espèce a prédominé.

Les ferments de la caséine sont en général des bâtonnets grêles ; leurs spores sont très résistantes.

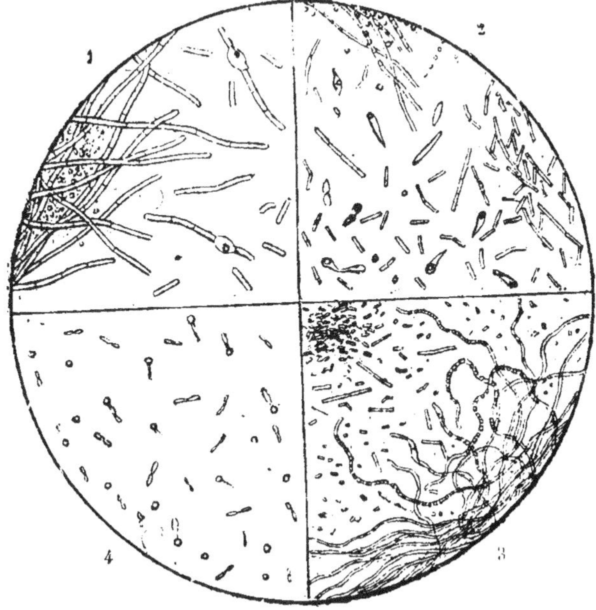

Fig. 5. — Ferments anaérobies du lait (Duclaux, *Le lait*).

1. Tyrothrix catenula ; 2. Tyrothrix urocephalum ; 3. Tyrothrix filiformis ; 4. Tyrothrix claviformis.

Les espèces les mieux connues sont celles que M. Duclaux a trouvées dans les fromages et auxquelles il

(1) Duclaux, *Le lait*. Paris, 1894.

a donné le nom de *Tyrothrix* : les uns sont *aérobies* (fig. 4),
les autres *anaérobies* (fig. 5).

D'après M. de Freudenreich, certains ferments lactiques,
cultivés en milieu neutre ou alcalin, pourraient produire
de la caséase.

Plusieurs moisissures peuvent être considérées comme
des ferments de la caséine, notamment différentes espèces
de *Penicillium*.

Dans le *Penicillium glaucum* qui est un des principaux
agents de la maturation du fromage de Roquefort, les
filaments fructifères se terminent par un bouquet de
petits rameaux à l'extrémité desquels se développent des
chaînes de spores.

Le *Penicillium* se plaît dans les milieux acides et dans
les fromages il détruit l'acide lactique, préparant ainsi
le terrain pour d'autres ferments qui achèveront la
maturation.

L'*Oidium lactis* se rencontre fréquemment dans le lait
et les fromages. Il vit aux dépens du lactose et de l'acide
lactique, mais, de même que le *Penicillium*, il agit sur la
caséine car il sécrète de la caséase.

D'autres moisissures, les *Mucors* notamment, se développent sur les fromages, mais ils sont nuisibles car ils
occasionnent un goût désagréable dans la masse.

**Microbes dangereux.** — Le lait renferme parfois
les germes d'affections contagieuses. La présence de ces
microorganismes dans le liquide a pour origine, dans
certains cas, la maladie de la vache, mais elle peut aussi
être occasionnée par le fait que des personnes malades
sont chargées de la traite et des manipulations du lait ;
l'emploi d'une eau souillée pour le nettoyage des
récipients les contamine également.

Parmi les maladies infectieuses qui peuvent être
transmises par le lait, on cite la tuberculose, la fièvre
typhoïde, la scarlatine, la fièvre aphteuse.

## III. — **MALADIES DU LAIT**.

Certaines bactéries modifient le lait d'une autre façon que les ferments habituels, dans la couleur, la consistance, le goût. Ces altérations constituent de véritables maladies puisque le lait ne peut plus être utilisé pour la consommation et que le beurre et les fromages qui en proviennent sont défectueux.

Nous allons indiquer les principales.

**Lait bleu.** — On voit parfois apparaître sur du lait abandonné au repos des taches bleues de dimensions variables qui tantôt restent limitées à certains points, tantôt s'étendent sur toute la surface.

Cette coloration est due à un microbe, le *bacille cyanogène*, qui ne manifeste son action que dans un milieu acide ; mais le développement des taches s'arrête aussi lorsque l'acidité est trop prononcée.

Le microbe du lait bleu est très sensible à l'action de la chaleur ; maintenu pendant une minute à 80°, il est détruit. Par contre, il oppose une certaine résistance aux antiseptiques ; le moyen le plus sûr de le combattre est de laver tous les ustensiles à l'eau bouillante.

Autrefois, cette maladie était très répandue dans certaines régions, car le lait destiné à l'écrémage restait exposé longtemps à une température assez élevée. Depuis que les méthodes d'écrémage par le refroidissement d'abord, par le centrifuge ensuite, se sont vulgarisées, la maladie du lait bleu est devenue beaucoup plus rare.

**Lait rouge.** — Le lait peut être coloré en rouge par certains microbes. On voit apparaître, suivant l'espèce, soit des taches isolées à la surface, soit une coloration uniforme jusque dans les couches profondes.

**Lait jaune.** — On a signalé une coloration jaune du lait d'origine microbienne, mais ce phénomène se produit rarement.

**Lait filant**. — Ce lait est caractérisé par une viscosité plus ou moins prononcée, suffisante parfois pour qu'il se laisse étirer en fils.

L'écrémage s'effectue difficilement, quelquefois même pas du tout.

De nombreuses sortes de bactéries provoquent cette altération, les unes décomposent le lactose, les autres, la caséine. Dans certaines affections contagieuses de la mamelle, le lait filant apparaît et alors la viscosité existe déjà au moment de la traite alors que, dans les autres cas, le défaut ne se manifeste que dix à quinze heures plus tard. Les laits filants ne conviennent pas pour la fabrication du fromage et du beurre; ils sont donc à rejeter.

Une exception doit être faite pour une sorte de lait filant que l'on prépare en Norvège, spécialement pour la consommation.

**Lait amer**. — L'amertume du lait est assez fréquemment occasionnée par des microbes. Beaucoup de bactéries ont la propriété de sécréter des substances amères en vivant dans le lait.

En outre des laits signalés plus haut, d'autres doivent être rejetés, soit parce qu'ils occasionnent des goûts désagréables, soit parce que, dégageant des gaz en quantité notable, ils provoquent le boursouflement des fromages.

## III. — INSTALLATIONS

La disposition des locaux de laiterie varie beaucoup suivant la destination que l'on donne au produit, vente en nature ou transformation en beurre ou en fromage; mais il y a des conditions générales que l'on doit toujours rencontrer.

Comme emplacement, on cherche un terrain sec, de préférence un peu élevé au-dessus du sol environnant, d'un accès facile et qui permette l'éloignement des eaux de lavage.

Lorsqu'on est absolument obligé de construire sur un terrain qui n'est pas entièrement sec, il est indispensable d'entourer le bâtiment d'un canal d'assainissement.

La laiterie doit se trouver dans une atmosphère absolument saine.

Il faut éviter avec soin la proximité des matières en décomposition, l'air extérieur pénétrant dans les locaux peut ensemencer le lait de ferments nuisibles ou lui communiquer des odeurs désagréables.

L'approvisionnement en eau froide, pure, abondante doit, avant toutes choses, être envisagé pour l'entretien facile de la propreté, la conservation et la manipulation du lait, soit que l'on utilise une source, ce qui est toujours préférable, ou que l'on établisse un réservoir d'une capacité suffisante pour parer aux plus grandes sécheresses.

**Locaux**. — Le sol de tous les locaux doit être absolument imperméable. Différents matériaux sont employés. Le ciment, souvent en usage, doit être réservé pour les locaux où le sol est peu fatigué par les allées et venues, et peu mouillé (chambre à lait, caves, etc..). Il ne convient pas pour les salles de fabrication, les résidus qui séjournent sur le sol l'attaquant rapidement, grâce à l'acide lactique qu'ils renferment. Pour ce motif l'emploi des dalles calcaires est absolument à rejeter. Depuis quelques années, on utilise souvent, pour paver les salles de travail, des carreaux céramiques, fabriqués spécialement et qui offrent une grande résistance aux acides et à la fatigue.

Les murs et le plafond doivent être soigneusement crépis et badigeonnés à la chaux additionnée, au lieu d'eau, de petit lait, ce liquide empêchant le produit de s'écailler.

Dans les locaux, où se dégage une certaine quantité de

vapeur qui fait tomber le plâtre, il est préférable d'établir le plafond avec des planches rabotées, bien assemblées et peintes ensuite.

Les murs intérieurs doivent recevoir un revêtement imperméable que l'on puisse laver à grande eau. L'idéal serait évidemment d'établir un revêtement sur toute la surface, mais la dépense serait élevée. On se contente habituellement d'une hauteur allant pour les salles de fabrication à un mètre cinquante, et pour les autres locaux à un mètre. Tous les soubassements, exposés aux éclaboussures, ne peuvent être maintenus propres qu'en étant ainsi revêtus et cette application est indispensable pour empêcher la multiplication des germes de décomposition. Parmi les enduits le ciment est à préférer pour les soubassements. Lorsqu'on applique un revêtement sur les parties supérieures, on emploie des peintures à l'huile ou émaillées qui permettent de nettoyer complètement les parois.

En l'absence de ces revêtements, il faut blanchir à la chaux deux fois par an.

La sortie rapide des eaux de lavage hors des locaux de fabrication doit être facilitée. Dans ce but, on établit sur le sol de chaque salle une double pente longitudinale et transversale (2 à 2,5 p. 100) qui conduit les liquides dans un canal aboutissant à l'égout; si la salle est vaste, il est utile de disposer en outre deux ou trois rigoles, afin d'augmenter la rapidité d'évacuation des résidus. Le déversement des liquides dans le canal a lieu par l'intermédiaire d'une grille siphoïde qui s'oppose au refoulement des gaz. On évite ainsi toute odeur dans les locaux, même pendant la saison chaude.

L'éclairage doit être assuré de telle sorte que l'on puisse voir très clair dans toutes les parties de la salle; cette condition est indispensable à la fois pour le travail et pour l'entretien de la propreté.

Suivant les locaux, les fenêtres sont munies de châssis

à toile métallique, pour empêcher l'entrée des mouches et autres insectes.

Afin d'éviter l'action du soleil, les fenêtres peuvent être accompagnées de volets ou de jalousies mobiles depuis l'intérieur, ces dernières permettent en même temps d'aérer la pièce.

La ventilation ne doit jamais faire défaut. Le renouvellement de l'atmosphère des divers locaux doit pouvoir s'effectuer à volonté, car il importe que l'air soit pur et, sauf dans les caves où des conditions spéciales sont nécessaires, sec, l'air humide étant très favorable au développement des germes qui altèrent le lait.

Les fenêtres et les portes sont munies à la partie supérieure d'impostes ouvrantes ; ces orifices permettent le renouvellement de l'air, la nuit par exemple, lorsqu'on est obligé de fermer les portes et les fenêtres.

En observant les règles précédentes, on arrive à rendre facile le maintien d'une propreté rigoureuse dans toute la laiterie.

Dans la distribution des locaux, on doit envisager aussi la facilité du travail ; un aménagement rationnel adapté à chaque situation évite les fausses manœuvres, et les manipulations qui s'enchevêtrent les unes dans les autres.

**Matériel**. — Les instruments employés en laiterie doivent pouvoir être nettoyés facilement ; par conséquent la matière première dont ils sont composés est à envisager. Pendant longtemps on a employé le bois : aujourd'hui on se sert presque exclusivement d'ustensiles en métal. Avec le bois, en effet, il est beaucoup plus difficile d'entretenir la propreté. Le bois est poreux ; d'autre part, l'assemblage des pièces ne permet pas d'éviter les angles, les recoins. Avec le métal, au contraire, les surfaces sont lisses et arrondies.

Bien que les ustensiles en bois soient meilleur marché, et généralement de grande durée, il faut préférer ceux en métal, dont le nettoyage est à la fois plus facile et plus rapide ; ces derniers, d'autre part, étant moins lourds sont plus faciles à manier.

On a employé pour les récipients la tôle émaillée ; mais par les chocs l'émail s'enlève facilement ; c'est la tôle étamée qui est surtout utilisée pour la fabrication des seaux à traire, vases à lait et à crème, etc.

Dans la construction des récipients de laiterie, il faut éviter des dispositifs qui, par leur complication, rendraient le nettoyage difficile. Une règle qui s'impose, c'est que dans un ustensile on doit pouvoir passer facilement la brosse partout.

Pour nettoyer les vases, on les lave à l'eau bouillante renfermant de la potasse ou de la soude, et on les brosse à fond pour détacher tout ce qui pourrait adhérer aux parois, puis on rince à l'eau pure et fraîche, et on les expose à l'air, mais pas au soleil, en les retournant sens dessus dessous, pour qu'ils s'égouttent et se dessèchent rapidement.

Lorsqu'on dispose d'un générateur, il est très pratique d'employer la vapeur pour nettoyer le matériel.

En dehors des conduites d'eau chaude, d'eau froide, de vapeur parfois, qui doivent être établies dans une laiterie pour assurer l'entretien de la propreté du matériel et des locaux, il ne faut pas oublier, lors de la construction, que suivant les genres de fabrications, des températures très différentes doivent pouvoir être obtenues. Il faut donc prévoir l'établissement de systèmes de chauffage et de refroidissement qui permettent de maintenir à volonté dans chaque local la température la plus favorable.

**Moyens de désinfection.** — Lorsque les ferments nuisibles ont envahi la laiterie, il ne faut pas hésiter à les combattre énergiquement de suite, car ils seront d'autant plus difficiles à détruire qu'ils se seront développés davantage et il peut en résulter des pertes considérables pour l'industriel. La désinfection méthodique des locaux et des ustensiles s'impose.

Un moyen pratique consiste à faire brûler du soufre dans les locaux contaminés. Tous les ustensiles et objets dont on se sert habituellement sont placés dans la salle à désinfecter. On ouvre les armoires, les caisses, on colle du papier sur les joints des portes et fenêtres, sur les fissures, ouvertures de fourneaux, trous de serrures, etc. Le soufre est placé dans des récipients en fer à la dose de 50 grammes par mètre cube ; on l'allume, puis on sort en fermant hermétiquement la porte avec des bandes de papier collées sur les joints extérieurs. L'acide sulfureux qui se dégage a des propriétés microbicides énergiques ; son action doit durer vingt-quatre heures. Au bout de ce temps, on sort tous les objets, on blanchit les parois et les plafonds au lait de chaux fraîchement préparé ; on nettoie le sol avec l'eau de soude bouillante. Les ustensiles sont transportés dehors, nettoyés soigneusement à la soude, passés à la vapeur, si possible, et utilisés quand ils sont complètement secs après une exposition à l'air.

## IV. — PESAGE ET MESURAGE DU LAIT

Dans la plupart des cas, il est plus rationnel de peser le lait que de le mesurer, de même que l'on pèse le beurre et les fromages : on a ainsi la même unité d'évaluation pour la matière première et pour les produits qui en dérivent.

Le pesage donne aussi des indications plus exactes, car le mesurage est influencé par la formation plus ou moins abondante de l'écume, et par les variations de volume qui dépendent de la température.

Dans le cas seulement où le lait est vendu au détail en nature, le mesurage par litre et demi-litre offre une plus grande commodité.

On a dit du pesage qu'il ne permettait pas d'apprécier

à leur juste valeur les laits gras ayant une densité moindre; mais en réalité les laits riches en beurre sont également riches en autres principes, et leur poids spécifique est rarement inférieur; l'argument invoqué n'est donc pas justifié.

Il ne faut pas oublier, d'autre part, qu'un litre de lait pèse environ 1030 grammes. Pour des sociétés coopératives, il est indifférent, au point de vue d'une égale répartition, que l'unité adoptée représente 1000 grammes, ou 1030 grammes, puisque la valeur des produits est établie sur la même base pour tous. Mais il n'en est plus de même, si les fournisseurs vendent leur lait : ceux-ci ont un bénéfice de 3 p. 100 en vendant au kilogramme, et non au litre, en supposant que le prix d'unité soit le même dans les deux cas.

Un appareil de pesage autrefois très répandu dans les fruitières de Franche-Comté, était le *pèse-lait à cadran* : cet instrument présentait une grande commodité, car le poids s'inscrivait de lui-même. Mais les couteaux s'usaient rapidement, et après un certain temps d'usage le pèse-lait fournissait des évaluations inférieures, surtout pour les apports notables.

Le pèse-lait à cadran n'avait jamais été admis au poinçonnage. En 1899, les sociétés de fromagerie furent mises en demeure de substituer au pèse-lait à cadran en usage l'une des balances oscillantes, balances à bras égaux, balances-bascules et romaines.

C'est la *romaine* qui a été adoptée le plus généralement.

Différents types existent.

Dans les uns Laurioz, Lardet il n'y a qu'un seul fléau.

Le pèse-lait Chamois porte une double romaine, celle placée en dessous est graduée en dizaine de kilos, celle du dessus en kilos et en hectos ; ce dernier fléau, étant limité à 10 kilos, présente un plus grand écartement des traits de la graduation qu'à l'ordinaire, ce qui facilite la lecture, sans que la longueur de la romaine soit augmentée.

Le pèse-lait Hugonnet (fig. 6) se compose d'un socle à 4 pieds, surmonté d'une colonne en fonte supportant la romaine, un seau et un couloir à double tamis. Le fléau est gradué sur ses deux faces en kilos et en hectos. Le

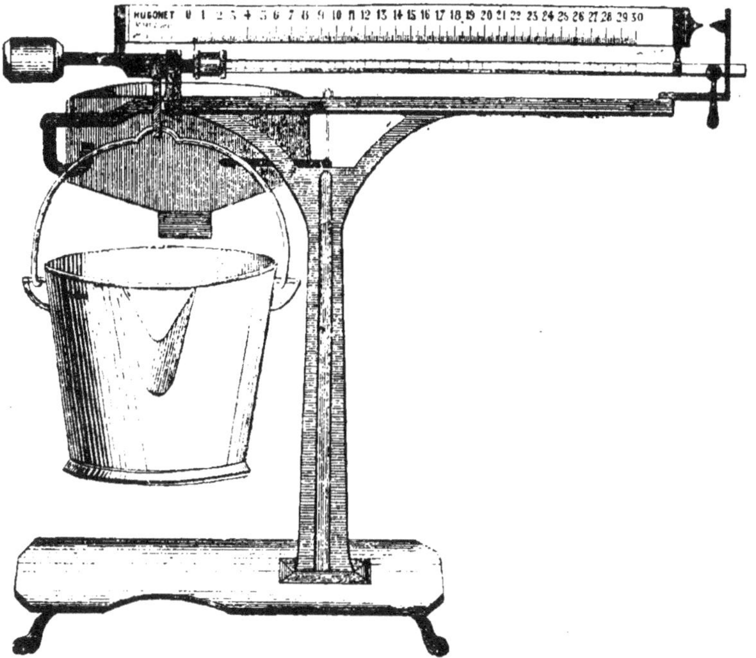


Fig. 6. — Pèse-lait à romaine (Hugonnet, à Morez).

curseur muni d'une aiguille double marque les poids sur les deux faces d'une plaque émaillée dominant la romaine et disposée parallèlement à celle-ci ; les chiffres étant très apparents, la lecture peut se faire facilement. Beaucoup de romaines en Suisse et en Savoie n'ont pas de pied ; elles se fixent au mur.

En Allemagne, on emploie, pour peser de grandes quantités de lait, là où il faut opérer rapidement, l'appa-

*reil Mahler* avec curseur et appareil enregistreur (fig. 7). La faible hauteur du récipient permet d'y verser facilement

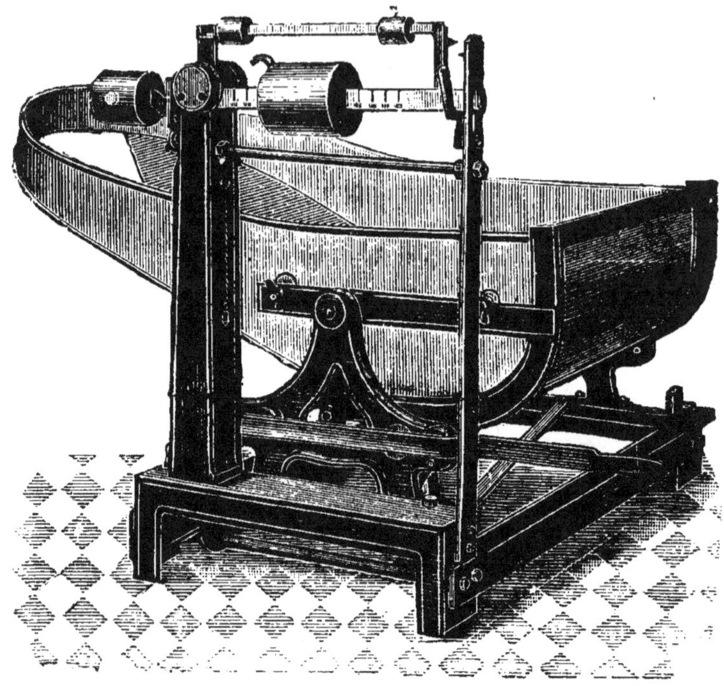

Fig. 7. — Bascule à lait Mahler, de Stuttgard.

le lait et on le vide aisément par un mouvement de bascule.

Pour mesurer le lait, on se sert soit du *flottomètre*, soit du *décalitre* et *demi-décalitre gradués*.

Le flottomètre (fig. 8) porte à l'intérieur un flotteur avec tige graduée en litres. Cet appareil doit être réservé pour les usages particuliers, par exemple pour mesurer le lait de chaque vache dans une étable, car il n'est pas poinçonné; il en est de même de décalitres gradués par une échelle.

On trouve aujourd'hui dans le commerce des décalitres

(fig. 9 et demi-décalitres marqués avec des cannelures correspondant à des divisions métriques en litres et demi-

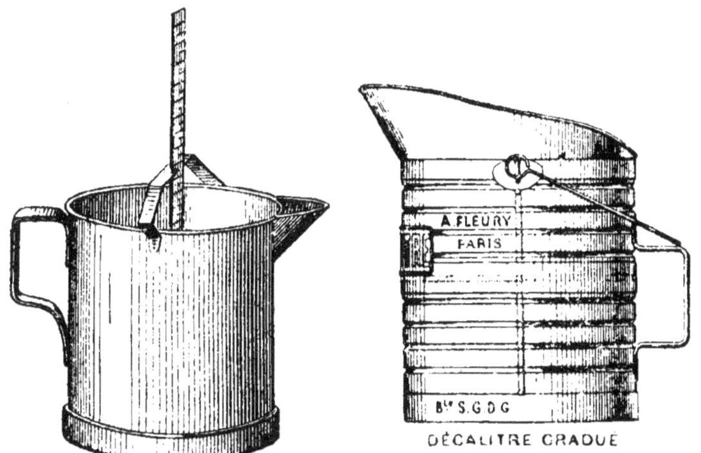



Fig. 8. — Flottomètre (Regnault, de Louviers).

Fig. 9. — Décalitre gradué par litre (Javel et Cⁱᵉ).

litres; ces instruments sont admis à la vérification et au poinçonnage.

Lorsque les livraisons ont lieu dans un endroit central, on se sert habituellement du pèse-lait à romaine. Si, au contraire, on ramasse le lait chez chaque fournisseur, on emploie de préférence le décalitre, parce que la romaine n'est pas facile à transporter.

## V. — TRAITE

La manière dont on effectue la traite a une importance considérable sur la productivité des vaches, sur la richesse en matière grasse du lait, sur sa valeur hygiénique et sur son degré de conservation.

Il est indispensable, comme on l'a vu plus haut, de traire à fond pour maintenir l'aptitude laitière et recueillir le lait le plus gras.

Il faut éviter toutes les causes qui pourraient provoquer une excitation chez la vache pendant la traite, car elle pourrait retenir son lait. C'est pour ce motif que le vacher doit soigner les animaux avec la plus grande douceur.

Il est préférable que la même personne soit chargée de la traite pendant une période de lactation, les vaches donneront plus volontiers leur lait.

La traite doit avoir lieu à des heures régulières.

Il faut observer la propreté la plus minutieuse pendant la traite, car de cette façon on évite en grande partie l'ensemencement du lait par les microbes.

Le vacher doit d'abord se laver soigneusement les mains avant de commencer l'opération et même pendant le travail s'il en est besoin.

Il faut ensuite nettoyer le pis de la vache.

Il n'est pas très pratique de laver chaque fois le pis, car il faut l'essuyer ensuite, et l'opération demande un certain temps ; on ne la pratique guère que lorsque des matières desséchées adhèrent fortement à la peau de l'animal ; il faut alors employer l'eau tiède. Mais on ne doit jamais manquer avant chaque traite de nettoyer complètement le pis, ainsi que les parties avoisinantes avec un linge propre et sec : on enlève ainsi toutes les souillures chargées de microbes qui pourraient tomber dans le lait.

Il faut avoir soin d'attacher la queue de la vache à la cuisse ou à un objet quelconque pour que les impuretés ne soient pas projetées dans le lait pendant la traite.

Il est bon aussi d'examiner tous les trayons pour s'assurer de leur état normal.

On laissera écouler les quatre à cinq premiers jets sans les recueillir ; les canaux des trayons renferment toujours, comme on le sait, un certain nombre de microbes, ceux-ci sont entraînés par le liquide qui sort le premier ; en procédant ainsi, on assure davantage la conservation du lait.

Les personnes atteintes de maladies contagieuses, ou celles qui soignent des personnes ayant ces affections doivent s'abstenir de traire.

L'air de l'étable renferme des poussières de toute nature auxquelles adhèrent les microbes. Il faut veiller à en restreindre le nombre et pour cela ne jamais donner les fourrages secs, toujours chargés de germes, immédiatement avant ou pendant la traite; l'air se contaminerait fortement par les nombreux débris que les fourrages amèneraient dans l'air. La même observation concerne les litières sèches; mais pour les fourrages verts, il n'y a pas à prendre de précaution spéciale.

La ventilation des étables, si utile pour la santé de l'animal, maintient une atmosphère plus pure et diminue la contamination du lait. Elle ne devrait jamais faire défaut.

Il faut employer des litières non altérées; le fumier doit être enlevé journellement. Certaines dispositions d'étables facilitent l'entretien de la propreté crèches basses, distance entre la crèche et la rigole réduite au minimum, rigole profonde pour le purin. En attachant la queue de l'animal d'une façon permanente, comme dans le système hollandais, on évite qu'elle se salisse.

Il faut pouvoir laver le sol de l'étable tous les jours. Les murs seront blanchis à la chaux, chaque année.

Un vacher connaissant bien son métier et soigneux peut obtenir des résultats bien supérieurs, tant pour la quantité que pour la qualité du lait.

Et il y aurait lieu d'encourager, au moyen de récompenses, ceux qui se signalent par un travail consciencieux et bien exécuté.

La difficulté de se procurer de bons vachers a fait songer à la *traite mécanique*: on a créé dans ce but des appareils très ingénieux. Avec ces machines, le lait est moins souillé de matières excrémentielles: néanmoins, il peut plus facilement s'altérer, car il passe à travers de longs conduits de caoutchouc dont le nettoyage est difficile.

Mais le principal obstacle à l'emploi de ces appareils, c'est qu'ils ne traient pas à fond chaque animal, comme il doit l'être; pour obtenir le maximum de lait et de matière grasse, il faut traire chaque vache d'une façon déterminée suivant sa nature, ce que le travail mécanique, étant uniforme, ne permet pas d'obtenir.

Jusqu'à ce jour les machines à traire ne se sont pas vulgarisées; elles ne sont à leur place que là où les vachers font complètement défaut.

On a préconisé aussi l'emploi des *tubes à traire*, leur emploi n'est à recommander que dans certaines affections de la mamelle, alors que la traite ordinaire occasionne des douleurs à l'animal, ou encore lorsque le lait renferme des calculs.

# VI. — CONDITIONNEMENT DU LAIT APRÈS LA TRAITE

Le lait aussitôt trait doit être porté hors de l'étable et placé dans un local dont l'atmosphère est pure, afin d'éviter tout ensemencement de microbes ainsi que l'absorption des odeurs de l'étable, d'autant plus intense que la température du liquide est plus élevée.

## I. — PURIFICATION.

Souvent la traite n'a pas été faite avec tout le soin voulu; le lait renferme alors un certain nombre d'impuretés (débris de fourrages, matières excrémentielles, poils de vache, poussières, parfois des mouches) et également des microbes qui sont, les uns isolés dans le liquide, les autres adhérents après les impuretés. Beaucoup de ces impuretés contiennent des produits solubles qui passent rapidement dans le lait.

**Tamisage**. — Il faut donc enlever aussitôt que possible ces matières étrangères. On emploie dans ce but des toiles fines ou des tamis en laiton étamé. Les toiles ne sont guère en usage que dans les petites exploitations ; elles doivent avoir été nettoyées à l'eau bouillante et bien séchées. Elles ne peuvent servir que pour une petite quantité de lait, car elles s'obstruent très vite. Il n'est pas pratique de n'employer qu'un seul tamis ; le lait tombant d'une façon continue sur les impuretées arrêtées les délaye : les microbes, d'abord adhérents, sont mis en liberté et entraînés avec le lait. On se sert habituellement de deux tamis, dont le supérieur est mobile : dès qu'il y a une certaine quantité d'impuretés sur le tamis mobile on nettoie celui-ci.

**Filtration**. — Les tamis métalliques ne retiennent que les impuretés les plus grossières. On a cherché à établir des appareils ayant une plus grande puissance filtrante ; c'est ainsi que des filtres à éponge, à sable et gravier, à grains de porcelaine, à cellulose ont vu le jour.

Les résultats qu'ils ont donnés ont été très contradictoires ; car le nettoyage parfait de la matière filtrante demande des soins particuliers. L'emploi de ces filtres ne peut guère être conseillé que dans les grandes laiteries urbaines où l'on dispose d'un personnel exercé.

L'imperfection du nettoyage des filtres précédents étant une cause du mauvais fonctionnement de l'appareil, on a cherché à employer une substance qui ne soit utilisée qu'une seule fois.

Nous citerons le filtre Ulander fig. 10 qui, expérimenté à l'école de laiterie d'Alnarp Suède par le directeur de cet établissement M. Engström, assisté des professeurs, a donné des résultats très satisfaisants. Voici le rapport établi à la suite de ces essais par le D$^r$ Rosengren.

L'appareil à nettoyer se compose d'un récipient en forme d'entonnoir constitué par une seule pièce en tôle d'acier emboutie. La partie cylindrique inférieure a des dimensions calculées de telle sorte qu'elle peut s'adapter facilement sur un bidon de transport ordinaire. Au point de jonction de la partie cylindrique et de la partie conique, se trouve une rainure large d'environ 1 centimètre dans

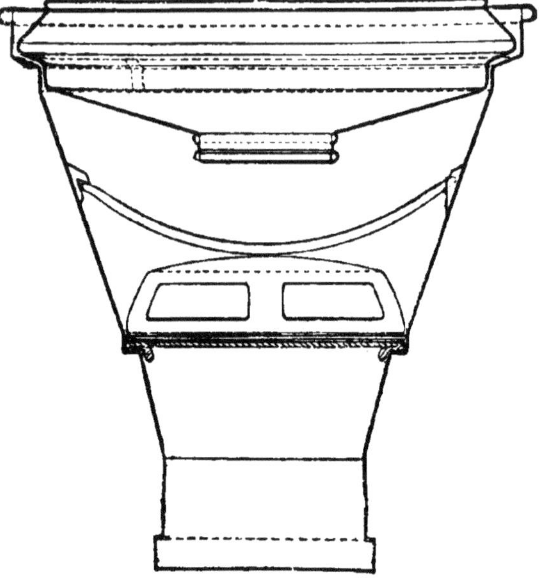

Fig. 10. — Filtre Clander (Hignette).

laquelle repose le filtre proprement dit. Celui-ci se compose de deux tamis ordinaires renfermant entre eux une mince couche de ouate. Pour empêcher la brusque arrivée du lait sur le filtre, il y a, à la partie supérieure, un disque de métal avec des ouvertures latérales qui permettent au liquide de s'écouler.

Un ressort aboutissant à deux saillies de la paroi du filtre maintient l'ensemble. A l'orifice supérieur de l'entonnoir se trouve un tamis ordinaire destiné à retenir les plus gros débris.

Le débit de l'appareil dépend de la consistance du lait

et de la nature des impuretés. Si ces impuretés sont boueuses. elles encrassent l'instrument. Voici quelques essais qui montrent la rapidité avec laquelle le filtre laisse passer le lait.

| | Quantité de lait. | Durée. |
|---|---|---|
| 1° | 50 litres............ | 45 secondes. |
| | 50 — ............ | 1 minute 30 — |
| | 50 — ............ | 4 minutes |
| | 150 litres............ | 6 minutes 15 secondes. |
| 2° | 50 litres............ | 1 minute. |
| | 50 — ............ | 1 — 30 secondes. |
| | 50 — ............ | 1 — 45 — |
| | 50 — ............ | 2 — |
| | 50 — ............ | 2 — 10 — |
| | 50 — ............ | 2 — 30 — |
| | 300 litres............ | 10 minutes 55 secondes. |
| 3° | 50 — ............ | 45 secondes. |
| | 50 — ............ | 1 minute 15 — |
| | 50 — ............ | 1 — 45 — |
| | 50 — ............ | 2 — |
| | 50 — ............ | 3 — |
| | 50 — ............ | 5 — |
| | 300 litres............ | 13 minutes 45 secondes. |
| 4° | 50 litres............ | 45 secondes. |
| | 50 — ............ | 45 — |
| | 50 — ............ | 1 minute. |
| | 50 — ............ | 1 — 6 — |
| | 200 litres............ | 3 minutes 36 secondes. |
| 5° | 50 litres............ | 45 secondes. |
| | 50 — ............ | 3 minutes 15 — |
| | 50 — ............ | 5 — |
| | 150 litres............ | 9 minutes. |
| 6° | 50 litres............ | 45 secondes. |
| | 50 — ............ | 50 — |
| | 50 — ............ | 1 minute. |
| | 50 — ............ | 1 — 30 — |
| | 50 — ............ | 2 — |
| | 50 — ............ | 3 — 15 — |
| | 300 litres............ | 9 minutes 20 secondes. |

Les expérimentateurs ont déterminé par un certain nombre d'essais la quantité d'impuretés contenue dans un lait sortant du filtre Clander comparativement à celle renfermée dans le même lait passant sur un tamis ordinaire.

| NUMÉROS DES ESSAIS. | POIDS de la ouate filtrante. | QUANTITÉ d'impuretés dans 20 litres de lait passé au filtre Clander. | QUANTITÉ d'impuretés dans 20 litres de lait passé au filtre ordinaire. |
|---|---|---|---|
| | grammes. | milligrammes. | milligrammes. |
| 1 | 4,3 | 1 | 15 |
| 2 | 4,3 | 3,5 | 26,5 |
| 3 | 4,3 | 1 | 15 |
| 4 | 0,7 | 3 | 22,5 |
| 5 | 1,2 | 4,5 | 24 |
| 6 | 1,6 | 8,5 | 22 |
| 7 | 0,9 | 6 | 20 |
| 8 | 0,9 | 1,5 | 22 |
| 9 | 1,7 | 8 | 29,5 |
| 10 | 2,3 | 2 | 25,5 |
| 11 | 1,6 | 5,5 | 22 |
| 12 | 2,1 | 5 | |
| 13 | 2,1 | 6 | |
| 14 | 2,1 | 5,5 | |
| 15 | 2,1 | 4 | |
| 16 | 4 | 1 | |
| 17 | 2,1 | 1 | |
| 18 | 4 | 0 | |
| 19 | 6 | 0 | |
| Moyenne | | 3mg,52 dans 20 lit. / 0mg,176 dans 1 lit. | 22mg,18 dans 20 l. / 1mg,1 dans 1 litre. |

**Centrifugation.** — En dehors des filtres on a songé à employer les écrémeuses centrifuges pour séparer les impuretés du lait. Ces impuretés étant plus lourdes vont à la paroi. C'est là un fait d'observation courante et l'on sait que, lorsqu'on écrème le lait à la machine, il y a toujours un dépôt boueux contre la paroi. Au moyen d'un dispositif particulier que l'on adapte sur la machine, le lait et la crème sont réunis. On a même imaginé des centrifuges spéciaux pour enlever les impuretés ; le nettoyeur

centrifuge Heine est employé dans quelques grandes laiteries urbaines d'Allemagne. Les centrifuges enlèvent très
bien les grosses impuretés du lait, mais, pas plus que les
filtres, ils ne peuvent retenir les microbes qui sont à l'état
libre.

## II. — REFROIDISSEMENT.

Il est très utile de pouvoir employer le lait aussitôt
après la traite ; de cette façon les germes n'ont pas le temps
de se multiplier. Mais il n'est pas toujours possible d'agir
ainsi. Dans beaucoup d'établissements, par exemple, le
lait du soir n'est livré que le lendemain matin, il faut
donc le préserver de toute altération. Or, les microbes se
développent mal aux températures basses. Cette propriété
est utilisée pour la conservation du liquide. On le refroidit
dès sa sortie du pis.

Cette méthode est très facile à mettre en œuvre partout, elle ne modifie en aucune façon le goût du lait
frais et ce liquide peut, comme avant le refroidissement,
être transformé en fromage.

Pour obtenir un résultat parfait, il faut arriver à 12°
et maintenir le lait à cette température. Si l'on ne dispose pas d'eau suffisamment fraîche, il faut prévoir l'établissement d'une glacière afin de pouvoir ajouter de la
glace à l'eau en été. Dans les laiteries importantes, on
utilise les machines à glace.

En Danemark, on emploie des appareils qui servent à
filtrer le lait, à l'aérer et à le refroidir au contact de l'air.
L'appareil *Freemad* est formé par une série de couronnes
dentées sur lesquelles le lait s'écoule : l'appareil *Boeggild*,
de forme tronconique, reçoit le lait en nappe sur sa surface extérieure, l'intérieur étant rempli d'eau.

Le pouvoir réfrigérant de ces appareils varie naturellement avec la température de l'air. C'est dire qu'ils ont
surtout leur emploi dans les pays froids.

La méthode de refroidissement la plus simple consiste

à placer les récipients à lait dans un local frais ou dans un bassin d'eau froide que l'on renouvelle.

Mais, dans ces conditions, le refroidissement n'est pas très rapide. Pour obtenir une action plus énergique, on fait usage des *réfrigérants*. Ces appareils sont disposés de telle sorte que le lait coule de haut en bas sur la paroi extérieure pendant que l'eau circule en sens inverse sur l'autre face; le pouvoir réfrigérant de l'eau est ainsi très bien utilisé.

Les réfrigérants les plus employés se rapportent à deux types principaux : les réfrigérants capillaires Lawrence et les réfrigérants cylindriques Schmidt.

Le réfrigérant Lawrence (fig. 11 et 12) se compose de

Fig 11. — Réfrigérant Lawrence (Hignette).

deux plaques de cuivre ondulées, distantes entre elles de quelques millimètres et formant une série de cannelures

dans lesquelles circule l'eau ; la partie extérieure des
plaques est étamée. Le lait, contenu dans le réservoir A,
s'écoule par un robinet dans le réfrigérant B. Il est dis-

Fig. 12. — Réfrigérant capillaire Lawrence.

tribué sur toute la surface par une gouttière percée de
petits trous. Après avoir circulé sur les parois ondulées,
il arrive en C, d'où il tombe dans le récipient disposé pour
le recevoir. L'eau de refroidissement entre en D et sort
en E.

Les réfrigérants tubulaires diffèrent des précédents

en ce que les feuilles ondulées sont remplacées par une
série de tubes de cuivre parallèles disposés horizontalement.

Le réfrigérant cylindrique Schmidt (fig. 13) a une surface en cuivre étamé présentant des ondulations en

Fig. 13. — Réfrigérant cylindrique Schmidt (Hignette).

spirales; une tôle verticale est placée derrière les ondulations et c'est dans l'intervalle que l'eau circule.

L'emploi des réfrigérants ne dispense pas d'établir des
bassins d'eau froide dans lesquels on placera les récipients
qui contiennent le lait; le liquide conservera sa température basse jusqu'au moment de l'emploi.

## III. — **CHAUFFAGE**.

Soumis à une certaine température, les microbes sont tués. On chauffe donc le lait pour détruire à la fois les germes des maladies contagieuses qu'il peut renfermer et les ferments ordinaires qui provoquent son altération.

Depuis longtemps dans les ménages on conservait ce liquide par la cuisson. L'illustre savant Pasteur a mis en relief les conditions que doit réaliser le chauffage pour être efficace. La méthode est employée avec succès sous le nom de pasteurisation pour conserver le vin, la bière. On applique la même désignation au traitement du lait.

Plus spécialement, on entend par *pasteurisation*, le chauffage au-dessous de 100°.

Pour détruire les spores, il faut aller à 115°; cette opération s'appelle *stérilisation*.

Ce lait qui s'altère déjà, très légèrement il est vrai, à 70°, s'altère beaucoup plus à de hautes températures; il brunit et le goût de cuit est prononcé.

Dans la pratique, on donne le nom de stérilisation au chauffage qui atteint le point d'ébullition de l'eau ou qui le dépasse de quelques degrés seulement; par exemple, lorsqu'on va de 100° à 105°, mais c'est en réalité une *stérilisation partielle*; tous les germes ne sont pas détruits.

Un procédé qui permet une destruction complète des germes sans modifications sensibles du lait, a été indiqué par Tyndall; c'est la *stérilisation discontinue*.

Le lait est d'abord pasteurisé, puis on le laisse refroidir; au bout de 12 à 24 heures on chauffe dans les mêmes conditions que la première fois. Cette opération est répétée cinq jours de suite, le lait est alors parfaitement stérile. Dans l'intervalle de deux chauffes, les spores se trouvant à une température favorable ont germé, et les bactéries qui en provenaient ont été détruites ensuite par la pasteurisation.

Cette opération est coûteuse, compliquée, et ne trouve guère d'applications dans la pratique, si ce n'est pour la préparation de certains laits de longue conservation, vendus à un haut prix.

**Pasteurisation.** — La pasteurisation détruit certaines bactéries, notamment les bactéries pathogènes; elle prolonge la durée de conservation du lait et le rend plus sain.

Pour que l'opération produise tous ses effets, il faut que les germes qui n'ont pas été détruits, les spores ainsi que les ferments qui peuvent pénétrer dans le lait après le chauffage, ne trouvent pas de conditions favorables à leur développement. Pour ce motif, la pasteurisation doit être immédiatement suivie d'un refroidissement énergique. Un changement brusque de température diminue, d'ailleurs, comme l'expérience l'a montré, l'activité des bactéries.

Le chauffage du lait au bain-marie dans les récipients en tôle étamée est généralement abandonné. On utilise de préférence des appareils appelés *pasteurisateurs*, qui sont continus.

Les pasteurisateurs sont très employés dans l'industrie laitière ; différents types ont été établis.

Le premier genre est représenté par le système Fyord, dont le modèle primitif a subi de nombreux perfectionnements. Voici la description de l'appareil le plus récent (fig. 14).

Le pasteurisateur est constitué par un vase en cuivre étamé dans lequel le lait arrive à la partie inférieure pour sortir à la partie supérieure d'une façon continue ; autour de ce vase et à une certaine distance se trouve un autre récipient en tôle forte, et c'est dans l'espace compris entre ces deux récipients que circule la vapeur destinée au chauffage.

Pour éviter la déperdition de chaleur, le vase extérieur est entouré d'une enveloppe isolante, recouverte elle-

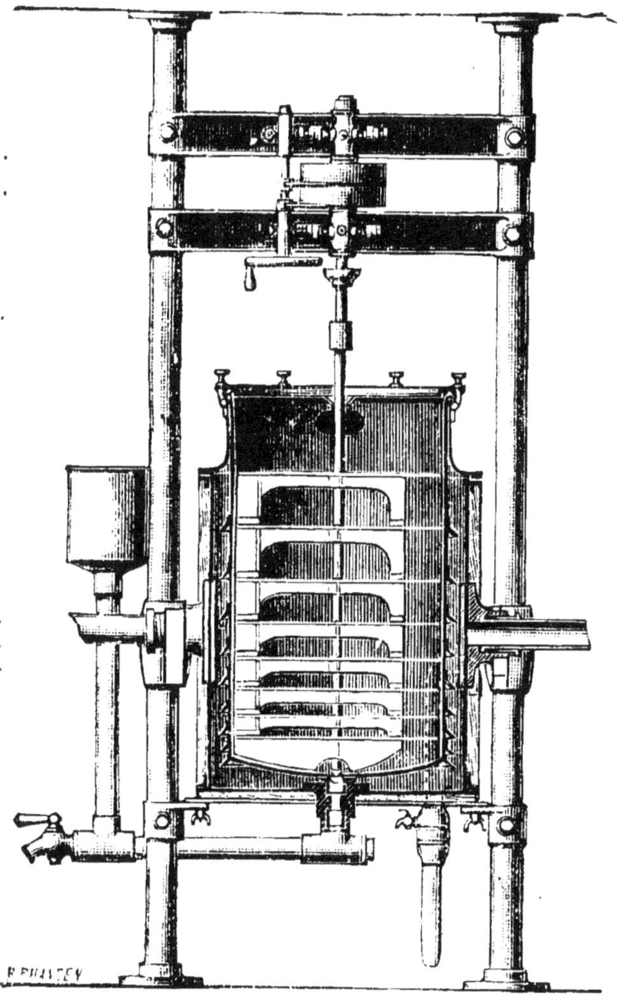

Fig. 14. — Pasteurisateur Fyord perfectionné.

même de tôle. La vapeur condensée s'écoule à la partie inférieure de l'appareil par un tuyau spécial.

Un agitateur tourne dans le vase central, il a pour but

d'assurer une bonne répartition de la chaleur et d'empêcher le lait de brûler.

On sait que déjà au-dessus de 70° la caséine subit un commencement de coagulation très léger, mais qui s'accentue à mesure que le lait est soumis à une plus haute température.

Or, la couche de lait s'échauffe rapidement en restant au contact de la paroi métallique dont la température est toujours élevée. C'est ainsi que la caséine se coagule en formant un dépôt, un gratinage qui étant mauvais conducteur de la chaleur amène une consommation de vapeur plus considérable, en même temps que le lait prend le goût de cuit.

L'agitation imprimée au liquide empêche que la même couche de lait ne reste trop longtemps en contact avec la paroi ; comme il n'y a pas de surchauffe, la caséine ne coagule pas.

Dans les anciens modèles l'agitateur était formé par une palette à deux ailes. Aujourd'hui il est constitué par une tige verticale portant une série de plaques pleines, superposées horizontalement à une certaine distance les unes des autres.

Ces plaques ont un diamètre légèrement inférieur à celui de la cuve, elles obligent le lait arrivant à la partie inférieure à passer en couche très mince le long de la paroi chaude. Le lait est chauffé plus complètement et plus régulièrement qu'avec les anciens appareils dans lesquels la couche de lait en contact avec la paroi chaude présentait une plus grande épaisseur que la chaleur ne traversait pas uniformément.

En outre le vase intérieur est garni sur la paroi en contact avec la vapeur de cercles formés chacun d'une bande de tôle découpée en dents de scie, et ces cercles sont fixés obliquement par rapport à la paroi, les dents dirigées vers le bas. La vapeur condensée est ainsi éloignée de la paroi par les dents et elle tombe goutte à

goutte dans la double enveloppe, au lieu de séjourner en
nappe à la surface ; la chaleur est mieux utilisée.

Un autre système de pasteurisateur est représenté par
la figure 15.

L'appareil comprend essentiellement, monté sur un
bâti en fonte, un corps cylindrique à double enveloppe

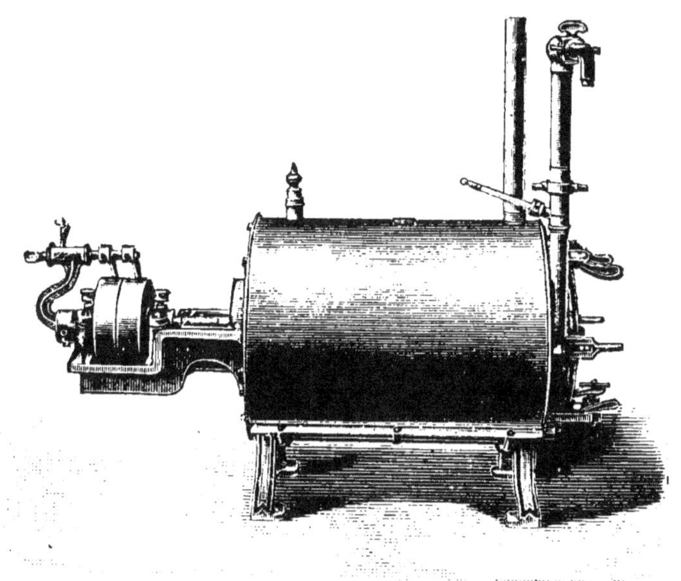

Fig. 15. — Pasteurisateur Triomphe (Pilter).

de métal, dans laquelle circule de la vapeur ; à l'intérieur
tourne un arbre muni de poulies, fixe et folle ; sur cet
arbre sont fixées des parties d'hélice ; celles-ci ont pour
effet de pousser le lait d'un bout à l'autre du cylindre,
et de le chasser dans un tuyau d'élévation.

On introduit le liquide à pasteuriser soit en le déversant
dans une gouttière fixée sur l'appareil, soit en l'amenant
avec un tuyau suivant les types. Le lait subit progressivement l'action de la vapeur sèche ; celle-ci arrive en
effet à la partie supérieure de l'enveloppe et du côté
opposé à l'entrée du liquide. La disposition respective

des ouvertures, arrivée de vapeur et entrée du lait, ainsi que le mouvement hélicoïdal imprimé à l'intérieur du cylindre au liquide, font que ce dernier s'échauffe graduellement, et ne court pas le risque d'être brûlé. L'eau provenant de la condensation de la vapeur s'écoule par une ouverture située sous l'appareil.

Pour la petite industrie, on a établi des modèles spéciaux. Le pasteurisateur Gaulin (fig. 16) est monté sur une chaudière à basse pression. L'agitateur est commandé par un tourniquet hydraulique. Ce moteur est actionné par l'eau nécessaire au réfrigérant.

Le même système d'agitateur automatique est appliqué par M. Gaulin à des pasteurisateurs à vapeur : ces appareils sont établis de telle sorte que

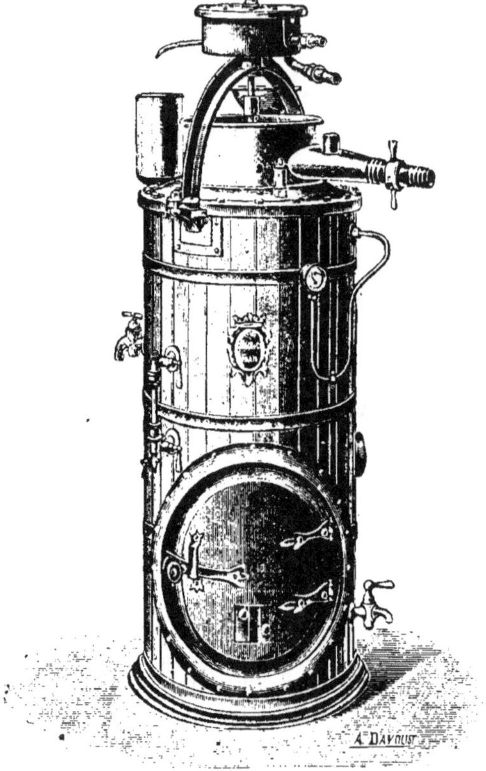

Fig. 16. — Pasteurisateur Gaulin.

la vapeur rentre en mouvement dans une petite nappe d'eau qui se trouve dans le pasteurisateur.

Le lait qui vient d'être pasteurisé doit être refroidi

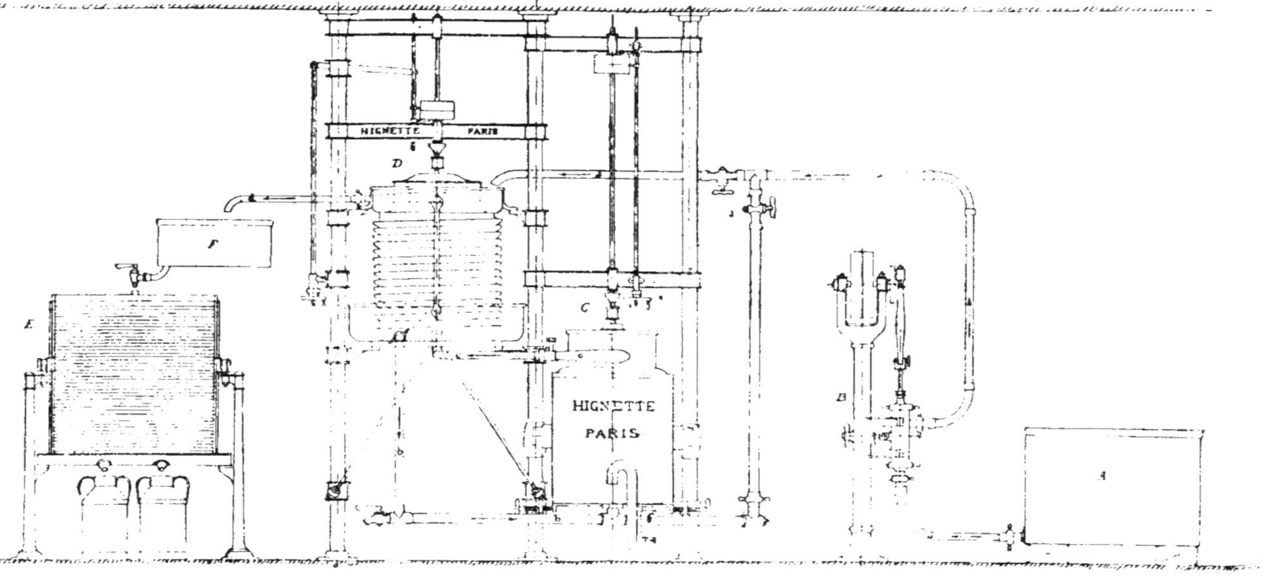



Fig. 17. — Pasteurisateur régénérateur à lait Hignette.

aussitôt; le mieux, c'est d'utiliser le lait froid qui, de son côté, se trouve réchauffé par le lait pasteurisé. La consommation d'eau et de vapeur est ainsi réduite.

Dans le système Hignette (fig. 17) le récupérateur ou régénérateur se compose d'un cylindre à surface ondulée lisse, analogue aux réfrigérants cylindriques bien connus. Mais ce cylindre est complètement libre à l'intérieur; il est pourvu d'un fond, d'un agitateur et d'un couvercle mobile.

Le fonctionnement général est le suivant :

Le lait à pasteuriser, versé dans le réservoir A, est envoyé par une pompe B sur le régénérateur D. Ce lait est distribué en couche mince et régulière sur toute la surface du régénérateur par une gouttière circulaire percée de petits trous et placée à la partie supérieure du régénérateur.

Le lait chaud, sortant du pasteurisateur C, remontant à l'intérieur du régénérateur et en sens contraire du lait, il y a échange de température, de sorte que le lait entre froid sur le régénérateur à la partie supérieure et sort à la partie inférieure à 40°-45° pour aller dans le pasteurisateur où il est porté à 70°. Il est alors refoulé dans le régénérateur où l'agitateur le fait remonter le long de la paroi intérieure.

Le lait entre à 70° dans le régénérateur à la partie inférieure, en sort à 40° environ à la partie supérieure où il coule sur un réfrigérant ordinaire E où il achève de se refroidir.

On peut intercaler un bac intermédiaire F entre le régénérateur et le réfrigérant, comme on fait souvent entre le pasteurisateur et le réfrigérant.

## IV. — EMPLOI DES ANTISEPTIQUES.

Tous les antiseptiques qui ont été proposés pour la conservation du lait doivent être absolument proscrits (formol, acide borique, acide salicylique, eau oxygénée, acide fluorhydrique, etc.).

Sans doute, ces substances ayant un pouvoir bactéricide plus ou moins prononcé, empêchent ou retardent l'altération du lait. Mais l'absorption continue de ces produits toxiques n'est pas sans danger pour le consommateur.

L'addition d'alcalins, tels que le bicarbonate de soude, le borate de soude, n'est pas davantage à conseiller ; ces sels en saturant l'acide lactique formé, retardent la coagulation, mais ils dénaturent le produit.

## VII. — TRANSPORT DU LAIT

Le lait, dans bien des cas, n'est pas transformé en beurre ou en fromage, ni vendu au consommateur par le producteur lui-même.

Souvent on le livre soit à des industriels, soit à des sociétés coopératives ; le rayon d'approvisionnement de ces établissements s'étend parfois jusqu'à vingt kilomètres. Il faut que le lait puisse supporter le transport sans s'altérer.

Autrefois, lorsque le lait était transporté à une faible distance, on se servait d'ustensiles en bois, et on a songé à employer des récipients en bois pour les longs trajets. Le bois, disait-on, étant moins bon conducteur de la chaleur que le métal, protège mieux le lait contre la température extérieure.

En hiver le liquide ne gèlera pas ; en été, s'il est refroidi au départ, il conservera plus longtemps sa température basse.

Mais les avantages s'effacent devant la difficulté de nettoyage que ces ustensiles présentent ; ils ne peuvent être employés d'une façon continue, car, après le rinçage, il faut qu'ils soient exposés à l'air et bien séchés avant d'être utilisés à nouveau.

Aussi l'usage s'est-il établi d'employer les bidons en métal.

On utilise habituellement des bidons de 20 litres en tôle d'acier parfaitement étamés.

Le pot à lait le plus employé en France est représenté par la figure 18.

Fig. 18. — Pot à lait.

Le couvercle est constitué par un tampon en tôle emboutie qui s'enfonce dans l'ouverture.

Ces bidons peuvent s'établir avec le fond embouti, ce qui rend le nettoyage plus facile.

Dans d'autres modèles, c'est la partie supérieure formée par le chapiteau et le collet qui est emboutie.

Enfin on a cherché à supprimer tous les angles de façon que l'intérieur du bidon présente des surfaces planes et arron-

Fig. 19. — Pot à lait Réforme (Hignette).

dies, tel est le modèle représenté par la figure 19; il est formé de deux morceaux de tôle d'acier emboutis, et ces

deux moitiés sont agrafées et soudées au milieu de la
partie cylindrique du pot; de cette façon il n'y a ni soudure, ni jonction au collet et au fond.

Les pots à lait étant exposés aux chocs doivent offrir
une certaine résistance; cette solidité dépend de l'épaisseur et de la qualité de la tôle employée.

On se sert aussi quelquefois des pots dits à fermeture
hermétique. L'étanchéité est assurée par un caoutchouc;
ils peuvent être fermés à l'aide d'un cadenas (fig. 20).

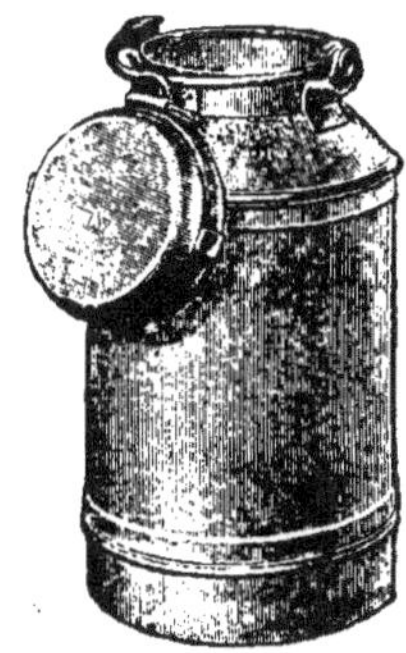

Fig. 20. — Pot à lait à fermeture hermétique (Pillet).

Pour éviter que le lait ne s'échauffe pendant le
transport, on protège les bidons au moyen de bâches
mouillées.

Par suite du ballottement, une partie de la matière
grasse peut se baratter pendant le transport. D'autre
part, le lait qui a été fortement agité s'écrème moins
facilement; on restreint cet inconvénient en faisant usage
de voitures munies de très bons ressorts et en remplissant
complètement les bidons.

Si les bidons ne peuvent être remplis entièrement, on
place à la surface du lait une planchette en bois que l'on
a soin de toujours tenir parfaitement propre; cette planchette diminue le ballottement du lait.

Il faut avoir soin de nettoyer à fond les bidons dès

qu'ils sont vidés. Dans les grandes laiteries, on se sert d'un appareil spécial (fig. 21) qui permet d'utiliser

Fig. 21. — Appareil à laver et à stériliser les pots à lait (Pilter).

successivement l'eau chaude et la vapeur, puis de rincer à l'eau froide.

Dès qu'un bidon est rouillé, il ne faut pas hésiter à le réformer; l'oxyde de fer forme avec l'acide lactique un sel qui communique au lait et au beurre qui en provient un goût désagréable, un goût de suif (Böggild).

Les bidons nettoyés qui ne sont pas utilisés immédiatement doivent être placés sens dessus dessous dans un local frais et aéré.

## VIII. — CONTROLE DU LAIT

La composition du lait présente naturellement des différences considérables. Il est facile de falsifier le liquide par l'addition d'eau, de petit lait, de lait écrémé ; par l'écrémage.

D'autre part, par suite des maladies de la vache et par les microbes il peut être altéré profondément.

Il y a donc une utilité incontestable à connaître les procédés qui permettent d'apprécier la valeur du lait, tant au point de vue hygiénique que sous le rapport de la richesse.

**Prélèvement des échantillons.** — Pour être certain des résultats il faut prélever les échantillons avec le plus grand soin. On se sert d'une cuiller à long manche et on agite plusieurs fois de bas en haut et de haut en bas le liquide dans le bidon qui le renferme.

On peut aussi mélanger le lait en le transvasant dans un autre récipient vide et bien nettoyé. Il est notamment utile d'agir ainsi lorsqu'on doit prélever un échantillon sur le lait de plusieurs bidons : tout le liquide est alors réuni dans un seul vase. On peut également dans ce cas prendre de chaque bidon un échantillon proportionnel à la quantité de lait qu'il renferme, puis les réunir tous et prélever un échantillon sur le mélange. La crème montant très rapidement, l'agitation imprimée au lait a pour but de mélanger toutes les couches de façon à pouvoir prendre un échantillon qui représente bien la composition type du lait examiné. Si, par suite d'un long repos, il y a déjà une épaisse couche de crème à la surface l'agitation ne suffit plus à mélanger les grumeaux ; il faut alors chauffer le lait à une température de 40° à 50°, brasser jusqu'à ce que le liquide soit devenu parfaitement homogène, puis le refroidir à 15° avant de prélever l'échantillon.

**Conservation des échantillons.** — Lorsqu'il s'agit d'examiner le lait seulement au point de vue de la richesse, l'analyse n'a pas toujours lieu immédiatement. On a intérêt, dans ce cas, à l'additionner d'un antiseptique afin d'éviter la coagulation. On emploie habituellement le bichromate de potasse, à la dose de 1 gramme par litre de lait, ou le formol, à raison de 10 à 12 gouttes par litre.

## I. — EXAMEN DU LAIT AU POINT DE VUE HYGIÉNIQUE.

**Examen organoleptique.** — On néglige trop souvent dans le contrôle du lait les indications qui peuvent être fournies par les organes des sens. Pour une personne exercée, il y a là un précieux moyen d'investigation à utiliser. Il faut donc toujours examiner la couleur, la consistance, l'odeur et le goût du produit et observer s'il renferme des matières en suspension.

**Contrôle des impuretés.** — Il est utile d'examiner les impuretés qui se trouvent dans le lait, car généralement le liquide s'altère d'autant plus rapidement que ces impuretés sont en quantité plus grande.

Le D^r Gerber a établi dans ce but le *lacto-sédimentateur* en modifiant la méthode Stutzer.

L'appareil se compose de bouteilles sans fond de la contenance d'un demi-litre fig. 22, A réunies par un tuyau de caoutchouc à un tube de verre B dont la partie inférieure est rétrécie et graduée, ce qui permet de mesurer approximativement le dépôt formé. Un bouchon de caoutchouc fixé au bout d'une tige ferme le col de la bouteille.

Les bouteilles fermées avec le bouchon de caoutchouc sont remplies de lait, placées sur l'étagère et réunies au tube de verre par le tuyau de caoutchouc.

On enlève alors le bouchon et on le place sur l'étagère,

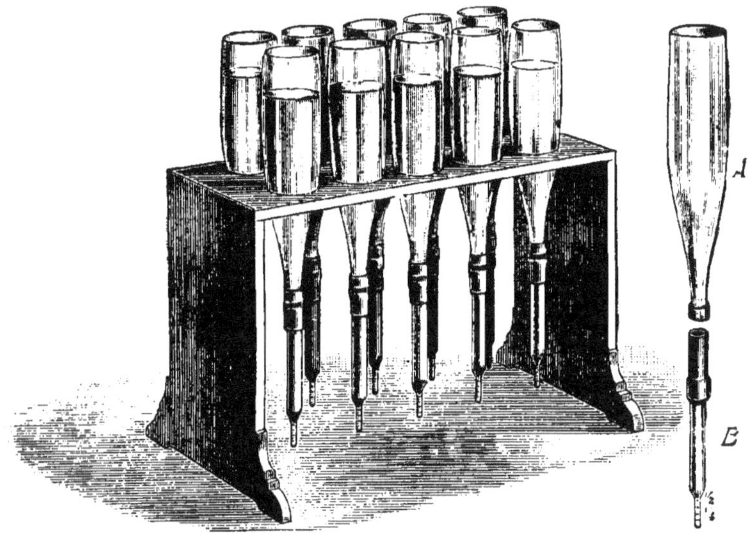

Fig. 22. — Lacto-sédimentateur (Gerber).

puis on laisse reposer le lait dans un endroit frais de façon à ce que, l'essai terminé, on puisse encore l'utiliser.

Après douze heures, on examine s'il y a un dépôt notable. La quantité des matières déposées donne une indication sur la propreté du lait.

Le lait entièrement pur ne doit donner aucun dépôt.

**Détermination de l'acidité.** — Tous les laits frais sont franchement acides et cette acidité, pour des laits sains, se maintient entre des limites assez étroites.

Par contre, dans les laits malades, le taux de l'acidité s'écarte plus ou moins des chiffres habituels ; d'autre part, si le liquide sain est envahi par les ferments à une température favorable, la proportion d'acide s'élève rapidement.

Le dosage de l'acidité peut donc rendre de grands services dans la recherche des laits altérés.

On emploie dans ce but le procédé suivant :

Si on ajoute à du lait quelques gouttes de phénolphtaléine, on ne constate aucun changement, mais si, ensuite, on verse doucement une solution de soude préparée spécialement, le liquide prend une coloration rose-chair qui devient de plus en plus intense à mesure que l'on continue à ajouter de la soude. La phénolphtaléine a la propriété de donner cette coloration à un liquide alcalin. Les premières portions de soude servent à saturer les acides du lait ; dès qu'il y a excès de soude, la coloration apparaît.

Il est clair que, plus le lait contiendra d'acide, plus il faudra employer de soude.

Cette méthode, indiquée par Soxhlet et Henckel, a été appliquée par M. Dornic qui a établi un *acidimètre* absolument pratique et dont l'emploi s'est généralisé.

L'acidité, dans le procédé Dornic, au lieu d'être exprimée en centimètres cubes de soude, l'est en milligrammes d'acide lactique ; si on dit qu'un lait marque 18 degrés, cela veut dire que 10 centimètres cubes de ce liquide sont neutralisés par une quantité de soude correspondant à 18 milligrammes d'acide lactique.

Le degré de dilution ou le titre de cette soude a été calculé de telle façon que la quantité de lessive à mettre par litre d'eau contienne exactement 4$^{gr}$,445 de soude.

L'acidimètre portatif Dornic (fig. 23) se compose d'une burette B divisée en parties égales, correspondant à 1 milligramme d'acide lactique. Cette burette communique avec le flacon A qui contient la soude titrée. Une poire en caoutchouc D que l'on presse fait monter le liquide par le tube T et le déverse dans la burette B. Lorsque le liquide a atteint l'extrémité de la pointe en verre qui se trouve à l'intérieur et au sommet de la burette, on cesse

de presser sur la poire qui faisant alors l'office d'aspirateur,
fait rentrer l'excès du liquide dans le flacon A. La burette
s'ajuste donc d'elle-même automatiquement et *sans tâton-
nement*, au niveau du zéro de la graduation.

Pour provoquer l'écoulement du liquide dans le tube
E qui contient le lait à examiner, on presse entre le pouce

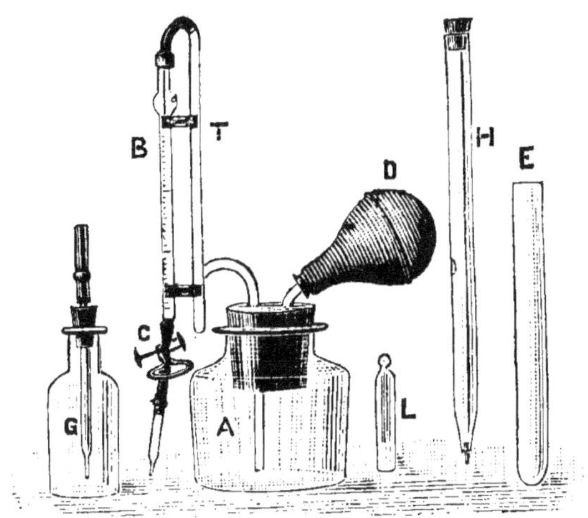

Fig. 23 — Acidimètre à burette automatique Dornic (Langlet).

et l'index la pince C. G est un flacon parfaitement bouché
par un compte-gouttes et renfermant la phénolphtaléine.
H est une pipette Martin de 10 c. c. fonctionnant automatiquement, et E un tube à essai où se fait l'épreuve du
lait. Enfin L est un type de couleur rose-chair joint à
chaque appareil.

Pour se servir de l'acidimètre portatif on verse la soude
dans le flacon A en enlevant le bouchon de caoutchouc.
Quand le flacon est plein on remet le bouchon en place.
On introduira de suite la phénolphtaléine dans le récipient G.

Le lait étant bien mélangé, on y plonge la pipette H
qui se remplit jusqu'au petit orifice latéral R, délimitant
exactement le volume de 10 c. c. Si le liquide se maintenait

un peu au-dessus du bord inférieur de l'orifice, on soufflerait très légèrement dans la pipette. On appuie la pointe mobile de la pipette contre la paroi extérieure du tube E et le lait y tombe entièrement. On ajoute là-dessus 5 gouttes de phénolphtaléine en sortant le compte-gouttes du flacon G et en le portant au-dessus du tube E ; on fait alors écouler le liquide de la burette B dans ce tube E en l'agitant de temps à autre et en s'arrêtant lorsque le lait a pris la teinte rose-chair *voir la teinte type L*). La division où s'arrête le liquide donne exactement le degré d'acidité du lait. M. Dornic, qui a fait des recherches très approfondies sur l'acidité du lait, donne les indications suivantes :

Les laits de bonne qualité marquent ordinairement 16° à 20°.

Les laits alcalins ou malades marquent ordinairement 15° ou moins.

Les laits acides ou malpropres, impropres à la conservation et dangereux en général pour toute fabrication, 22° ou plus.

Un lait sain peut marquer moins de 17° s'il a été additionné d'eau qui dilue l'acidité du lait.

Lorsque le lait marque 26° à 28° d'acidité, il caille à l'ébullition. Pour les laits normaux, la coagulation à froid se fait de 70° à 80°.

Chaque vache donne un lait ayant une acidité *caractéristique* sensiblement la même pendant toute la période de lactation, et les variations qui se produisent dans le taux d'acidité indiquent habituellement un trouble quelconque dans l'état de l'animal.

C'est pourquoi, en suivant l'acidité d'un lait, on a un indice précieux sur les variations qui peuvent se produire dans sa composition.

Bien que, pour la plupart des laits, l'acidité soit comprise entre 16° et 20°, on en rencontre qui marquent 21 degrés.

Si cette acidité ne varie pas pendant une certaine période on en conclut qu'elle est naturelle, elle n'entrainera aucun inconvénient.

En dehors de l'acidité naturelle qui existe dans tous les laits, il peut se développer une autre acidité par le fait des ferments qui transforment le lactose en acide lactique. Mais, dans le lait sain abandonné au repos, cette acidité artificielle ne se manifeste pas immédiatement. Et c'est là un point important qui permet de reconnaître l'altération plus ou moins prononcée de certains laits.

En général, d'après M. Dornic, un lait dont l'acidité n'augmente pas de plus de 2° à la température ambiante pendant douze heures, peut être considéré comme sain.

Si l'accroissement d'acidité dépasse 3°, le lait caillera à l'ébullition dans les six à huit heures suivantes; ce liquide est impropre à la consommation et à la fabrication. Ajoutés à des laits sains, les laits acides altèrent le mélange, il est donc indispensable de les éliminer. Mais, ici, une difficulté se présente. L'acidité naturelle peut varier d'un lait à l'autre de 3° et même 4° et, d'autre part, un lait dont l'acidité s'est accrue de plus de 2° doit être considéré comme ne pouvant plus se conserver pendant longtemps.

Voici, par exemple, un lait ayant une acidité naturelle de 17°; par suite de la malpropreté pendant la traite, il s'ensemence de nombreux germes et, s'il est conservé pendant un certain temps à une température favorable, il pourra très bien marquer 20° lorsqu'on l'apportera à la laiterie. Comment le distinguer d'un lait sain ayant une acidité naturelle de 20°?

Si l'on déterminait régulièrement l'acidité de tous les laits, l'attention serait appelée sur la différence de 3° que l'on constaterait sur un lait ayant habituellement 17° puisque l'on sait que les laits individuels varient, au plus, de 1° d'un jour à l'autre. Mais, dans la pratique, il n'en est pas toujours ainsi, il n'y a pas toujours de chiffres antérieurs comme points de repère ; il faut donc employer une autre méthode. On met alors les laits en observation et c'est la rapidité plus ou moins grande de l'acidification qui permettra de porter un jugement sur leur qualité.

Le lait qui, ayant 17° lors de la traite, marquait 20° à la livraison, qui était, par conséquent, déjà en voie d'acidification, augmentera très rapidement après douze heures ; au contraire le lait sain, ayant une acidité naturelle de 20°, n'augmentera pas de plus de 2°.

M. Dornic a opéré habituellement à des températures qui s'élevaient de 18 à 19°. Mais, comme il le fait judicieusement remarquer, la méthode conserve toute sa valeur, à toutes les saisons.

L'acidification du lait est évidemment proportionnelle à la température. En hiver, la vitalité des ferments est moins grande, l'acidification est moins à craindre. Du lait qui, au moment de la livraison, renferme les mêmes germes, en même quantité, un jour d'été et un jour d'hiver, pourra être mauvais dans le premier cas et bon dans le second. En été, les germes se multiplieront considérablement ; après douze heures, l'augmentation d'acidité sera de 3° ou plus encore, elle pourra être nulle pour le même lait, en hiver. D'autre part, un lait ensemencé copieusement de microbes s'altérera promptement, même à une température relativement peu élevée.

Il est donc logique, lorsqu'on veut reconnaître les laits qui s'acidifient trop rapidement à une saison déterminée et qui, par conséquent, sont dangereux pour la fabrication, de les laisser reposer à la température ambiante. On se trouve ainsi dans les conditions de la pratique.

L'acidimétrie rend donc les plus grands services dans l'appréciation du lait. Nous verrons plus loin que cette méthode peut aussi guider très sûrement les fabricants de beurre et de fromages. Elle a sa place marquée dans toute exploitation laitière quelle que soit son importance.

**Épreuve de la cuisson.** — Les laits trop acides portés à l'ébullition coagulent en totalité ou partiellement, s'ils ne se précipitent pas complètement, ils laissent des caillots adhérents au fond du vase. On constate aussi le dépôt avec certains laits malades.

Pour faire l'épreuve de la cuisson, on emploie une petite casserole en métal, chauffée au moyen d'une lampe à alcool.

Si, sans coaguler, le lait bouilli dégage une odeur désagréable, il doit être considéré comme suspect et soumis à un examen approfondi.

**Essai au lacto-fermentateur.** — Dans les fromageries de Suisse, on emploie fréquemment pour la recherche des laits altérés le *lacto-fermentateur*.

Schatzmann avait déjà proposé de placer des tubes renfermant des échantillons de lait dans une caisse contenant de l'eau tiède. La température favorisant le développement des microbes, la coagulation survenait plus tôt ; les laits les moins bons caillaient les premiers.

Le D$^r$ Walter, de Soleure, a perfectionné l'appareil, notamment en le disposant de telle sorte qu'au moyen d'une lampe à alcool on puisse obtenir une température de 37°-38° pendant douze heures. Les résultats fournis à différentes époques devenaient ainsi comparables. Les premiers appareils étaient volumineux, ils exigeaient une grande dépense de lait et d'alcool. Dans la suite, on a réduit les dimensions et on emploie des tubes contenant 50 centimètres cubes au lieu de 200 centimètres cubes ; le bain-marie, primitivement cylindrique, est rectangulaire dans les modèles les plus récents (fig. 24).

Nous avons proposé d'entourer la paroi d'un calorifuge qui maintiendrait la température plus constante.

Les tubes sont numérotés et munis de couvercles. Avant l'emploi, tubes et couvercles doivent être nettoyés avec de l'eau qui a bouilli récemment pendant une demi-heure. On remplit les éprouvettes aux trois quarts en prenant le lait directement des bidons et en essuyant chaque fois la cuiller qui sert à faire le prélèvement, après l'avoir lavée à l'eau bouillie.

Lorsque tous les échantillons sont placés dans le fermentateur, on le remplit d'eau à 45° jusqu'à la hauteur

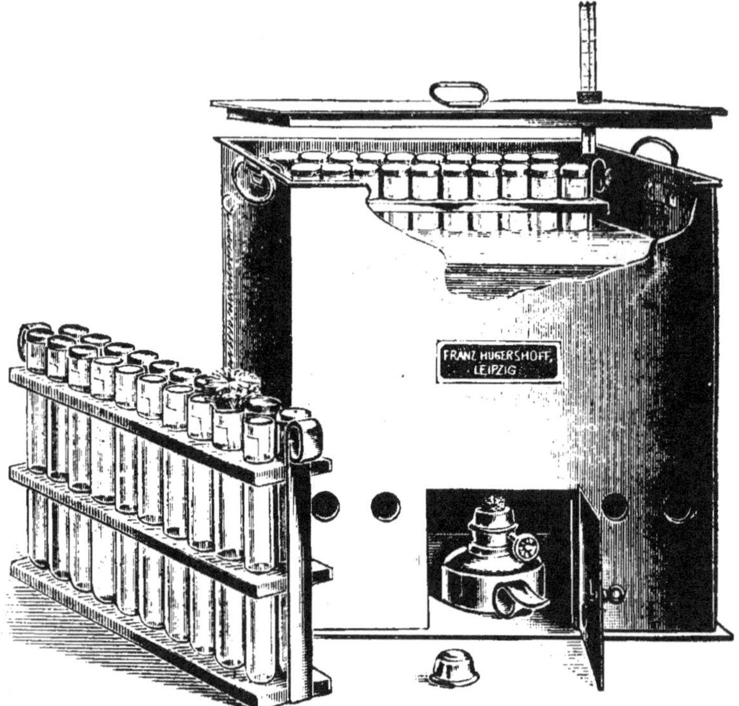


Fig. 24. — Lacto-fermentateur (Gerber).

du niveau du lait dans les tubes, puis on ferme l'appareil. Lorsqu'au bout de peu de temps, la température est descendue à 37°-38°, on règle la flamme de la lampe pour que cette température se maintienne constante pendant toute la durée de l'épreuve.

Il ne faut pas enlever les couvercles des tubes avant la fin de l'essai.

On fait une première observation après neuf heures et une deuxième après douze heures.

Tout lait anormal sera coagulé au bout de douze heures. L'aspect du caillot donne des indications précieuses ; s'il est fortement crevassé, déchiré, irrégulier, aggloméré en bas du verre, s'il y a une couche liquide trouble sous la crème, si la crème est boursouflée et si le caillé est remonté à la partie supérieure, si le petit-lait est filant, si l'odeur est désagréable, le lait est mauvais avec plus ou moins d'intensité.

Les résultats du fermentateur ne sont exacts qu'à la condition d'observer les deux règles suivantes : maintien d'une température constante de 37° à 38° pendant douze heures, propreté absolue de toutes les parties de l'appareil. Il est clair que si l'on emploie des tubes qui après avoir contenu du lait altéré ont été nettoyés insuffisamment, les germes qui restent altéreront le lait lors de l'opération suivante et pourront conduire à des appréciations inexactes. Dès qu'on s'est servi de l'appareil, il faut nettoyer les tubes et les couvercles avec une brosse, à l'eau de soude chaude, puis rincer avec de l'eau ayant récemment bouilli pendant une demi-heure.

L'acidimètre permettant de découvrir beaucoup plus facilement les laits acides et alcalins, l'emploi du lacto-fermentateur devient plus restreint. Néanmoins, ces deux appareils se complètent l'un par l'autre ; dans les cas d'accidents de fabrication, le lacto-fermentateur sera utilement employé, car il permettra de découvrir les laits qui provoquent le boursouflement des fromages.

## II. — DÉTERMINATION DE LA RICHESSE DU LAIT.

**Densité. — Lacto-densimètre.** — L'examen de la densité a une grande importance dans l'appréciation de la valeur du lait. Ce liquide étant composé de substances ayant des densités différentes, sa densité variera suivant la proportion des éléments qu'il renferme.

On emploie des instruments appelés *lacto-densimètres*. Les uns ont la prétention d'indiquer d'une façon précise, pour tous les laits, la proportion d'eau qui a pu être ajoutée.

Mais ce mode d'évaluation est erroné, justement parce qu'une densité déterminée peut correspondre à des laits très différents.

Il faut donc employer des appareils qui se contentent d'indiquer la densité; ce chiffre, combiné avec ceux que donneront d'autres déterminations, permettra à l'opérateur de tirer lui-même des conclusions plus exactes.

Afin de rendre les observations comparables, on est convenu de toujours ramener la densité à 15°. Un thermomètre doit donc accompagner le densimètre. Dans les anciens modèles, ces instruments étaient séparés. On en construit aujourd'hui dans lesquels ils sont réunis; ces instruments s'appellent *thermo-lacto-densimètres*. Voici la description d'un thermo-lacto-densimètre établi d'après les indications de M. Dornic.

Fig. 25. — Thermo-lacto-densimètre Dornic.

L'instrument en verre (fig. 25) se compose d'une chambre à air qui porte, sur le devant, les indications du thermomètre de 5° à 30° avec un trait rouge à 15° et, sur l'arrière, la correction à faire (illustrée de deux exemples pour ramener la densité à 15°). Cette chambre est surmontée d'une tige graduée de bas en haut en degrés et demi-degrés de 38 à 18, soit de 1038 à 1018. Les degrés sont marqués en rouge et les demi-degrés en noir. Enfin les nombres pairs sont sur la droite et les impairs sur la gauche de façon à permettre la lecture sans avoir besoin de tourner l'appareil.

Pour se servir de l'instrument, on opère de la façon suivante. On ramène le lait à contrôler à une température comprise entre 10° et 20°. On le verse doucement dans une éprouvette à pied que l'on tient inclinée en faisant couler le liquide le long des parois pour éviter la formation de la mousse, ce qui rendrait la lecture impossible. On remplit le verre aux trois quarts, on y plonge le lacto-densimètre et on finit de remplir jusqu'à ce que le lait affleure à la partie supérieure de l'éprouvette. Celle-ci étant remplie jusqu'au bord, la lecture est plus facile que s'il fallait lire à travers la paroi.

Il faut s'assurer que le densimètre flotte librement et qu'il n'adhère par aucun côté à la paroi du verre.

Au bout de deux minutes, on fait la lecture ; l'œil doit être à la même hauteur que le niveau du liquide. On note le chiffre indiqué par le trait qui se trouve directement à la surface du lait. On inscrit le degré trouvé, puis immédiatement on soulève le lacto-densimètre de façon à mettre à nu, en y passant rapidement le pouce, la colonne du thermomètre.

On fait ainsi la lecture de la température en ayant soin de ne sortir l'instrument du lait que juste de la longueur nécessaire pour apercevoir la colonne mercurielle.

Il est rare que la température du lait observé soit exactement de 15°, il faut donc ramener la densité trouvée à ce qu'elle serait à cette dernière température.

On a établi, dans ce but, une table de correction qui permet de faire rapidement le calcul.

# CONTRÔLE DU LAIT.

*Table de correction pour le lait.*

| DEGRÉS du lacto-densimètre. | TEMPÉRATURES CENTIGRADES. | | | | | | | | | | |
|---|---|---|---|---|---|---|---|---|---|---|---|
| | 10 | 11 | 12 | 13 | 14 | 15 | 16 | 17 | 18 | 19 | 20 |
| 20 | 19,3 | 19,4 | 19,5 | 19,6 | 19,8 | 20 | 20,1 | 20,3 | 20,5 | 20,7 | 20,9 |
| 21 | 20,3 | 20,4 | 20,5 | 20,6 | 20,8 | 21 | 21,2 | 21,4 | 21,6 | 21,8 | 22 |
| 22 | 21,3 | 21,4 | 21,5 | 21,6 | 21,8 | 22 | 22,2 | 22,4 | 22,6 | 22,8 | 23 |
| 23 | 22,3 | 22,4 | 22,5 | 22,6 | 22,8 | 23 | 23,2 | 23,4 | 23,6 | 23,8 | 24 |
| 24 | 23,3 | 23,4 | 23,5 | 23,6 | 23,8 | 24 | 24,2 | 24,4 | 24,6 | 24,8 | 25 |
| 25 | 24,2 | 24,3 | 24,5 | 24,6 | 24,8 | 25 | 25,2 | 25,4 | 25,6 | 25,8 | 26 |
| 26 | 25,2 | 25,3 | 25,5 | 25,6 | 25,8 | 26 | 26,2 | 26,4 | 26,6 | 26,9 | 27,1 |
| 27 | 26,2 | 26,3 | 26,5 | 26,6 | 26,8 | 27 | 27,2 | 27,4 | 27,6 | 27,9 | 28,2 |
| 28 | 27,1 | 27,2 | 27,4 | 27,6 | 27,8 | 28 | 28,2 | 28,4 | 28,6 | 28,9 | 29,2 |
| 29 | 28,1 | 28,2 | 28,4 | 28,6 | 28,8 | 29 | 29,2 | 29,4 | 29,6 | 29,9 | 30,2 |
| 30 | 29 | 29,2 | 29,4 | 29,6 | 29,8 | 30 | 30,2 | 30,4 | 30,6 | 30,9 | 31,2 |
| 31 | 30 | 30,2 | 30,4 | 30,6 | 30,8 | 31 | 31,2 | 31,4 | 31,7 | 32 | 32,3 |
| 32 | 31 | 31,2 | 31,4 | 31,6 | 31,8 | 32 | 32,2 | 32,4 | 32,7 | 33 | 33,3 |
| 33 | 32 | 32,2 | 32,4 | 32,6 | 32,8 | 33 | 33,2 | 33,4 | 33,7 | 34 | 34,3 |
| 34 | 32,9 | 33,1 | 33,4 | 33,5 | 33,8 | 34 | 34,2 | 34,4 | 34,7 | 35 | 35,3 |
| 35 | 33,8 | 34 | 34,2 | 34,4 | 34,7 | 35 | 35,2 | 35,4 | 35,7 | 36 | 36,3 |

Pour faire la correction on cherche dans la première colonne verticale à gauche le degré indiqué par le densimètre et, dans la première colonne horizontale en haut, la température observée. On suit les deux colonnes jusqu'à leur croisement : le chiffre qui se trouve à ce point de jonction représente la densité réelle à 15°.

Si, par exemple, un lait avait 1030 à 18°, sa densité à 15° serait de 1030,6.

Lorsqu'on n'a pas de table sous les yeux au moment d'un contrôle, on peut faire la correction en ajoutant à la densité 0,2 par chaque degré de température au-dessus de 15° et en retranchant de la densité également 0,2 par chaque degré de température en dessous de 15°.

Le lacto-densimètre donne des indications utiles dans le contrôle des laits. L'addition d'eau au lait fait baisser la densité en général de un degré pour 3 p. 100 d'eau.

L'écrémage qui enlève l'élément le plus léger augmente la densité du lait, mais les variations sont moins grandes que celles produites par l'addition d'eau.

Des fraudeurs habiles peuvent pratiquer les deux opérations et par conséquent fournir un produit doublement falsifié et dont la densité sera normale.

C'est pourquoi, si le lacto-densimètre est utile, il ne suffit pas à lui seul pour faire reconnaître sûrement toutes les fraudes; il faut compléter ses indications par celles que donne la détermination de la matière grasse, d'autant plus que le lait de certaines vaches considérées isolément peut être pur quoique sa densité s'écarte en plus ou en moins des limites admises, et cela parce que la proportion d'extrait sec sera très forte ou très faible comparativement à celle du beurre.

**Dosage de la matière grasse. — Acido-butyrcmètre.** — C'est Babcok qui a indiqué le premier une méthode de dosage de la matière grasse du lait, basée sur l'addition d'acide sulfurique au liquide que l'on soumet ensuite à la force centrifuge. La caséine est dissoute et la matière grasse se sépare facilement.

Le Dr Gerber a perfectionné ce procédé et il a construit un appareil, l'*acido-butyromètre* dont l'usage s'est vulgarisé.

Voici la description accompagnée du mode opératoire qu'en donne M. Dornic dans son excellent ouvrage, *Le contrôle pratique et industriel du lait.*

L'instrument principal est un tube en verre appelé butyromètre (fig. 26) gradué de 0 à 90, chaque division

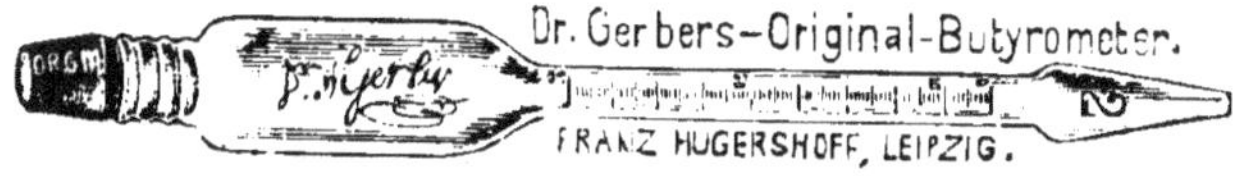


Fig. 26. — Butyromètre Gerber.

représente 0,10 p. 100 de matière grasse. Toutes les dix divisions, il s'en trouve une plus grande que les autres et numérotée. Les divisions sont assez écartées pour permettre de lire facilement les demi-degrés, soit 0,05 p. 100.

Chaque butyromètre porte un numéro d'ordre et on le ferme pendant l'opération avec un bouchon de caoutchouc. Le col des butyromètres porte des rétrécissements circulaires pour empêcher qu'un bouchon ne vienne à être projeté.

L'appareil est accompagné d'un râtelier où l'on place les butyromètres pendant le remplissage et dans l'intervalle des opérations.

Les appareils centrifuges dans lesquels s'effectue la séparation de la matière grasse sont de plusieurs sortes bien qu'ils appartiennent tous à un type, le centrifuge-toupie.

Le système Rapid (fig. 27) est celui qu'on doit préférer. Il est plus solide que les autres et permet une multiplication de vitesse plus grande. Il en résulte que le temps consacré au turbinage est moindre et le refroidissement des tubes est également moins sensible, ce qui a son importance pour la bonne et complète séparation de la couche butyreuse.

L'appareil centrifuge se compose d'une fusée en acier dont la partie inférieure se meut sur sept billes et la partie supérieure sur dix. Sur la partie de cette fusée qui dépasse le bâti repose, fixée par deux écrous plats, la plaque centrifuge à rebords, munie de gaines pour recevoir 4 ou 8 tubes d'analyse. Le couvercle de cette

Fig. 27. — Centrifuge « Rapid » Gerber.

plaque porte au-dessus un écrou mobile au moyen duquel il se visse sur la fusée d'acier terminée en pas de vis.

On place l'appareil à l'aide d'une vis-étau sur une table solide, au besoin fixée au mur et surtout se trouvant parfaitement d'aplomb. Deux vis à bois servent à mieux assujettir l'appareil à son support au cas où on veut l'y laisser d'une façon permanente. Il faut surtout s'assurer que le centrifuge est bien posé horizontalement sur la fusée et n'a pas une rotation oblique.

Il faut aussi veiller à ce que la fusée ait le moins de jeu possible dans les coussinets. Pour cela on fait entrer plus haut ou plus profondément l'extrémité supérieure de la fusée dans le coussinet du haut en ayant soin de bien revisser les deux vis de côté au moyen de la clef. On arrive ainsi à avoir une rotation régulière et silencieuse.

Il faut aussi graisser l'appareil assez fréquemment.

Pour obtenir des résultats exacts avec la méthode acido-butyrométrique, il est nécessaire d'employer :

1° L'acide sulfurique brut, mais clair comme de l'eau acide pur du commerce , du poids spécifique de 1,820 à 1,825 à 15° C., renfermant par conséquent 90-91 p. 100 d'acide pur et 9 à 10 p. 100 d'eau.

On doit toujours tenir ce produit dans des flacons bien bouchés (bouchons en verre ou en caoutchouc) de façon qu'il ne puisse pas s'hydrater en absorbant la vapeur d'eau de l'atmosphère.

Pour contrôler cet acide, il existe un densimètre spécial, mais on peut aussi le titrer au moyen de l'acidimètre de la façon suivante. On en mesure un centimètre cube avec la pipette à alcool amylique, on le met dans un flacon jaugé de 100 centimètres cubes, on verse de l'eau pure jusqu'au trait, on mélange bien en transvasant dans un verre propre.

Avec la pipette à boule bien rincée, on en prend 10 centimètres cubes qu'on met dans un verre ; on y ajoute 10 gouttes de phénolphtaléine et on y laisse tomber la soude de l'acidimètre jusqu'à ce qu'on obtienne une teinte rouge pâle persistante. Si l'acide a la force réelle, on devra employer 29/30 centimètres cubes de soude (290-300) pour arriver à la coloration.

2° L'alcool amylique chimiquement pur de 0,815 à 0,818 de densité à 15° C. bouillant à 128-130° C. Il doit être incolore et il est bon de s'assurer de sa pureté par l'opération suivante : mettre dans un butyromètre 11 centimètres cubes d'eau, 1 centimètre cube de cet alcool et 10 centimètres cubes d'acide. Agiter et turbiner deux à trois minutes dans le centrifuge. Si l'alcool est pur, aucune substance huileuse ne doit se trouver séparée dans le butyromètre. Avec une pipette à double boule de 10 centimètres cubes on aspire lentement l'acide en ayant bien soin que l'extrémité de la pipette plonge tout à fait dans le liquide. Quand celui-ci est monté jusqu'à la boule inférieure, on s'arrête et on laisse le liquide redescendre jusqu'au trait marqué 10 centimètres cubes. On porte aussitôt dans le butyromètre.

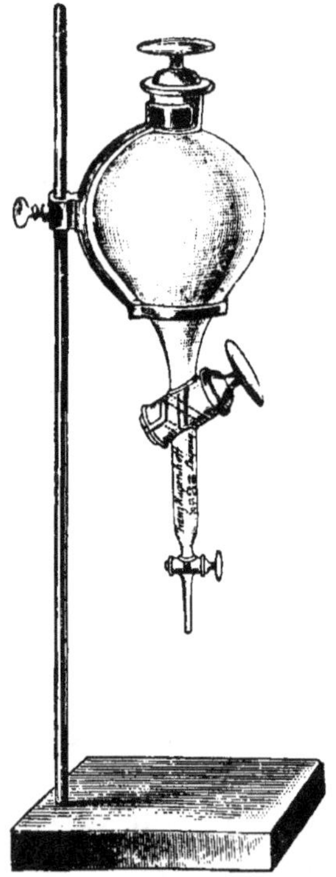

Fig. 28. — Burette automatique à acide sulfurique Gerber.

Au lieu de pipette on peut se servir d'une burette automatique qui mesure rapidement les 10 centimètres cubes d'acide nécessaires pour chaque dosage (fig. 28). Cet appareil automatique, placé sur un support, fonctionne ainsi : 1° fermer les deux robinets inférieurs; 2° ouvrir celui du haut;

3° ouvrir celui du milieu de façon que le petit canal angulaire qui le traverse communique avec l'air extérieur; 4° placer le butyromètre dessous, fermer le robinet supérieur et ouvrir l'inférieur pour laisser couler l'acide mesuré; 5° fermer le robinet inférieur et ouvrir le supérieur pour mesurer une nouvelle quantité d'acide.

Quand les mesurages sont terminés, il faut fermer le robinet supérieur afin d'empêcher le contact prolongé de l'air extérieur.

On cherche autant que possible à éviter que l'intérieur du col du butyromètre ne soit mouillé par aucun des liquides qu'on y introduit; le bouchon tient mieux et l'on risque moins d'avoir des accidents.

On mesure ensuite 1 centimètre cube d'alcool amylique en se servant d'une pipette spéciale de 1 centimètre cube. On peut d'ailleurs éviter de l'aspirer en le mettant dans un simple tube à essai où l'on plonge ensuite la pipette qui se remplit d'elle-même jusqu'au trait. On laisse couler lentement l'alcool amylique contre la paroi intérieure du butyromètre de façon que l'alcool surnage l'acide. On ne doit pas souffler dans la pipette pour la vider.

D'ailleurs il est nécessaire que l'alcool amylique ne séjourne pas dans l'appareil plus de quinze minutes avant de finir complètement le dosage, car, autrement, les résultats seraient plus ou moins faussés. Le mieux est de n'ajouter l'alcool qu'immédiatement avant le lait et quand on peut finir l'opération. Enfin, en troisième et dernier lieu, on introduit 11 centimètres cubes de lait mesurés au moyen d'une pipette ordinaire de 11 centimètres cubes. On le laisse couler sur l'alcool en tenant la pointe de la pipette contre la partie renflée du butyromètre.

On peut, suivant les cas, intervertir l'ordre d'introduction des réactifs dans le butyromètre et commencer, par exemple, par le lait, pour continuer par l'alcool et finir par l'acide, mais alors il faut tenir le butyromètre incliné quand on ajoute l'acide.

On peut encore introduire d'abord l'acide, puis le lait et enfin l'alcool amylique. On bouche ensuite le tube en se servant de bouchons secs et sans fissures et en s'aidant d'un linge si la température est déjà trop élevée. Il faut introduire les bouchons le plus profondément possible, sans exagération cependant, puis agiter en retournant 3 ou 4 fois le butyromètre sur lui-même.

La dissolution complète de la caséine est rapide et l'élévation de la température considérable. Dans les très grandes laiteries, on pourrait se servir de l'appareil du D$^r$ Richemond qui permet de remplir et d'agiter à la fois 8 butyromètres et aussi de les nettoyer.

On les place aussitôt dans un bain-marie (fig. 29) porté et maintenu à 60°-70° au moyen d'une lampe à esprit de vin. Il est très important d'agiter et de mettre les butyromètres dans le bain-marie dès qu'on y a ajouté le lait. Les butyromètres peuvent y rester de deux à quinze minutes suivant le nombre de dosages

Fig. 29. — Bain-marie Gerber.

à faire à la fois et la grandeur de l'appareil centrifuge que l'on possède.

Quand on opère sur du lait maigre ou du petit-lait de fromage, en un mot sur un liquide pauvre en graisse, il faut agiter le butyromètre pendant deux à trois minutes, d'abord faiblement, puis un peu plus fort avant de le porter au bain-marie. La séparation de la graisse est ainsi plus complète.

On porte dans l'appareil centrifuge et on y place les butyromètres vis-à-vis les uns des autres de telle sorte qu'il y ait un équilibre parfait. On met naturellement le bouchon au fond de la gaine en cuivre et la partie amincie près de l'axe de rotation. Puis on pose le couvercle sur le pas de vis de la fusée et on le visse à la plaque centrifuge sans trop serrer.

A ce moment, on met en mouvement, on tire la courroie en cuir de la main droite en inclinant beaucoup vers le sol, tandis que la main gauche doit céder, la paume en dessus. On tire 10 à 15 fois très rapidement et on laisse l'appareil tourner de lui-même deux à trois minutes. S'il s'agit de lait centrifugé ou d'un liquide très pauvre en graisse, il faut remettre au bain-marie quatre à cinq minutes puis turbiner une seconde fois. On augmente à volonté la vitesse, même pendant la rotation, en tirant de nouveau la courroie. Quand on juge la durée de la rotation suffisante, on enraye le centrifuge en pressant un peu, avec un linge, sur la plaque, ou encore sur la fusée, mais de façon cependant à laisser s'éteindre le mouvement par degré et non brusquement.

On enlève les butyromètres et on les reporte au bain-marie pour les y laisser deux à trois minutes. Dans ce dernier, il pourrait d'ailleurs se trouver une deuxième série de butyromètres attendant le turbinage et que l'on pourra placer aussitôt dans l'appareil centrifuge. De telle sorte qu'en ayant un appareil à 8 tubes par exemple, il est possible de faire 3 fois 8 = 24 dosages à la fois.

Si, dans quelques butyromètres, la séparation de la matière grasse n'était pas suffisamment nette (ce qui est très rare), on les soumettrait de nouveau à l'action centrifuge, après un repos de quatre à cinq minutes au bain-marie chauffé. Il est également bon de veiller à ce que les bouchons soient, avant le turbinage, suffisamment enfoncés dans les butyromètres, pour que le niveau supérieur de la couche butyreuse vienne à peu près au zéro de la graduation. La lecture de la colonne de graisse est facile à faire, mais, pour conserver à la méthode la précision dont elle est susceptible, il faut observer certaines prescriptions indiquées par le D$^r$ Gerber.

1° Aussitôt le butyromètre enlevé du bain-marie, il faut lire au plus vite les degrés, car un refroidissement un peu fort de la couche de graisse pourrait facilement donner une différence de 0,05 p. 100, en hiver principalement.

2° On fait monter ou descendre le bas du ménisque supérieur au niveau d'une grande division et on prend la hauteur en descendant également jusqu'au bas du ménisque inférieur (fig. 30).

Fig. 30. — Manière de faire la lecture de la couche de matière grasse (Gerber).

3° Il faut toujours s'habituer à lire deux fois successivement, car il se peut qu'on fasse une erreur de quelques divisions ou de quelques dixièmes p. 100.

4° Chaque petite division égale 0,1 p. 100. On lira jusqu'aux demi-divisions. Soit 39 divisions 1/2, cela fait 3,95 p. 100.

Aussitôt la lecture faite et les résultats notés, on vide les butyromètres dans un récipient en verre, puis on rince à l'eau chaude et à l'eau froide. Quant aux bouchons, il faut les jeter dans de l'eau de soude qui neutralise l'acide.

On les plonge ensuite dans l'eau froide et on les fait sécher au frais, jamais au soleil, ni à la chaleur d'un fourneau.

Il est d'ailleurs prudent d'avoir un certain nombre de bouchons en réserve.

L'acido-butyromètre est un appareil simple, expéditif et très suffisamment exact.

Il y a différents modèles, depuis 2 butyromètres jusqu'à 24 ; les centrifuges, pour ces derniers, peuvent marcher à la vapeur ou à l'eau.

**Détermination de l'extrait sec.** — Dans certains cas, la teneur en extrait sec du lait est très utile à connaître, par exemple lorsqu'on veut sélectionner les vaches sous le rapport de la richesse dans les régions fromagères. Il ne suffit pas de connaître la proportion de matière grasse, celle de l'extrait donne des indications précieuses, car elle est intimement liée au rendement en fromage.

Fleischmann a établi la formule suivante qui permet de déterminer la quantité d'extrait sec E lorsqu'on connaît sa densité à 15° $d$ et sa richesse en matière grasse $g$.

$$E = 1,2g + 2,665 \left( \frac{100\,d\text{-}100}{d} \right).$$

La table suivante, établie d'après la formule de Fleischmann, donne de suite le chiffre cherché. La lecture se fait comme pour la densité. Ainsi, un lait ayant 1030 comme densité et 4 p. 100 de matière grasse, aura 12,6 p. 100 d'extrait, chiffre qui se trouve au point de jonction de la ligne horizontale portant le chiffre de la densité et de la ligne verticale dans laquelle se trouve le chiffre de la matière grasse.

Lorsque l'on a de nombreuses déterminations d'extrait sec à faire, on peut se servir du *calculateur automatique* du Dr Ackermann (1).

Cet appareil (fig. 31) se compose de deux disques métalliques superposés et portant une graduation circulaire. Le plus petit disque, réuni au grand par une vis mobile, indique les chiffres de densité de 1020 à 1037.

(1) Dr Gerber. Traité pratique du contrôle du lait et de ses produits.

| DENSITÉS à 15° C. | GRAISSE POUR CENT. | | | | | | | | | | | | | | | | | | | |
|---|---|---|---|---|---|---|---|---|---|---|---|---|---|---|---|---|---|---|---|---|
| | 1,2 | 1,4 | 1,6 | 1,8 | 2 | 2,2 | 2,4 | 2,6 | 2,8 | 3 | 3,2 | 3,4 | 3,6 | 3,8 | 4 | 4,2 | 4,4 | 4,6 | 4,8 | 5 |
| 20 | 6,7 | 6,9 | 7,1 | 7,4 | 7,6 | 7,9 | 8,1 | 8,3 | 8,6 | 8,8 | 9,1 | 9,3 | 9,5 | 9,8 | 10 | 10,2 | 10,5 | 10,8 | 11 | 11,2 |
| 20,5 | 6,8 | 7 | 7,3 | 7,5 | 7,7 | | 8,2 | 8,5 | 8,7 | 8,9 | 9,2 | 9,4 | 9,7 | 9,9 | 10,1 | 10,4 | 10,6 | 10,9 | 11,1 | 11,3 |
| 21 | 6,9 | 7,2 | 7,4 | 7,6 | [illegible] | 8,1 | 8,4 | 8,6 | 8,8 | 9,1 | 9,3 | 9,6 | 9,8 | 10 | 10,3 | 10,5 | 10,8 | 11 | 11,2 | 11,5 |
| 21,5 | 7 | 7,3 | 7,6 | [illegible] | 8 | 8,2 | 8,5 | 8,8 | 9 | 9,2 | 9,4 | 9,7 | 9,9 | 10,2 | 10,4 | 10,6 | 10,9 | 11,1 | 11,3 | 11,6 |
| 22 | 7,2 | 7,4 | 7,7 | 7,9 | 8,1 | 8,4 | 8,6 | 8,9 | 9,1 | 9,3 | 9,6 | 9,8 | 10,1 | 10,3 | 10,5 | 10,8 | 11 | 11,3 | 11,5 | 11,7 |
| 22,5 | 7,3 | 7,5 | 7,8 | 8 | 8,3 | 8,5 | 8,7 | 9 | 9,2 | 9,5 | 9,7 | 9,9 | 10,2 | 10,4 | 10,7 | 10,9 | 11,1 | 11,4 | 11,6 | 11,9 |
| 23 | 7,5 | 7,7 | 7,9 | 8,2 | 8,4 | 8,6 | 8,9 | 9,2 | 9,4 | 9,6 | 9,8 | 10,1 | 10,3 | 10,5 | 10,8 | 11 | 11,3 | 11,5 | 11,7 | 12 |
| 23,5 | 7,6 | 7,8 | 8,1 | 8,3 | 8,5 | 8,7 | 9 | 9,3 | 9,5 | 9,7 | 10 | 10,2 | 10,4 | 10,7 | 10,9 | 11,2 | 11,4 | 11,6 | 11,9 | 12,1 |
| 24 | 7,7 | 7,9 | 8,2 | 8,4 | 8,6 | 8,9 | 9,1 | 9,4 | 9,6 | 9,8 | 10,1 | 10,3 | 10,6 | 10,8 | 11 | 11,3 | 11,5 | 11,8 | 12 | 12,2 |
| 24,5 | 7,8 | 8 | 8,3 | 8,5 | 8,8 | 9 | 9,2 | 9,5 | 9,7 | 10 | 10,2 | 10,4 | 10,7 | 10,9 | 11,2 | 11,4 | 11,6 | 11,9 | 12,1 | 12,4 |
| 25 | 7,9 | 8,2 | 8,5 | 8,7 | 8,9 | 9,1 | 9,4 | 9,7 | 9,9 | 10,1 | 10,3 | 10,6 | 10,8 | 11,1 | 11,3 | 11,5 | 11,8 | 12 | 12,2 | 12,5 |
| 25,5 | 8 | 8,3 | 8,6 | 8,8 | 9 | 9,3 | 9,5 | 9,8 | 10 | 10,2 | 10,5 | 10,7 | 10,9 | 11,2 | 11,4 | 11,7 | 11,9 | 12,1 | 12,3 | 12,6 |
| 26 | 8,2 | 8,4 | 8,7 | 8,9 | 9,1 | 9,4 | 9,6 | 9,9 | 10,1 | 10,3 | 10,6 | 10,8 | 11,1 | 11,3 | 11,5 | 11,8 | 12 | 12,3 | 12,5 | 12,7 |
| 26,5 | 8,3 | 8,6 | 8,8 | 9 | 9,3 | 9,5 | 9,7 | 10 | 10,2 | 10,5 | 10,7 | 10,9 | 11,2 | 11,4 | 11,7 | 11,9 | 12,1 | 12,4 | 12,6 | 12,9 |
| 27 | 8,4 | 8,7 | 9 | 9,2 | 9,4 | 9,6 | 9,9 | 10,2 | 10,4 | 10,6 | 10,8 | 11,1 | 11,3 | 11,6 | 11,8 | 12 | 12,3 | 12,5 | 12,7 | 13 |
| 27,5 | 8,6 | 8,8 | 9,1 | 9,3 | 9,5 | 9,8 | 10 | 10,3 | 10,5 | 10,7 | 11 | 11,2 | 11,4 | 11,7 | 11,9 | 12,2 | 12,4 | 12,6 | 12,8 | 13,1 |
| 28 | 8,7 | 8,9 | 9,2 | 9,4 | 9,7 | 9,9 | 10,1 | 10,4 | 10,6 | 10,9 | 11,1 | 11,3 | 11,6 | 11,8 | 12 | 12,3 | 12,5 | 12,8 | 13 | 13,3 |
| 28,5 | 8,8 | 9 | 9,3 | 9,5 | 9,8 | 10 | 10,3 | 10,5 | 10,7 | 11 | 11,2 | 11,5 | 11,7 | 11,9 | 12,2 | 12,4 | 12,7 | 12,9 | 13,1 | 13,4 |
| 29 | 9 | 9,2 | 9,4 | 9,7 | 9,9 | 10,2 | 10,4 | 10,6 | 10,9 | 11,1 | 11,4 | 11,6 | 11,8 | 12,1 | 12,3 | 12,6 | 12,8 | 13 | 13,3 | 13,5 |
| 29,5 | 9,1 | 9,3 | 9,6 | 9,8 | 10 | 10,3 | 10,5 | 10,8 | 11 | 11,2 | 11,5 | 11,7 | 12 | 12,2 | 12,4 | 12,7 | 12,9 | 13,2 | 13,4 | 13,6 |
| 30 | 9,2 | 9,4 | 9,7 | 9,9 | 10,2 | 10,4 | 10,6 | 10,9 | 11,1 | 11,4 | 11,6 | 11,8 | 12,1 | 12,3 | 12,6 | 12,8 | 13 | 13,3 | 13,5 | 13,8 |
| 30,5 | 9,3 | 9,6 | 9,8 | 10 | 10,3 | 10,5 | 10,8 | 11 | 11,2 | 11,5 | 11,7 | 12 | 12,2 | 12,4 | 12,7 | 12,9 | 13,2 | 13,4 | 13,6 | 13,9 |
| 31 | 9,5 | 9,7 | 9,9 | 10,2 | 10,4 | 10,7 | 10,9 | 11,1 | 11,4 | 11,6 | 11,9 | 12,1 | 12,3 | 12,6 | 12,8 | 13,1 | 13,3 | 13,5 | 13,8 | 14 |
| 31,5 | 9,6 | 9,8 | 10,1 | 10,3 | 10,5 | 10,8 | 11 | 11,3 | 11,5 | 11,7 | 12 | 12,2 | 12,5 | 12,7 | 12,9 | 13,2 | 13,4 | 13,7 | 13,9 | 14,1 |
| 32 | 9,7 | 9,9 | 10,2 | 10,4 | 10,7 | 10,9 | 11,1 | 11,4 | 11,6 | 11,9 | 12,1 | 12,3 | 12,6 | 12,8 | 13,1 | 13,3 | 13,5 | 13,8 | 14 | 14,3 |
| 32,5 | 9,8 | 10,1 | 10,3 | 10,5 | 10,8 | 11 | 11,3 | 11,5 | 11,7 | 12 | 12,2 | 12,5 | 12,7 | 12,9 | 13,2 | 13,4 | 13,7 | 13,9 | 14,1 | 14,4 |
| 33 | 10 | 10,2 | 10,4 | 10,7 | 10,9 | 11,2 | 11,4 | 11,6 | 11,9 | 12,1 | 12,4 | 12,6 | 12,8 | 13,1 | 13,3 | 13,5 | 13,8 | 14 | 14,3 | 14,5 |
| 33,5 | 10,1 | 10,3 | 10,6 | 10,8 | 11 | 11,3 | 11,5 | 11,8 | 12 | 12,2 | 12,5 | 12,7 | 13 | 13,2 | 13,4 | 13,7 | 13,9 | 14,2 | 14,4 | 14,6 |
| 34 | 10,2 | 10,4 | 10,7 | 10,9 | 11,2 | 11,4 | 11,6 | 11,9 | 12,1 | 12,4 | 12,6 | 12,8 | 13,1 | 13,3 | 13,6 | 13,8 | 14 | 14,3 | 14,5 | 14,8 |
| 34,5 | 10,3 | 10,6 | 10,8 | 11 | 11,3 | 11,5 | 11,8 | 12 | 12,3 | 12,5 | 12,7 | 13 | 13,2 | 13,4 | 13,7 | 13,9 | 14,2 | 14,4 | 14,6 | 14,9 |
| 35 | 10,5 | 10,7 | 10,9 | 11,2 | 11,4 | 11,7 | 11,9 | 12,1 | 12,4 | 12,6 | 12,9 | 13,1 | 13,3 | 13,6 | 13,8 | 14,1 | 14,3 | 14,5 | 14,8 | 15 |
| 35,5 | 10,6 | 10,8 | 11 | 11,3 | 11,5 | 11,8 | 12 | 12,2 | 12,5 | 12,7 | 13 | 13,2 | 13,4 | 13,7 | 13,9 | 14,2 | 14,4 | 14,6 | 14,9 | 15,1 |
| 36 | 10,7 | 10,9 | 11,2 | 11,4 | 11,7 | 11,9 | 12,1 | 12,4 | 12,6 | 12,9 | 13,1 | 13,3 | 13,6 | 13,8 | 14,1 | 14,3 | 14,5 | 14,8 | 15 | 15,3 |

La graduation intérieure du grand disque porte les chiffres
de la matière grasse de 0,7 à 6 p. 100 et la graduation
extérieure indique la matière sèche.

Pour s'en servir il suffit de tourner le petit disque

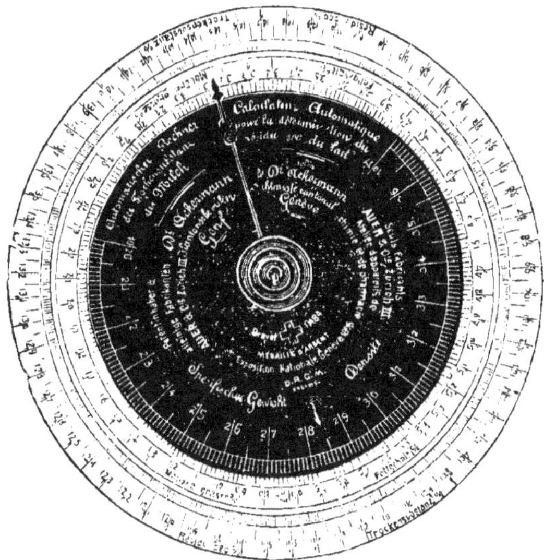

Fig. 31. — Calculateur automatique du Dr Ackermann (Auer à Zurich).

jusqu'à ce que le chiffre de la densité corresponde avec
celui de la matière grasse et de lire sur la même ligne
le chiffre du résidu sec.

## III. — LA PRATIQUE DU CONTROLE.

Le contrôle du lait, pratiqué d'une façon régulière,
permanente, assure, tout à la fois, le maximum de
rendement et la meilleure fabrication.

Chaque jour l'employé chargé de la réception doit
examiner attentivement les laits afin de voir si l'aspect
ne décèle rien d'anormal.

Tous les jours il prélèvera quelques échantillons dont

il fera l'étude au moyen des appareils indiqués. En notant sur un registre spécial les chiffres obtenus, il arrivera à connaître très rapidement la richesse et l'état de propreté des laits.

Cette opération pratiquée avec les soins voulus donne d'excellents résultats. Comme tous les laits seront examinés dans un temps relativement court, aucune falsification ni aucune altération ne pourront rester longtemps ignorées.

Indispensable à l'industriel laitier qui doit connaître la valeur de la nature première qu'il emploie, la pratique du contrôle n'est pas moins utile dans les sociétés coopératives (fruitières et beurreries).

La prospérité de ces établissements en découle, puisque, d'une part, les laits altérés sont éliminés de la fabrication, d'autre part les sociétaires sont encouragés à apporter beaucoup de lait, n'étant pas retenus par l'idée que de moins scrupuleux livrent un produit additionné d'eau ou écrémé.

En dehors des contrôles journaliers effectués dans la laiterie, on peut organiser, à certains intervalles, un contrôle par un agent du dehors.

Depuis sept ans une telle organisation fonctionne avec un plein succès dans le département du Doubs. Elle a été adoptée ensuite par les fromageries du Jura et de la Haute-Savoie.

**Recherche des falsifications.** — Les falsifications habituelles comprennent : l'addition d'eau, l'écrémage, la livraison exclusive de la première partie de la traite moins riche en matière grasse, le mélange avec le lait écrémé, le lait de beurre, le petit-lait.

Si la densité d'un lait est inférieure à 1 029 ou supérieure à 1 033 le lait est suspect. On examine l'acidité, — on sait qu'une addition de 10 p. 100 d'eau diminue l'acidité de $2^{\circ} 1/2$ à $3^{\circ}$ — puis on détermine la quantité de matière grasse avec l'appareil Gerber.

On sait que la proportion de cette substance varie tellement qu'il n'est pas possible d'établir des limites exactes comme pour la densité. Il faut se baser sur la richesse des laits de la région à la saison considérée. Si les résultats de l'examen laissent présumer la fraude, on opère un prélèvement en triple.

L'opérateur doit requérir deux témoins pour l'assister. Après avoir bien remué le lait comme il a été dit, il le verse, en le prenant directement du bidon, dans des bouteilles en verre d'une contenance d'un demi-litre qui doivent être, au préalable, reconnues vides et bien propres. Les bouteilles sont remplies complètement pour éviter le ballottement du liquide pendant le transport, ce qui amènerait le barattage.

On ferme avec des bouchons de bonne qualité et, après avoir placé sur le bouchon une bande de papier indiquant le nom et le domicile du fournisseur, la date du jour et l'indication de la traite, un numéro d'ordre, les signatures des témoins, du contrôleur et du sociétaire, on ficelle soigneusement et on cachète.

Les trois échantillons doivent être prélevés et cachetés dans des conditions identiques. L'un est remis au sociétaire, un autre déposé à la mairie, le troisième emporté par le contrôleur qui, s'il n'est pas qualifié pour effectuer l'analyse chimique, devra l'adresser à un laboratoire officiellement chargé de ces expertises. Quelle que soit la conviction du contrôleur au sujet de la falsification de l'échantillon prélevé, son affirmation, en cas de contestation de la part du fournisseur, ne suffirait pas pour entraîner une condamnation. L'analyse chimique est toujours indispensable.

En été, il est utile d'ajouter à chaque échantillon un demi-gramme de bichromate de potasse, ou cinq à six gouttes de formol de façon que le lait n'arrive pas caillé au laboratoire.

Cette addition doit être mentionnée dans le procès-verbal de prise d'échantillon qui sera dressé par le contrôleur et signé par les témoins.

Ce procès-verbal relatera toutes les indications utiles : densité, degré d'acidité, goût, odeur, aspect de l'échantillon, heure de la saisie, nom du fournisseur et son numéro d'ordre, numéro inscrit sur la bouteille, déclaration que le prélèvement a été fait dans les conditions voulues, déposition du fournisseur que le lait provient d'une ou de plusieurs vaches, inscription de la quantité livrée ce jour-là, etc...

**Épreuve à l'étable.** — L'épreuve à l'étable est une opération très utile qui permet de découvrir les plus petites falsifications; elle doit toujours être pratiquée d'après les indications suivantes.

Tout d'abord, lors de la saisie du lait suspect, on doit avertir le fournisseur de ne pas traire ses vaches, le lendemain, avant l'arrivée du contrôleur et des témoins. L'épreuve à l'étable doit avoir lieu à la même heure de traite que pour le lait saisi et, autant que possible, vingt-quatre heures après.

Toutes les vaches dont le lait a été livré la veille doivent être traites absolument à fond. Il faut bien constater que rien ne s'est passé d'anormal dans l'étable, que tous les récipients sont vides avant la traite, et que, par un artifice quelconque lors de l'opération, on ne fait pas écouler de l'eau dans le lait, que les vaches n'ont pas été effrayées au point de retenir leur lait, etc.

Après avoir bien mélangé le liquide, on prélèvera, comme la veille, trois échantillons.

Le procès-verbal doit indiquer notamment la quantité de lait, le nombre de vaches en lactation, l'époque du vêlage, le régime, l'affouragement, l'état de santé des animaux.

L'opérateur et les témoins ne doivent jamais se prononcer sur la fraude. c'est le chimiste qui a seul qualité pour conclure car il base son affirmation sur une analyse complète dont il est à même de soutenir les conclusions devant les tribunaux, s'il en est besoin.

**Recherches des altérations.** — Pour découvrir les altérations capables de compromettre la réussite de la fabrication, on doit opérer de la façon suivante.

On procède d'abord à un examen général pour constater si le lait est normal sous le rapport de l'aspect, du goût, de l'odeur, puis on emploie l'acidimètre. Si le lait marque plus de 20° ou moins de 16°, on détermine sa densité et on dose la matière grasse pour se rendre compte si le degré anormal ne proviendrait pas d'une addition d'eau, ou d'un écrémage, puis on le soumet à l'épreuve de la cuisson. Si le lait se caille ou laisse un léger dépôt au fond du vase, il est immédiatement refusé. Dans le cas contraire, on le place au fermentateur en suivant toutes les prescriptions indiquées. On fait l'observation après neuf heures et douze heures en présence du fournisseur. La rapidité de la coagulation et surtout la nature du caillé indiqueront si le lait est malade ou si son acidité naturelle seule est excessive. Si le fournisseur connaît la cause de l'altération (maladie d'une vache, nourriture fermentée) et qu'il en fasse la déclaration, il est invité à conserver son lait, jusqu'à ce qu'il redevienne normal.

S'il ignore d'où provient l'altération, le contrôleur se transporte dans l'étable au moment de la traite. Il examine l'ordre et la propreté du local, la nature de la litière, voit si le fumier est accumulé depuis longtemps, si les crèches et les seilles pour distribuer la nourriture sont propres, si les seaux à traire et les bidons de transport sont convenablement nettoyés, prend des renseignements sur la nature des aliments et des boissons.

Il observe ensuite les vaches pour s'assurer si aucune n'est atteinte de maladie, s'informe de l'âge, de la date du vêlage, de l'époque des chaleurs, constate l'état de propreté, puis examine le lait de chaque trayon, le goûte, en prend l'acidité et le fait cuire, prélève ensuite des échantillons de tous les laits qu'il place dans le fermentateur.

En rapprochant les indications fournies par cet examen détaillé, on arrive sûrement a découvrir la source du mal. En résumé, l'acidimètre joue le rôle le plus important dans la découverte des altérations, puisqu'il met rapidement sur la voie lorsqu'il s'agit de laits malades.

L'épreuve de la cuisson et celle du fermentateur complètent ses indications.

Si l'on prenait l'habitude de doser fréquemment l'acidité de tous les laits, on travaillerait dans des conditions plus certaines de réussite. L'attention étant appelée sur les laits acides, on pourrait obliger les fournisseurs à une plus grande propreté.

II

# COMMERCE DU LAIT

---

## I. — **VENTE DU LAIT EN NATURE**.

La vente du lait en nature peut se pratiquer avantageusement soit en petit, soit en grand.

Sans doute les prix varient beaucoup suivant les diverses régions, car l'exploitation des vaches ne se fait pas partout dans les mêmes conditions économiques : d'autre part le lait, en raison de son volume, ne peut être transporté à longue distance sans frais élevés.

Dans les conditions habituelles, le cultivateur placé aux environs des villes a généralement plus d'intérêt à vendre son lait en nature qu'à le transformer en beurre ou en fromage.

Ce mode d'utilisation est simple ; il ne nécessite pour être mis en œuvre qu'un faible capital ; il entraîne peu de risques, l'argent circule rapidement. Le producteur doit veiller à organiser son étable de façon à obtenir une quantité de lait suffisante pour satisfaire sa clientèle. Il y a bien, certains jours, des excédents, la consommation pouvant varier quelque peu, mais le producteur a la ressource de tirer parti des laits invendus pour fabriquer du beurre.

La vente du lait par le petit producteur est assez en

usage dans certaines villes ; ce sont les femmes, les *laitières* qui, de très bon matin, amènent leurs bidons dans des charrettes à bras et distribuent le lait directement aux consommateurs, qui sont généralement des clients très fidèles.

Parfois, les vacheries sont établies dans l'intérieur des villes ; beaucoup d'établissements de ce genre existent à Paris : leurs exploitants sont appelés *nourrisseurs*.

Mais, dans d'autres régions, les cultivateurs préfèrent se débarrasser du travail de livraison en vendant leur produit sur place à des industriels.

Ceux-ci centralisent dans des dépôts des quantités notables de lait, le conditionnent pour qu'il puisse se conserver, puis le distribuent soit aux consommateurs, soit à des revendeurs.

Les centres où l'on groupe les apports peuvent être situés soit à la campagne, soit dans la ville même où s'effectuera la vente, suivant la distance qui sépare le lieu de consommation du lieu de production.

Voici les manipulations successives que l'on doit effectuer dans les centres de réception et qui permettent d'assurer la conservation du produit.

Le lait, livré deux fois par jour, est pesé et dégusté dès son arrivée à l'établissement.

Les laits suspects sont éliminés de la vente et utilisés pour la fabrication du beurre.

On procède ensuite à la purification, soit au moyen des filtres, soit au moyen des centrifuges.

Le liquide, dépouillé de ses impuretés, est immédiatement pasteurisé. C'est une opération des plus importantes puisque, suivant qu'elle sera bien ou mal pratiquée, le lait se conservera plus ou moins longtemps.

Le degré de chauffe varie suivant les usines; il est rare qu'on dépasse 85°. En tout cas, il est indispensable qu'un employé surveille soigneusement le thermomètre pendant toute la durée de l'opération, afin d'empêcher que

la température ne tombe au-dessous du degré minimum
adopté.

Le refroidissement doit suivre immédiatement la pasteurisation. La réfrigération rapide atténue d'ailleurs le
goût de cuit.

Dans la pratique habituelle, on ramène le lait à 10°-12°
et on le maintient à cette température jusqu'au moment
de l'expédition. Les pots ont été remplis dès que le
liquide a quitté le réfrigérant et on les a placés dans un
bassin d'eau courante.

Si le lait, au lieu d'être centralisé directement à la
ville, est amené dans un établissement rural, il doit être
réexpédié dans la localité où aura lieu la vente.

Les transports se font habituellement par chemin de
fer.

On veille à ce que le lait n'arrive pas trop tôt en gare
avant l'heure du départ du train afin qu'il ne s'échauffe
pas.

Les pots, préalablement plombés, sont placés dans un
wagon bien aéré.

Si le lait doit effectuer un très long trajet, on peut
employer des bidons renfermant des manchons remplis
de glace.

Lorsque les pots sont arrivés à la ville, s'ils ne sont pas
distribués immédiatement, ils doivent être conservés à
une température basse jusqu'au moment de la vente.

Le lait est livré habituellement dans des bidons ayant
de 20 à 40 litres de capacité.

Dans les pays du Nord, on emploie pour la vente du
lait des voitures spéciales, soit attelées, soit à bras dont
voici la description. Au lieu de pots ordinaires, on fait
usage de bidons ayant une forme cubique qui portent un
robinet à la partie inférieure. Les parois de la voiture sont
munies de portes que l'on ferme à clef, à l'usine, après
avoir placé les récipients à lait dans la voiture; seul le
robinet fait saillie au dehors; cette disposition permet à

l'employé livreur de distribuer le lait sans qu'on soit obligé d'ouvrir le camion.

Un récipient de glace peut être placé, s'il en est besoin, dans la voiture; on établit aussi parfois des parois isolantes.

Pendant le transport, la crème monte et, en distribuant le liquide par le bas, on s'expose à fournir des laits de richesse très inégale. Différents dispositifs obvient à cet inconvénient.

Le système Heine comprend un agitateur constitué par un disque étamé et perforé ayant la forme du récipient; au milieu du disque est fixée une tige verticale qui passe à travers le couvercle. Il est donc facile, depuis l'extérieur, d'imprimer au système des mouvements de haut en bas et de bas en haut qui arrêtent l'ascension de la crème.

On distribue aussi le lait dans des récipients cachetés de 1 litre ou 1/2 litre. On emploie soit des pots en fer-blanc, soit des bouteilles, portant différents systèmes de fermeture.

Les procédés de conditionnement du lait indiqués plus haut s'appliquent au liquide qui est livré dans un délai maximum de trente-six heures après la traite.

Dans le but de conserver le lait plus longtemps, l'ingénieur Casse a proposé sa congélation partielle. Voici la description qu'il donne de son procédé : Aussitôt après la traite, un quart environ du lait à transporter est gelé en blocs de 10 à 15 kilos. Ces blocs sont ensuite jetés dans des réservoirs d'une capacité de 500 litres que l'on achève de remplir avec du lait ordinaire n'ayant subi aucun traitement. Sur les réservoirs on a adapté des couvercles. Le lait gelé, en raison de son plus petit poids spécifique, flotte toujours à la surface et, vu sa friabilité, ne tarde pas à former une masse granulée, mêlée de morceaux plus ou moins gros, qui recouvre toute la surface du récipient.

D'autre part, le dégel continu de quelques parcelles
suffit à maintenir dans les réservoirs une circulation qui
empêche la crème de se séparer de la masse et permet de
livrer au bout de 15 à 20 jours du lait parfaitement homogène et absolument semblable à ce qu'il était au moment
même de la traite.

Ainsi préparé, le lait est conservé dans des magasins
frais et isolés jusqu'au moment de son transport au lieu
de consommation. Le transport s'effectue, soit dans des
wagons spéciaux, soit tout simplement dans des wagons
ordinaires que l'on prend seulement la précaution de gar-
nir de paille ou de tout autre isolant pendant les périodes
très chaudes.

Arrivé au lieu de consommation, le lait extrait des
wagons est emmagasiné dans des salles isolées où il peut
séjourner pendant plusieurs semaines sans inconvénient
et d'où on le tire au fur et à mesure des besoins; le contenu de chaque réservoir est alors vidé dans des cuves
rondes en tôle d'acier étamé renfermant un serpentin
en cuivre étamé. Le lait entoure de tous côtés le
serpentin qui est toujours parcouru par un courant
d'eau tiède et dégèle ainsi d'une façon lente et continue.

Il est, dès lors, revenu à son état primitif et prêt à être
livré à la consommation.

Le procédé indiqué est appliqué lorsqu'il s'agit de
transporter le lait à de grandes distances et, par conséquent, lorsqu'il est indispensable d'assurer sa conservation pendant une période prolongée.


## II. — PRÉPARATION DU LAIT STÉRILISÉ.

La pasteurisation ne suffit pas à détruire les spores.
Par conséquent du lait pasteurisé peut s'altérer promptement s'il se trouve dans des conditions favorables.

Pour le lait destiné aux enfants, on chauffe le liquide
au bain-marie pendant un certain temps, c'est une stéri-

lisation partielle ; les ferments lactiques et les germes des maladies sont détruits. Cette méthode est très employée dans les ménages. Pour la mettre en pratique on utilise les appareils Soxhlet et analogues qui permettent de chauffer le lait dans des flacons dont le contenu, 125 à 150 grammes, correspond à un repas de l'enfant.

Le succès de l'opération est d'autant plus assuré que le lait renferme moins de microbes. Il faut donc choisir des laits aussi sains et aussi frais que possible.

Si l'on veut arriver à une stérilisation complète, on doit chauffer aux environs de 115°. Différents appareils sont employés dans l'industrie pour pratiquer la stérilisation. Ils sont basés sur le principe de l'autoclave.

L'autoclave à vapeur Borde (fig. 32) est constitué par un cylindre A en tôle d'acier, fixé sur le sol par des pieds en fer. Il porte une potence à laquelle le couvercle B de l'autoclave est suspendu au moyen d'une poulie N à trois brins et d'une corde P. Des guides RR' relient aux supports de la potence le couvercle que l'on peut lever ou baisser à volonté. Dans la chaudière se trouve un plateau mobile C ajouré destiné à recevoir les bouteilles de lait. L'axe central M sur lequel le plateau est vissé est muni d'un tube télescopique au moyen duquel on règle la hauteur de l'eau dans la chaudière.

La vapeur arrivant par le tuyau E et l'eau par le tuyau F sont introduites au moyen du serpentin horizontal percé de trous L.

L'appareil porte un niveau d'eau I, un thermomètre H, un robinet de vidange G. Il existe aussi un robinet de trop-plein D manœuvré par un levier pour l'évacuation de l'eau et de la vapeur. Une soupape de sûreté J et un manomètre K sont établis sur le couvercle.

Le système de bouchage adopté par M. Borde, dit bouchage pneumatique, s'applique aux flacons de verre ; il est composé de trois parties principales (fig. 33 :

1° Un disque D en étain pur, malléable, extensible, muni

au centre d'un téton saillant, percé d'un trou capillaire;

2° Un anneau B en caoutchouc pur;

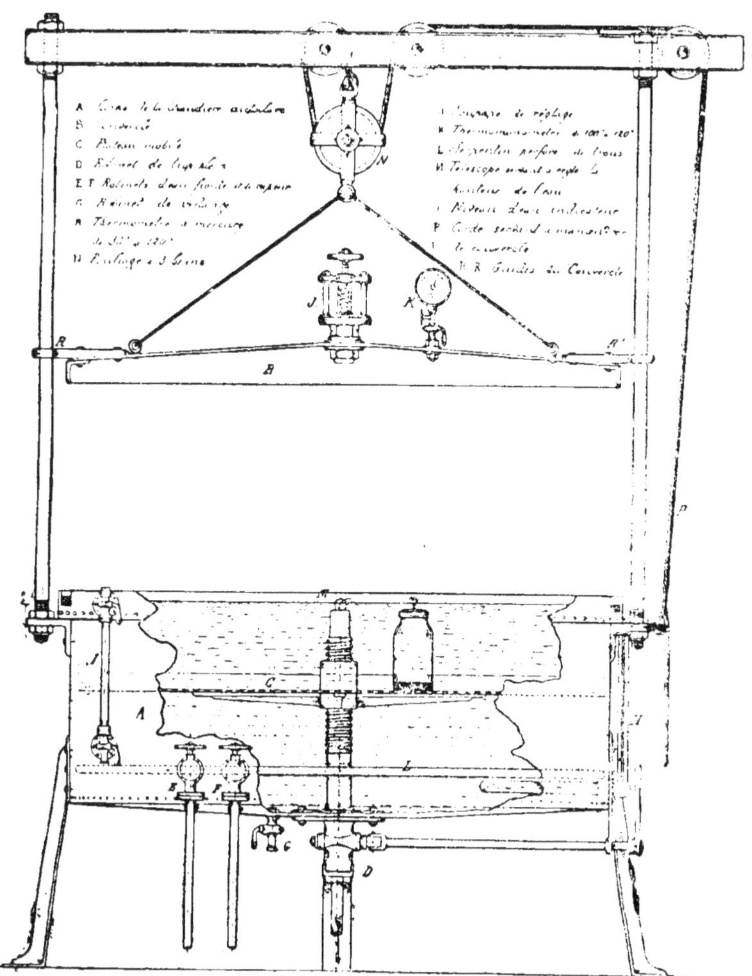

Fig. 32. — Autoclave à vapeur Borde.

3° Une capsule filetée E en fer-blanc, placée sur le pas de vis venu avec le col du flacon.

Le flacon étant rempli à deux ou trois centimètres du

goulot A, le disque D est placé ensuite de façon à emboîter l'anneau B en caoutchouc que l'on a posé sur le cordon du goulot, puis on visse sur le goulot A la capsule filetée E qui serre toutes les pièces ensemble et assure la fermeture. La rondelle de garde C n'est employée que pour les flacons à crème stérilisée. Lorsqu'on a posé l'anneau de caoutchouc, on place cette rondelle de garde sur la partie dressée du goulot, la partie bombée en dessous.

Pour opérer le bouchage, aucune machine n'est nécessaire, la pression exercée par la main en serrant de gauche à droite suffit pour assurer un bouchage hermétique. Le fonctionnement de l'autoclave est le suivant :

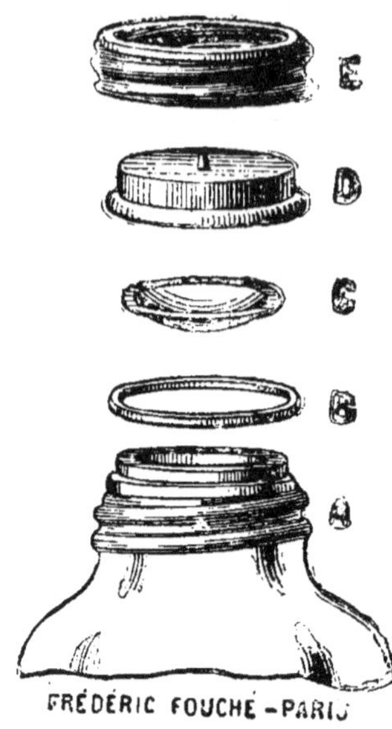


Fig. 33. — Flacon à bouchage pneumatique.

On règle la hauteur du plateau mobile en le faisant tourner autour de la vis centrale de telle façon que le goulot des flacons soit à 25 millimètres environ au-dessous des trous percés dans le tube central qui sert de trop-plein.

On fait arriver l'eau légèrement tempérée en mélangeant un filet de vapeur avec l'eau qui entre avec le même serpentin, c'est-à-dire qu'on ouvre légèrement le robinet d'eau froide.

On élève ensuite la température du bain à 80°-85°, le robinet central d'évacuation restant ouvert pendant ce chauffage préliminaire.

L'air enfermé dans les flacons est chassé, on voit les bulles de gaz s'échapper par le téton du disque à travers la couche d'eau du bain. Cette première opération terminée, il reste à obturer le téton au moyen d'une pince spéciale.

On prend la pince de la main droite et, sous l'eau, on écrase le téton des disques en serrant légèrement la pince.

Cette dernière opération terminée, on élève subitement la température du bain de la chaudière jusqu'à ébullition ; on doit alors voir se gonfler tous les disques en étain après une courte durée ; c'est un indice que le bouchage a été bien effectué.

Ensuite on abaisse le couvercle, on serre les joints et on ferme les robinets. On fait alors arriver la vapeur lentement. On laisse échapper l'air contenu dans l'autoclave par la soupape. En observant le manomètre et le thermomètre dont les indications doivent concorder, on peut régler l'arrivée de la vapeur de façon à obtenir le degré voulu.

Lorsque la stérilisation est achevée, on évacue par le robinet D la charge de la vapeur. La pression étant descendue à zéro, on ouvre l'autoclave et on introduit l'eau froide dans l'appareil au moyen du robinet d'eau, en ayant soin de laisser le robinet central d'évacuation ouvert. L'eau froide introduite dans le bas de l'appareil par le serpentin perforé chasse peu à peu, en vertu de sa densité, l'eau chaude qui s'évacue par le robinet central et, bientôt, les flacons baignent dans l'eau froide.

Pour la préparation du lait stérilisé on emploie également d'autres systèmes de bouchage.

Le système de la cannette de bière est très en usage. Il en est de même du bouchage au bouchon de liège enduit d'une légère couche de paraffine pour éviter le passage de l'air à travers les pores du liège.

**Lait maternisé.** — Donné aux jeunes enfants, le lait de vache n'est pas toujours facilement digéré parce qu'il renferme une proportion de caséine notablement supérieure à celle contenue dans le lait de femme.

Un moyen couramment employé pour diminuer cette proportion de caséine consiste à ajouter de l'eau au lait, mais on diminue aussi la proportion de lactose et de matière grasse, alors que le lait de femme contient au moins autant de matière grasse et davantage de lactose que celui de vache.

Le professeur Gaertner, de Vienne, a préconisé la méthode suivante qui est actuellement appliquée dans plusieurs laiteries :

Le lait est additionné de son poids d'eau, on passe le mélange au centrifuge et on s'arrange de façon à obtenir une crème ayant environ 3 p. 100 de matière grasse.

Cette crème ne renferme que la moitié de la proportion de caséine contenue dans le lait normal. On l'additionne de sucre de lait et on stérilise le produit qui est ainsi plus assimilable parce que sa composition se rapproche davantage de celle du lait de femme.

**Machine à fixer.** — M. Gaulin a imaginé une

Fig. 34. — Machine à fixer Gaulin.

machine à fixer (fig. 34) qui émulsionne d'une façon complète le lait destiné à la stérilisation. Dans cet appareil le lait est pulvérisé sous une pression de 250 kilos. Les globules butyreux se trouvent considérablement réduits de volume. Aussi ne montent-ils plus à la surface d'une façon sensible et le barattage ne se produit plus, ce qui est un avantage considérable surtout lorsque le lait doit être transporté à des distances éloignées.

## III

# INDUSTRIE BEURRIÈRE

---

### ÉCRÉMAGE

Le beurre est formé par l'agglomération des globules
gras. On peut obtenir ce produit directement du lait,
mais il est plus avantageux d'isoler d'abord la matière
grasse dans une petite quantité de lait. Le liquide dans
lequel la partie butyreuse est ainsi concentrée constitue
la *crème*, et le procédé qui permet de l'obtenir est désigné
sous le nom d'*écrémage*.

On sait que, dans du lait abandonné au repos les
globules gras, ayant une densité inférieure, montent à
la surface. Il se forme ainsi, à la partie supérieure, une
couche de crème. Dans ce cas, l'écrémage est dit naturel
ou spontané. C'était la seule méthode employée autrefois,
mais, depuis vingt-cinq ans environ, on applique à la séparation de la matière grasse la force centrifuge.

Il y a donc lieu de distinguer l'*écrémage naturel* et
l'*écrémage centrifuge*.


## I. — Écrémage naturel.

Le lait renferme, comme on sait, de la caséine en
suspension qui rend le liquide plus ou moins visqueux.

Cette viscosité contrarie dans une certaine mesure l'ascension des globules gras. Plus le lait est visqueux, plus la séparation est difficile.

Les gros globules ayant, relativement à leur poids, une surface moins grande que les petits, montent plus rapidement. C'est pour ce motif que l'écrémage se fait habituellement mieux avec les laits riches qu'avec les laits pauvres, la proportion des gros globules étant plus considérable dans les premiers.

Par le repos, le lait ne peut jamais s'écrémer complètement; ce sont les plus petits globules qui restent dans le lait écrémé. Dans les conditions normales, on obtient environ 80 p. 100 de la matière grasse totale; ce chiffre représente ce que l'on appelle le *degré d'écrémage*.

La température a une action marquée sur l'écrémage; à mesure que la température s'élève, la viscosité du liquide diminue et, comme conséquence, l'ascension des globules est facilitée. On sait qu'en hiver le lait conservé dans un local non chauffé donne un mauvais rendement en crème.

Sous l'action d'une température élevée, la crème est plus concentrée, parce que, d'une part, les globules sont plus serrés les uns contre les autres et que, d'autre part, il se produit à la surface une certaine évaporation.

Il ne faut pas oublier que les microbes se développent d'autant mieux que la température est plus élevée. Si le lait est conservé dans un local trop chaud, les ferments se multiplient et amènent la coagulation du lait. A ce moment l'écrémage s'arrête, car les globules sont emprisonnés dans la masse.

Il faut tenir compte de ces indications lorsque l'écrémage du lait se fait par le repos.

L'expérience a montré que les températures les plus favorables sont comprises entre 12° et 15°. D'une part, le lait n'est pas trop visqueux, d'autre part, le développement des microbes n'est pas excessif; la crème peut monter avant que le lait soit caillé.

Les microorganismes se développant surtout dans l'air humide, on doit veiller à ce que l'air du local où l'on place le lait pour l'écrémage soit sec.

La durée de l'écrémage est à envisager. A une température de 15° et après un repos de douze heures, la moitié de la matière grasse du lait environ se trouve dans la crème; la séparation est ensuite beaucoup plus lente.

La hauteur de la couche de lait dans le récipient a son importance. Plus cette couche est haute, moins l'écrémage se fait facilement car les globules ont un plus long chemin à parcourir.

Les vases plats donnent donc le maximum d'écrémage. Le lait qui a été chauffé au delà de 70° ne s'écrème pas aussi bien que le lait frais.

Les secousses que subit le lait pendant le transport, l'agitation qu'on lui imprime durant l'écrémage, agissent d'une manière défavorable sur la montée de la crème.

De temps immémorial on utilise l'écrémage naturel. On emploie pour déposer le lait des récipients de formes très diverses suivant les régions. Le système présente un grave inconvénient, c'est qu'en été le lait s'altère rapidement, la coagulation se produit souvent avant que toute la crème soit montée; on n'obtient qu'un faible rendement.

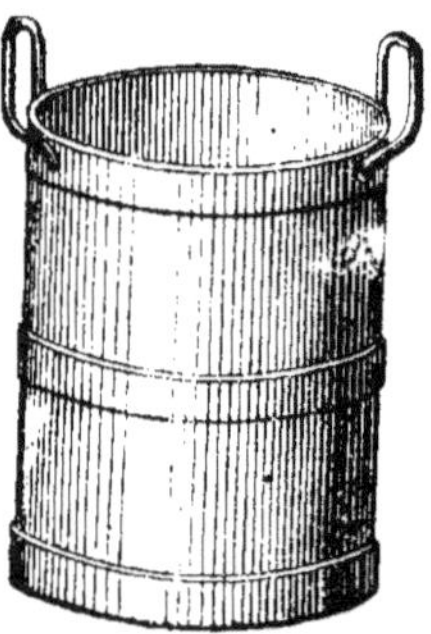
Fig. 35. — Récipient pour l'écrémage.

On a donc été amené à maintenir à une basse température le lait destiné à l'écrémage; c'est le système d'*écrémage naturel avec refroidissement*.

Le lait est versé dans des récipients que l'on place dans un bassin où circule de l'eau froide. Suivant l'emplacement dont on dispose on peut employer des récipients d'une certaine hauteur (fig. 35) ou des vases plats.

Les derniers sont en usage dans les fruitières de Franche-Comté où l'on écrème toujours une partie du lait destiné à la fabrication du gruyère.

Ces récipients, *rondots*, sont habituellement en fer étamé embouti, munis d'un rebord (fig. 36).

Fig. 36. — Rondot à rebord étamé.
(Japy, à Fesches-le-Châtel.)

Le bassin réfrigérant est soit en maçonnerie de moellons ou de briques, avec enduit de ciment, soit en tôle ou en ciment moulé (fig. 37). Quel que soit le type adopté, tout bassin réfrigérant doit satisfaire aux conditions suivantes : il faut une légère pente depuis le point d'arrivée de l'eau jusqu'à la sortie, car cette disposition facilite le nettoyage. La hauteur au-dessus du sol ne dépasse pas 80 centimètres et ne descend pas au-dessous de 70 centimètres ; c'est entre ces limites qu'il y a le plus de commodité et pour enlever les rondots et pour les mettre en place. La hauteur du bassin est calculée de telle sorte que son rebord arrive au même niveau que celui du rondot.

Deux saillies sont ménagées sur le fond du bassin dans toute sa longueur ; elles servent à recevoir les rondots, ce qui permet à l'eau de circuler non seulement autour des vases, mais en dessous ; le refroidissement du lait est ainsi accéléré. Un tube, terminé en haut par une partie grillagée et dont l'extrémité inférieure tronconique s'engage dans un coude de sortie, sert à la fois de trop-plein et de bonde de vidange.

Enfin, si le bassin est en maçonnerie, le pied doit être rétréci, ce qui facilite l'approche pour le placement et l'enlèvement des récipients.

Si l'on ne dispose pas d'eau courante, on maintient

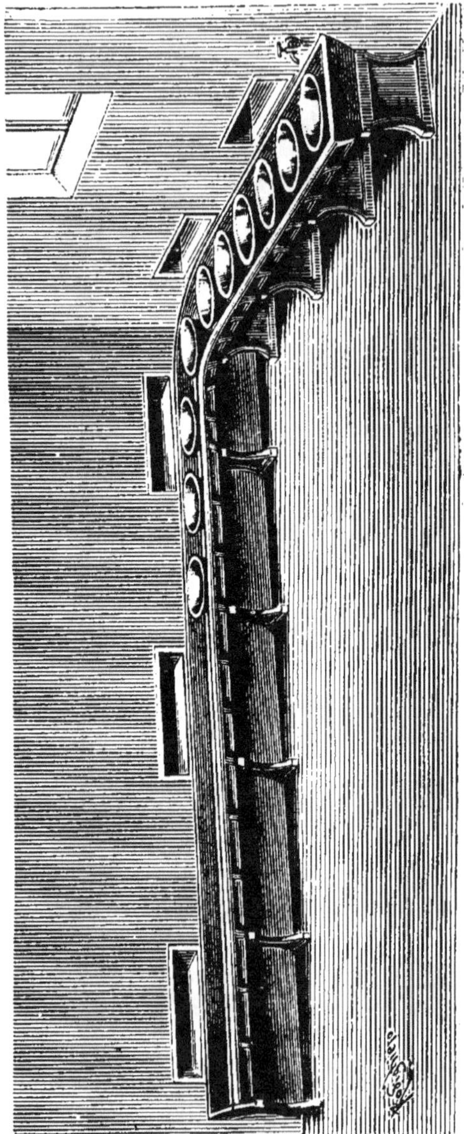

Fig. 37. — Bassin réfrigérant en ciment moulé (Lauriox, à Arbois).

l'eau à basse température en y ajoutant de la glace. Mais, lorsque la glace et l'eau courante font défaut à la fois, il ne faut pas employer l'eau immobile qui, n'étant pas renouvelée s'échaufferait et s'altérerait, deviendrait par conséquent plus nuisible qu'utile.

On doit se contenter du refroidissement par l'air. Dans ce cas les vases plats comme on les emploie dans les fruitières sont surtout à recommander, car le lait offre une plus grande surface à l'air et, d'autre part, l'évaporation qui se produit à la partie supérieure accélère le refroidissement.

Les récipients sont placés dans un local où les ouvertures sont disposées pour permettre une ventilation énergique.

## II. — Écrémage centrifuge.

Lorsqu'on soumet du lait à l'action de la force centrifuge, il se sépare en trois couches. Contre la paroi du bol, au point le plus éloigné de l'axe se trouvent les éléments solides spécifiquement plus lourds que le liquide, le phosphate de chaux et la petite portion de caséine qui est à l'état de fins grumeaux et aussi les poussières, les débris de toute nature que l'on rencontre fréquemment dans le lait.

La seconde couche est constituée par le lait écrémé.

La troisième couche renferme la crème ; la matière grasse ayant une densité inférieure à celles des autres éléments se trouve rapprochée de l'axe.

Les premières tentatives pour isoler mécaniquement la crème du lait furent faites par Fuchs, Fesca, Prandt, Lefeldt. Ce dernier construisit une écrémeuse dans laquelle le travail était intermittent.

C'est un ingénieur suédois, de Laval, qui créa en 1878 la première écrémeuse continue traitant 125 à 150 litres à l'heure.

Depuis, cette machine a reçu de nombreux perfectionnements. Elle se compose d'un bol en acier, en forme d'oignon ; le bol est fixé sur un disque en fer forgé avec l'axe de rotation. Cet axe, muni d'une poulie à gorge, est actionné par le moteur au moyen d'un mouvement intermédiaire.

La vitesse du bol est de 6 000 tours à la minute. La crème et le lait écrémé séparés sont évacués dans des boîtes en fer-blanc — les ferblanteries — d'où ils s'écoulent en dehors. Une vis permet de fermer plus ou moins l'orifice par où s'écoule le lait maigre, et par conséquent de régler la proportion des deux produits.

En 1889, Bechtolsheim imagina de disposer à l'intérieur du bol une série de petites assiettes en fer-blanc qui cloisonnent la partie travaillante de l'appareil et augmentent le débit dans une proportion notable.

L'écrémeuse Laval ainsi modifiée est désignée sous le nom d'Alfa-Laval.

**Écrémeuse Alfa-Laval**. — Cette écrémeuse est représentée en coupe par la figure 38. Le bol est constitué par un tambour surmonté d'un chapeau démontable de forme conique portant une ouverture à son sommet. Cette disposition permet d'introduire dans le bol toute une série de disques emboutis d'une seule pièce, maintenus à un certain écartement les uns des autres, soit par des agrafes, soit par de petites déformations en forme d'olives, imprimées en creux sur certains disques. Ce dernier moyen a précédé l'autre ; actuellement on ne se sert plus que d'agrafes et les disques à agrafes alternent avec des disques à surface unie.

Les disques échafaudés les uns au-dessus des autres sont maintenus en place à l'intérieur du bol par un tube central qui sert en même temps de conduite d'amenée du lait.

De même que celle des disques, la forme du tube central a successivement varié. Dans les écrémeuses actuelles, le tube central, composé d'une seule pièce, est terminé

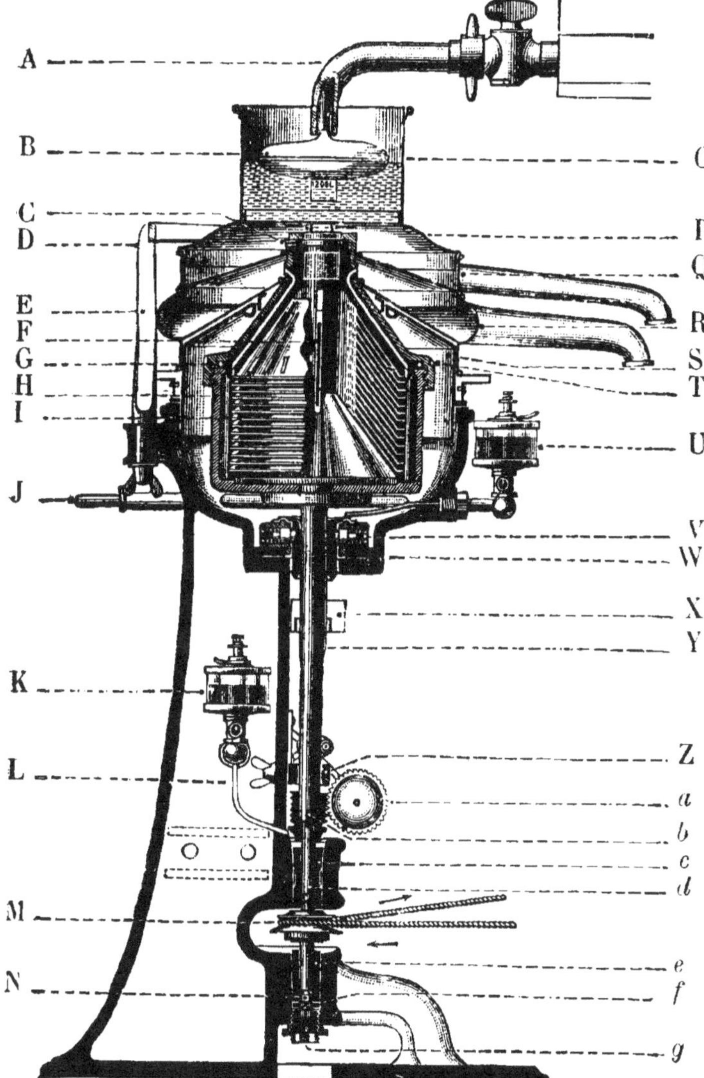


Fig. 38. — Coupe de l'écrémeuse Alf.-Laval à moteur par courroie (Pilter).

**A.** Robinet d'alimentation. — B. Flotteur. — C. Vis de réglage de l'épaisseur de la crème. — D. Ferblanteries de la crème et du lait écrémé. — E. Fourchette maintenant les ferblanteries. — F. Tube central du bol. — G. Joint caoutchouc du couvercle du bol. — H. Bol. — I. Disques ou cloisons alfa. — J. Verrou d'arrêt pour le démontage du bol. — K. Graisseur comptegouttes des douilles du contre-arbre. — L. Bâti fonte. — M. Poulie à gorge recevant la corde de transmission en coton. — N. Pivot acier du contrearbre. — O. Alimentateur. — P. Couvercle des ferblanteries. — Q. Bec d'écoulement de la crème. — R. Bec d'écoulement du lait écrémé. — S. Couvercle de sûreté. — T. Chapeau du bol. — U. Graisseur compte-gouttes du coussinet bronze à ressorts de l'arbre du bol. — V. Ressorts à boudin du coussinet bronze. — W. Coussinet bronze à ressorts de l'arbre du bol. — X. Godet en bronze recevant l'excès d'huile de graissage. — Y. Arbre du bol. — Z. Collier de sûreté. — a. Compteur de tours. — b. Crapaudine à goupille filetée. — c. Douille en bronze supérieure du contre-arbre. — d. Contrearbre. — e. Douille en bronze inférieure du contre-arbre. — f. Galets acier avec axe. — g. Crapaudine métallique à galets avec écrou.

par une partie tronconique, ayant une base plus grande
que précédemment ; la stabilité du disque est ainsi augmentée.

Ce tube est muni de trois contre-forts portant des
fenêtres qui font communiquer ainsi l'intérieur du tube
central avec l'exté-
rieur.

Le lait se répand
entre les disques en
passant par ces fe-
nêtres ; la crème
remonte toujours
entre les contre-
forts et, de la sorte,
il n'y a pas de mé-
langes, de remous
possibles.

Dans les écré-
meuses récentes,
les disques Alfa
sont munis d'é-
chancrures dont
les dimensions sont
en rapport avec
celles des contre-
forts ; l'une de ces
échancrures est
plus grande que les
autres, afin de don-
ner passage à un
grain de repère.

La paroi des dis-
ques forme avec le
plan horizontal un

Fig. 39. — Écrémeuse Alfa à bras.

angle d'environ 30 degrés. Grâce à eux, le lait qui se
trouve dans le bol est divisé en une série de lamelles de

très faible épaisseur et il a, de plus, pour se rendre à la périphérie un chemin plus long à parcourir. La force centrifuge s'exerce plus énergiquement et plus longtemps, d'où il résulte un écrémage plus parfait et le débit des écré-meuses se trouve augmenté par ce fait que les organes d'amenée du lait ont de plus grandes dimensions et que les divers courants ne se contrarient pas en se dirigeant vers des points de sortie différents.

Un régulateur d'alimentation accompagne chaque appareil.

Les écrémeuses Alfa-Laval, importées en France par M. Pilter, débitent, pour les modèles à bras (fig. 39), de 40 à 450 litres à l'heure ; pour les modèles à moteur, de 700 à 2 000 litres.

Il existe aussi un système à vapeur directe (fig. 40). La pression de la vapeur agit sur une roue fixée à la partie inférieure de l'axe et enveloppée

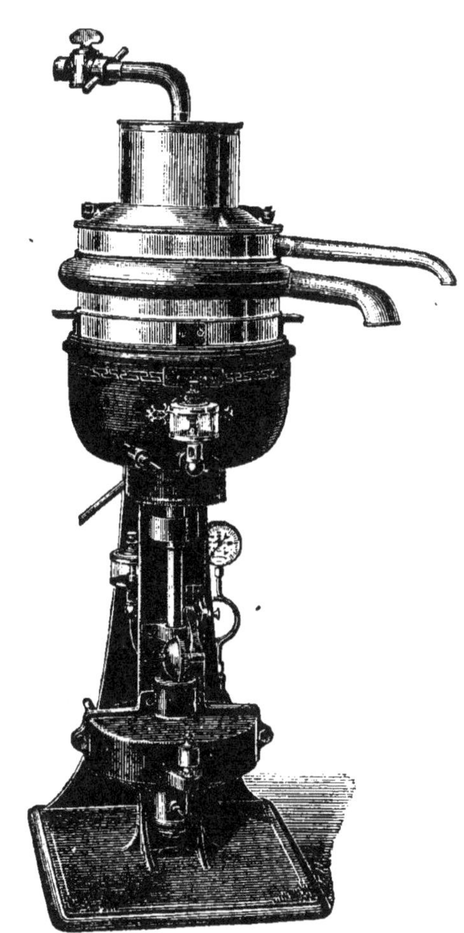

Fig. 40. — Écrémeuse Alfa-Laval à turbine à vapeur.

dans une boîte en fonte. Les écrémeuses à turbine à vapeur débitent de 300 à 2000 litres à l'heure.

**Écrémeuse danoise Burmeister et Wain** (fig. 42). — Elle est composée d'un cylindre LL en acier embouti, concentrique à un tambour fixe H en fer.

A la partie supérieure le cylindre est divisé en deux parties par une plaque circulaire E en forme de couronne dont la circonférence extérieure est à une faible distance de la paroi interne du bol. Cette plaque, appelée diaphragme, est supportée par trois ailettes. A la partie inférieure du cylindre et de distance en distance sont soudées des cornières circulaires qui répartissent le lait horizontalement pendant la rotation et l'obligent à suivre le fond du bol. Les ailettes perpendiculaires à la paroi, entraînent le lait en lui communiquant la vitesse de rotation du cylindre; sans cette disposition le lait glisserait contre la paroi et ne serait pas soumis à un mouvement aussi rapide que le bol.

Sous l'influence de la force centrifuge, le lait se sépare en deux couches; le lait écrémé va à la paroi, la crème se rapproche de l'axe. Le lait écrémé monte verticalement le long des parois, et arrive au-dessus de la plaque circulaire E, tandis que la crème reste en dessous. Sur le couvercle de l'enveloppe du bol sont fixés deux tubes horizontaux, dits d'emprise, recourbés en col de cygne et terminés en A et B par des becs en acier. Un des tuyaux A est placé au-dessus de la plaque circulaire, il récolte le lait maigre; l'autre descend au-dessous de cette cloison horizontale, il sert à soutirer la crème. Les produits peuvent être élevés à deux mètres au-dessus de l'écrémeuse, grâce à la force centrifuge dont ils sont encore animés à leur sortie.

On peut changer à volonté les positions respectives des tubes d'emprise pendant la marche de l'écrémeuse, ce qui permet de régler la consistance de la crème. L'écrémeuse est munie du régulateur d'alimentation du

Dr Fyord. Cet appareil (fig. 42) se fixe avec deux vis sur
le couvercle de l'enveloppe. Il se compose d'un récipient
en fer étamé T, contenant deux tamis pour filtrer le lait.
Au fond du récipient est fixé un tube V vertical et légèrement conique qui amène le lait sous les cornières horizontales. Le passage du lait est ralenti par une tige de bronze,
ayant presque le même diamètre que le tube et que l'on
peut enfoncer à une profondeur quelconque; plus la tige
sera enfoncée, plus le débit sera diminué. Les différents
débits sont indiqués par des chiffres inscrits sur la tige.

Les écrémeuses danoises sont pourvues d'un intermé-

Fig. 41. — Intermédiaire automatique (Bignette).

diaire automatique (fig. 41) qui empêche complètement
l'augmentation de vitesse de se maintenir.

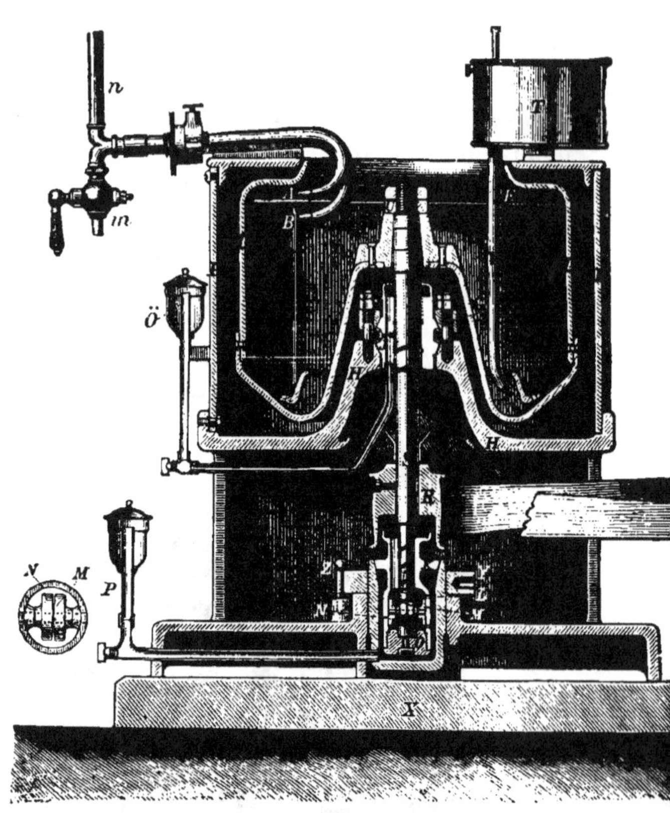

Fig. 42. — Écrémeuse danoise

...ister et Wain » (Hignette).

Lorsque, pour une cause quelconque, la vitesse maxima vient à être dépassée, la courroie se rend immédiatement sur la poulie folle et, en même temps, un timbre sonne pour avertir que le débrayage a fonctionné et qu'il faut remédier à cet excès de vitesse.

Les écrémeuses danoises, en raison de la surface considérable de leur bol, surface sur laquelle se déposent les impuretés, ne s'encrassent pas rapidement. Dans des cas

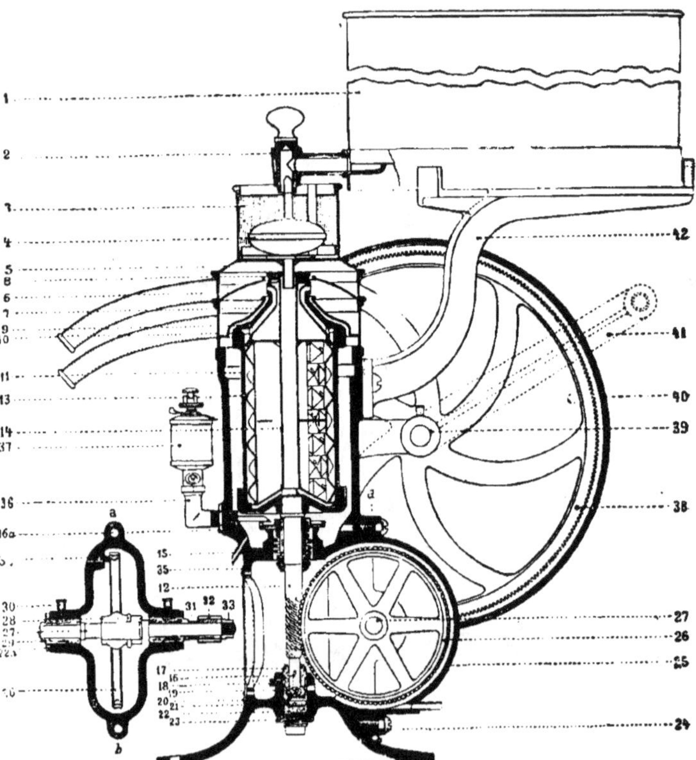

Fig. 43. — Coupe de l'écrémeuse « La Parfaite » à bras Burmeister et Wain (Hignette).

particuliers, lorsqu'on traite des laits acides qui commencent à cailler, elles peuvent travailler assez longtemps sans que l'on soit obligé d'arrêter pour les nettoyer.

**Écrémeuse La Parfaite**. — Dans l'écrémeuse La Parfaite (fig. 43) le cloisonnement se compose de deux pièces seulement. La pièce centrale de ce cloisonnement est le tuyau d'alimentation muni d'ailettes et de deux disques servant d'appui à la seconde pièce du cloisonnement.

Cette seconde pièce est un boisseau. La surface de ce

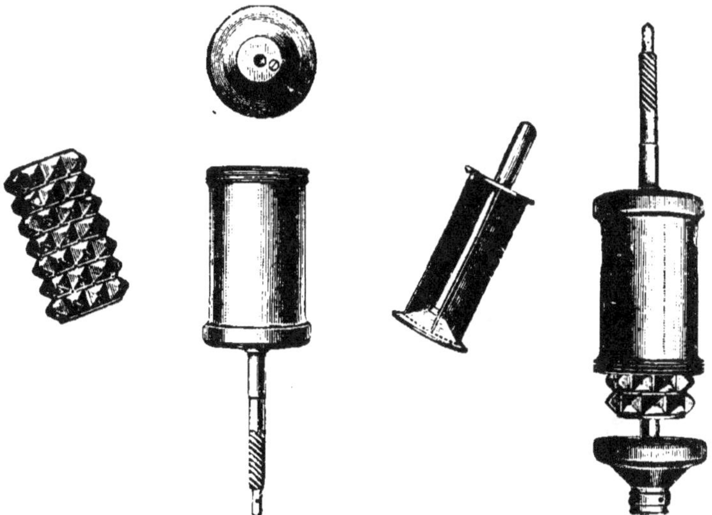

Fig. 44. — Bol de « La Parfaite ».

boisseau présente des saillies qui ont la forme de pyramides à base carrée (1) (fig. 44).

Les pyramides ne sont pas placées les unes au-dessus des autres dans le sens vertical ; elles sont disposées en échiquier, de telle façon que le plan vertical qui passe par le sommet de l'une coïncide avec l'arête commune des deux pyramides qui se trouvent en dessus et l'arête commune des deux pyramides qui se trouvent en dessous.

(1) L. LINDET, Rapport du jury international de l'Exposition universelle de 1900 (classe 37).

La surface du boisseau est percée d'orifices au sommet de
chaque pyramide ainsi qu'aux endroits où l'arête verticale

Fig. 45. — Écrémeuse « La Parfaite » au moteur, sans mouvement intermédiaire, vue de face.

des deux pyramides rencontre l'arête horizontale de celle
placée en dessus et de celle placée en dessous. Ce boisseau

à pointe de diamant est seul. C'est un appareil de sûreté destiné à récupérer les globules gras qui viendraient en dehors de la zone d'écrémage ; ceux-ci, glissant sur les parois inclinées de l'une des pyramides, reviennent dans la zone d'écrémage par les trous des arêtes rentrantes.

Les écrémeuses La Parfaite traitent de 60 à 300 litres à l'heure.

Dans les écrémeuses La Parfaite au moteur, il n'y a pas de cylindre à pointes de diamant, mais bien des assiettes.

Elles se construisent en trois grandeurs débitant respectivement 750, 1500 et 2000 litres à l'heure. Les écrémeuses La Parfaite à moteur peuvent fonctionner sans mouvement intermédiaire (fig. 45) : la commande est donnée directement à deux poulies une fixe et une folle placées au pied de la machine.

Les écrémeuses La Parfaite construites dans les ateliers Burmeister et Wain sont importées en France par M. Hignette.

**Écrémeuse Mélotte.** — L'écrémeuse Mélotte (fig. 46) est caractérisée par deux dispositions principales :

1° La suspension du bol ou turbine.

2° L'introduction dans ce bol de disques polarisateurs du lait écrémé et de la crème.

La turbine ou bol est formée de deux parties en acier réunies entre elles par un écrou et renfermées dans une enveloppe en fonte émaillée. La suspension a lieu au moyen d'une tige qui reçoit un mouvement de rotation par l'intermédiaire d'un ressort à boudin, d'un système d'engrenages et d'une manivelle.

La partie supérieure de cette tige se termine par un dé reposant sur une cuvette à billes encastrée dans un écrou se vissant sur le bâti. C'est uniquement sur ces billes que s'exerce le frottement pendant la marche de l'écrémeuse : aussi, lors même que l'équilibre viendrait à se modifier, l'intensité du frottement et par suite la résistance ne sont nullement augmentées.

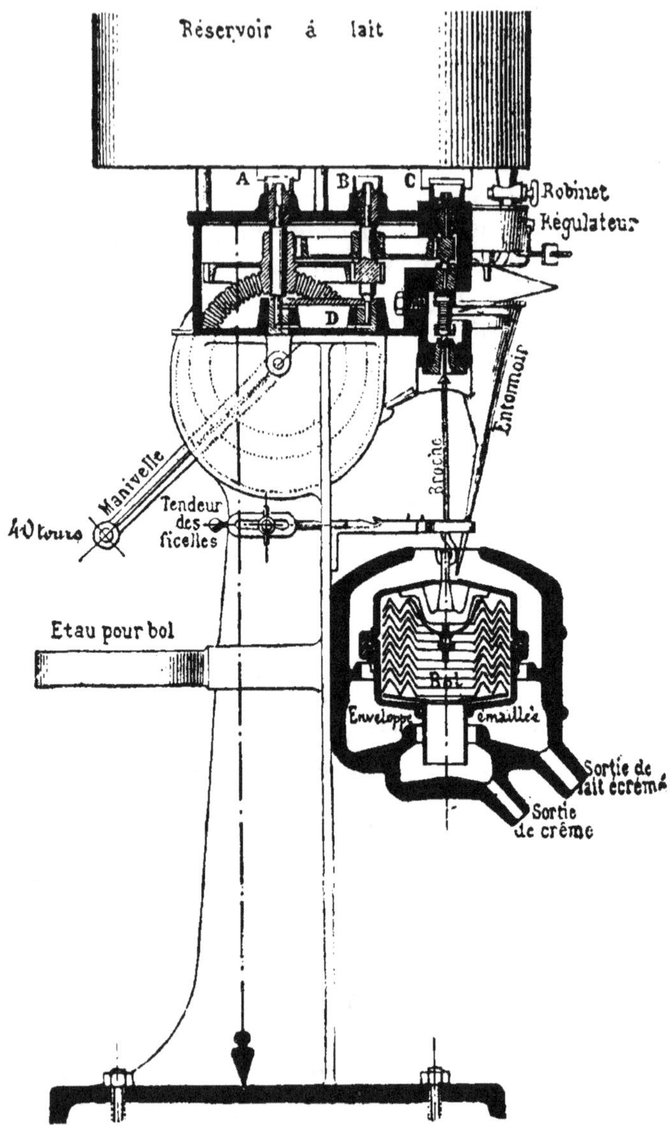


Fig. 46. — Coupe de l'écrémeuse Mélotte à bras (Garin, à Cambrai).

Le mode de suspension réduisant le frottement au minimum, il en résulte une économie de force motrice qui a été appliquée à augmenter la puissance de la machine.

Pendant l'écrémage, la tige de suspension est guidée lâchement par deux ficelles croisées, tendues au moyen de crochets et placées un peu au-dessus du point d'attache du bol avec le crochet qui termine la tige.

Lancée à sa vitesse normale, la machine tourne vingt minutes avant de s'arrêter, mais un frein permet de provoquer cet arrêt en deux minutes.

Après divers essais, le constructeur de l'écrémeuse Mélotte, M. Garin, a définitivement adopté comme système de polarisateur intérieur une série de disques ondulés et perforés sur les angles (fig. 47). Ces disques divisant le bol en compartiments de faible épaisseur produisent une accélération considérable dans le travail.

Les perforations sur les angles ont pour but :

1° De permettre aux courants de lait écrémé se dirigeant vers la

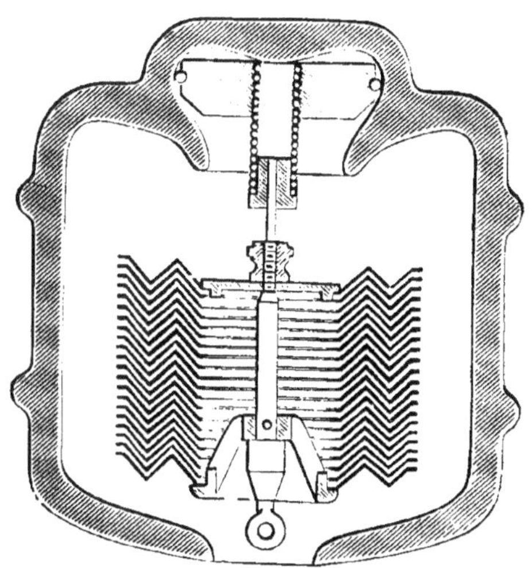

Fig. 47. — Disques polarisateurs de l'écrémeuse Mélotte (coupe verticale) (Garin).

paroi extérieure de ne pas rencontrer le courant de crème se dirigeant en sens contraire et d'obtenir le rendement maximum en évitant tout retard à l'écrémage.

2° De permettre au lait complet à son introduction dans

le bol de se distribuer dans la couche annulaire de même densité et d'éviter là encore toute perte de travail.

Un godet distributeur placé à la partie supérieure amène le lait complet sur le diamètre convenable. La moitié inférieure du bol est garnie d'un plateau mobile muni d'un tuyau cylindrique.

Il porte une échancrure dont l'ouverture est variable au moyen d'un curseur pour régler la densité de la crème.

Le lait écrémé sort sous le plateau.

Les sorties de crème et de lait maigre s'effectuent par deux conduits respectifs de l'enveloppe émaillée.

*Nettoyeur centrifuge.* — Un dispositif très ingénieux permet d'opérer, par la force centrifuge elle-même, le nettoyage instantané de toute la série des plateaux. On place ceux-ci d'un seul bloc entre deux disques réunis par une tige à anneaux s'accrochant en lieu et place du bol (fig. 48). On verse quelques litres d'eau tiède au centre du système pendant que l'on fait faire quelques tours à la manivelle.

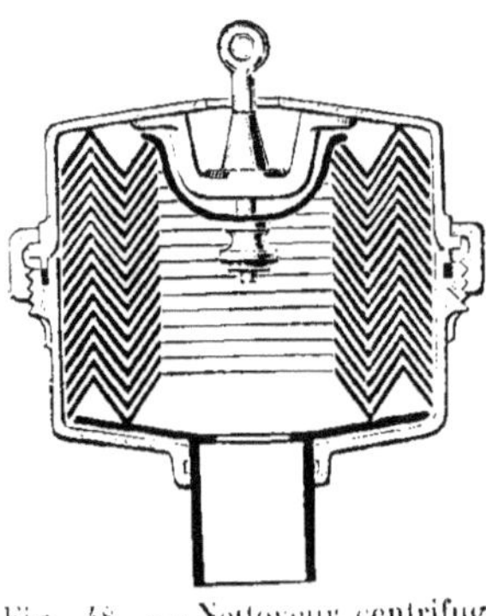

Fig. 48. — Nettoyeur centrifuge (Garin).

La série se trouve instantanément lavée, nettoyée et séchée.

*Régulateur d'alimentation.* — Du réservoir supérieur, le lait s'écoule par un robinet dans un petit récipient qui fait office de régulateur d'écoulement.

Celui-ci est à bascule et muni d'un bras de levier sur lequel on peut faire avancer ou reculer à volonté un curseur agissant comme contrepoids. En basculant, il se rapproche ou s'éloigne de l'orifice du robinet et règle ainsi le débit.

On comprend qu'en tenant compte, d'une part, du poids du lait qui remplit le récipient et, de l'autre, de la position

du curseur sur le bras de levier, on peut régler d'avance
la quantité de lait que le robinet laissera écouler par
minute.

Avec cette même disposition on peut, en pleine marche
du centrifuge, faire varier le débit du lait ou la densité
de la crème ; il suffit pour cela de rapprocher ou d'éloigner
le curseur du petit récipient.

Les turbines font 6 000 à 6 500 tours par minute.

Les machines à bras écrément de 60 à 500 litres à
l'heure.

**Écrémeuse Mélotte à moteur.** — Il existe un modèle
d'écrémeuse Mélotte à moteur qui peut traiter jusqu'à
1 200 litres à l'heure (fig. 49).

L'arbre de commande, fixé en bas de la machine,
attaque la turbine par le haut au moyen d'une courroie
qui passe par deux galets tendeurs. Il n'y a pas de transmission intermédiaire.

La vitesse de l'arbre de commande est de 700 tours et
celle de la turbine 6 500 tours.

*Débrayage automatique.* — Deux des bras de la poulie
de l'arbre de commande portent chacun un petit mar-
teau à tête arrondie, guidée par un ressort à boudin.
Sous l'action de la force centrifuge, les marteaux tendent
à s'éloigner en tirant sur les ressorts.

Or, dès que la vitesse normale est dépassée, les têtes de
marteaux viennent butter légèrement contre un petit
levier qui maintient l'embrayage et dont le déplacement
provoque automatiquement le débrayage.

**Écrémeuse La Couronne.** — L'écrémeuse La Couronne (fig. 50 et 51) ne comporte qu'un boisseau (1) ; à
l'intérieur de ce boisseau, il n'y a pas de cloisonnements.
Ce boisseau a la forme d'un cylindre dont le diamètre
est légèrement inférieur à celui du bol ; le cylindre est
modifié par trois méplats qui sont établis obliquement

_________

(1) L. LINDET, *loc. cit.*

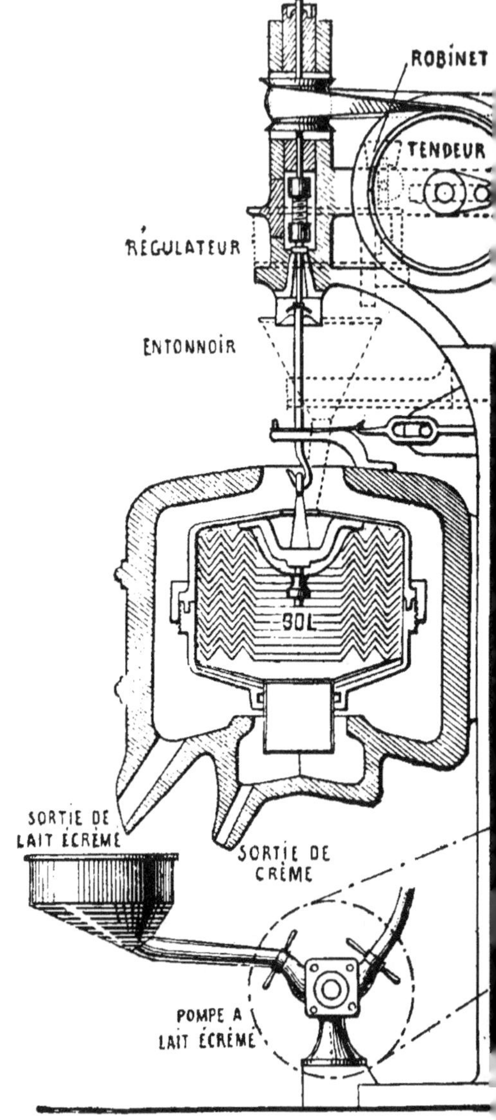


Fig. 49. — Coupe de l'écrémeu

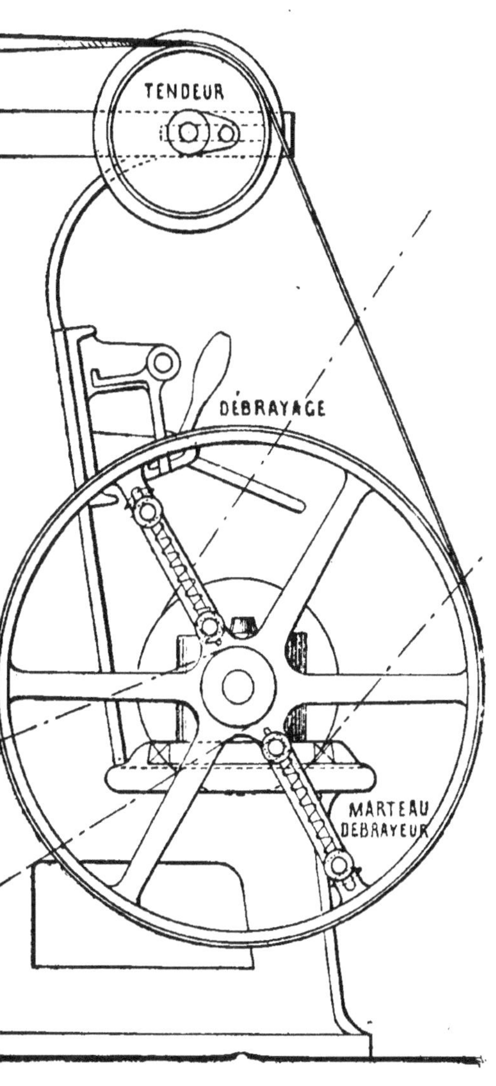


...e à moteur (Garin, à Cambrai).

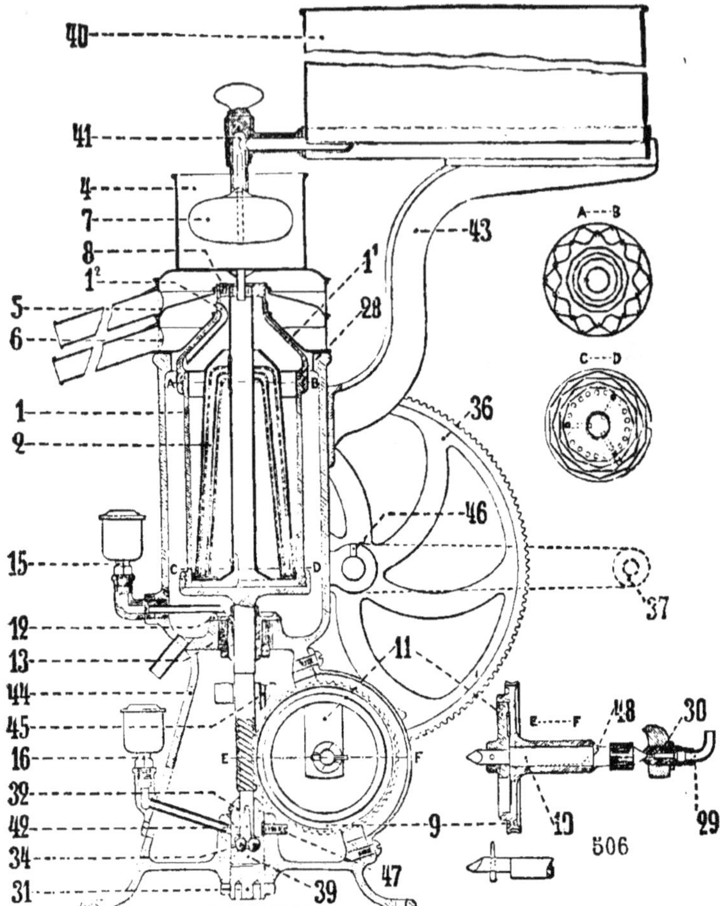


Fig. 50. — Coupe de l'écrémeuse « La Couronne » à bras (Simon frères).

1. Bol. — 1¹. Couvercle du bol. — 1². Conduit du lait écrémé. — 2. Parties intérieures. — 4. Boîte régulatrice. — 5. Couvercle à crème. — 6. Couvercle du lait écrémé. — 7. Flotteur. — 8. Vis à crème. — 9. Roue de vis. — 10. Axe de la roue de vis. — 11. Cran d'arrêt. — 12. Couche de gorge. — 13. Ressort pour couche de gorge. — 15. Boîte à huile pour les couches de la gorge. — 16. Boîte à huile pour le goujon du bol. — 28. Rondelle de caoutchouc pour le couvercle du bol. — 29. Trou à graisse pour l'axe de la roue de vis. — 30. Coussinet et boulon de fermeture pour l'axe de la roue de vis. — 31. Vis d'étalonnage pour le goujon du bol. — 32. Coussinet pour le goujon du bol. — 34. Billes d'acier pour le goujon du bol. — 36. Grande roue avec clavette. — 37. Manivelle avec manche et vis régulatrice. — 39. Coussinet de dessous pour couche du goujon. — 40. Récipient à lait. — 41. Robinet à lait. — 42. Pivot. — 43. Support pour le récipient à lait. — 44. Support. — 45. Conduit graisseur de la roue de vis. — 46. Trous à graisse pour le goujon du bol. — 47. Vis de fermeture pour coussinet du goujon. — 48. Trous à graisse pour roue de vis et cran d'arrêt.

Fig. 51. — Vue de l'écrémeuse « La Couronne » à bras (Simon frères).

par rapport aux génératrices du cylindre, en sorte que chaque méplat représente un trapèze allongé.

L'angle que fait le plan de ce méplat avec la verticale est d'environ 10 degrés.

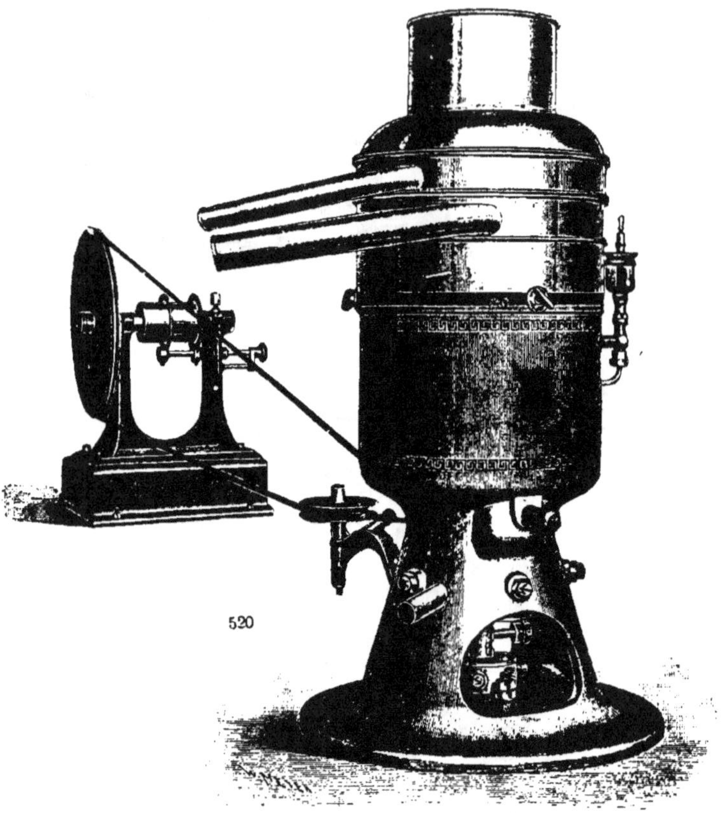


Fig. 52. — Écrémeuse « La Couronne » au moteur (Simon frères).

Au voisinage des arêtes du trapèze sont pratiqués des orifices. Le lait arrive par la partie inférieure, les globules gras glissent le long des surfaces inclinées que les méplats présentent et s'introduisent à l'intérieur du boisseau au fur et à mesure qu'ils se séparent du lait.

M. Simon a, dans sa nouvelle écrémeuse, remplacé le boisseau à pans inclinés par une série de boisseaux en forme de troncs de pyramide, à base polygonale. Les boisseaux sont percés d'orifices sur leurs arêtes, ils sont emboîtés les uns dans les autres et disposés de façon que l'arête de l'un rencontre la partie méplate de l'autre.

Les écrémeuses La Couronne à bras traitent de 40 à 500 litres à l'heure, celles au moteur (fig. 52), de 700 à 2 300 litres.

**Conditions de fonctionnement des centrifuges. —** La première condition que doit remplir un centrifuge c'est d'écrémer le lait aussi à fond que possible.

Habituellement, le lait centrifugé renferme 0,15 à 0,25 p. 100 de matière grasse, soit en moyenne 0,20 p. 100 : les écrémeuses à moteur écrèment mieux parce que leur rotation est plus régulière.

Le travail peut être considéré comme satisfaisant si le lait écrémé avec les machines à bras ne renferme pas plus de 0,25 p. 100 de matière grasse et celui provenant des machines à moteur, pas plus de 0,15. Le degré d'écrémage représentant la proportion centésimale de matière grasse passée dans la crème se détermine au moyen de la richesse du lait et de celle du lait écrémé et en connaissant le poids du lait écrémé.

Supposons que 100 kilos de lait ayant une richesse en matière grasse de 3,8 p. 100 donnent 15 kilos de crème et 85 kilos de lait écrémé renfermant 0,20 p. 100 de matière grasse.

La quantité totale de matière grasse du lait entier est de 3$^{kgr}$,8.

Dans le lait maigre il reste $\dfrac{0,20 \times 85}{100} = 0,17$.

Par conséquent, dans la crème, il y a 3$^{kgr}$,63 de matière grasse; le rapport $\dfrac{3,63 \times 100}{3,8} = 95,52$ donne le degré d'écrémage.

Ce chiffre est habituellement compris entre 92 et 96 p. 100, exceptionnellement il peut dépasser 96 p. 100.

La perfection de l'écrémage dépend principalement des trois éléments suivants :

1° La vitesse de rotation du bol ;

2° La quantité de lait écrémée, c'est-à-dire le débit ;

3° La température du lait.

*Vitesse de rotation.* — Pour chaque appareil il y a une vitesse déterminée qui permet d'obtenir le rendement normal.

Si l'on descend au-dessous de ce nombre, l'écrémage est moins parfait, parce que la force centrifuge n'agit plus aussi énergiquement, étant elle-même en proportion du carré du chiffre qui représente la vitesse.

On représente la vitesse par le nombre de tours qu'exécute le bol dans une minute.

Il faut avoir soin de ne pas dépasser la vitesse réglementaire indiquée par chaque appareil. Il pourrait en résulter des accidents et même des explosions du bol.

En consultant les compteurs de tours dont sont munis les centrifuges, il est facile de maintenir la vitesse normale.

*Influence du débit.* — L'écrémeuse est établie pour traiter une certaine quantité de lait dans les conditions du travail normal. Si cette quantité est dépassée, la force centrifuge n'agit plus assez longtemps sur le lait en raison du trop court séjour de ce liquide dans le bol, et l'écrémage est moins parfait.

En général, on compte le débit à l'heure. Mais il faut que, pendant l'heure entière, le débit soit le même à chaque instant. S'il était précipité à un moment donné et ralenti à un autre moment, on pourrait avoir comme moyenne le débit normal à l'heure, mais l'écrémage serait néanmoins irrégulier.

Les écrémeuses sont munies de régulateurs d'alimentation qui, une fois réglés, permettent de laisser s'écouler des quantités de lait toujours égales.

*Température du lait.* — Plus le lait est chaud, mieux il s'écrème ; cela tient, comme on l'a vu plus haut, à ce que la température diminue la viscosité du liquide. Le lait doit être réchauffé rapidement et immédiatement avant son entrée dans le centrifuge.

On utilise dans ce but des *réchauffeurs* dont plusieurs modèles sont identiques aux pasteurisateurs décrits plus haut.

On réchauffe habituellement le lait à 25°-30° et d'autant moins que le lait est déjà plus acide, afin de ne pas augmenter l'altération en plaçant les microbes à une température favorable.

Il y a lieu aussi d'envisager la possibilité de faire varier le rapport entre le volume de la crème et le volume du lait écrémé. Dans certains cas, en effet, on doit obtenir de la crème épaisse, d'autres fois de la crème claire. Les différents centrifuges présentent des dispositifs permettant d'aboutir à ce résultat, soit des vis qui modifient les orifices de sortie, soit, comme dans la Burmeister, des tubes d'écoulement dont la position peut être changée pendant la marche.

Avant de mettre en travail le centrifuge, il faut s'assurer que toutes les parties qui le composent sont propres et bien en ordre. On graisse les organes en employant de l'huile de première qualité.

On met le bol en marche lentement et, s'il fonctionne normalement, on laisse ensuite écouler le lait préalablement tamisé. Pendant le travail, il faut avoir soin de surveiller la température du lait et la vitesse de rotation ; on s'assurera aussi que le régulateur d'alimentation fonctionne bien. Le graissage doit avoir lieu aussi souvent qu'il est nécessaire.

Si on entend un bruit anormal, il faut arrêter de suite la machine, afin de remédier à l'irrégularité observée.

Aussitôt le travail achevé, on nettoie soigneusement à

l'eau chaude les différentes parties du centrifuge, puis on les essuie avec un linge propre et sec.

Les écrémeuses ne doivent pas travailler plus de quatre heures par jour ; sinon le personnel n'a pas le temps de faire le nettoyage convenablement.

**Avantages de l'écrémage centrifuge.** — L'écrémage centrifuge, comparé à l'écrémage naturel, présente différents avantages.

Tout d'abord la séparation de la matière grasse est plus complète et, par conséquent, le rendement en beurre plus élevé. Dans l'ancien procédé il reste 0,80 p. 100, habituellement, de matière grasse dans le lait écrémé, le centrifuge n'en laisse en moyenne que 0,20 p. 100. Cette différence correspond à plus d'une livre de beurre par 100 kilos de lait.

La qualité du beurre obtenu par le procédé mécanique est, en général, bien supérieure ; ce procédé permet plus facilement d'assurer une fabrication régulière toute l'année.

Le lait maigre étant complètement doux, trouve son emploi dans l'alimentation de l'homme et pour l'engraissement des animaux, etc... Il a de plus l'avantage de pouvoir être obtenu à volonté soit complètement écrémé, soit renfermant encore une certaine quantité de matière grasse ; ce qui offre un avantage dans certains cas, par exemple pour la fabrication des fromages.

Enfin, les écrémeuses dont on dispose aujourd'hui ont permis, grâce à leur puissant débit, de grouper des quantités considérables de lait, soit dans des établissements industriels, soit dans des coopératives ; cette centralisation a amené un travail plus économique et par conséquent une meilleure utilisation de la matière première.

**Choix d'une écrémeuse centrifuge.** — Les avantages de l'écrémeuse centrifuge ne sont plus aujourd'hui contestés par personne et ce mode de traitement se répand de plus en plus.

Souvent on demande : Quelle est la meilleure écrémeuse centrifuge ? D'une façon générale on peut répondre que le meilleur appareil est celui qui, dans les mêmes conditions, laisse passer la plus grande quantité de lait avec le minimum de frais et en écrémant le plus à fond.

Est-ce une telle écrémeuse qu'il faudra toujours adopter ? Nullement. On doit envisager, en faisant un choix, d'autres éléments qui ont leur importance au point de vue économique.

Dans certains cas on préférera à une écrémeuse très perfectionnée une autre d'un moindre rendement, mais dont la conduite est plus commode, et cela parce que l'on ne dispose pas d'un mécanicien expérimenté. D'autres fois, on choisira une écrémeuse d'un entretien facile, parce que l'on n'est pas outillé pour pouvoir faire exécuter des réparations sur place, etc.

En réalité, il existe aujourd'hui nombre d'excellents systèmes qui ont fait leurs preuves et qui peuvent être utilisés suivant les cas. Il n'y a aucune difficulté à faire un choix judicieux pour chaque situation.

Les écrémeuses à bras sont à leur place dans les petites exploitations qui ne peuvent livrer leur lait ni à un établissement central, ni à une coopérative.

Comme il n'est pas facile de réchauffer le lait dans les petits établissements, on le centrifuge habituellement dès qu'il vient d'être trait, c'est-à-dire deux fois par jour.

Dans beaucoup de laiteries industrielles on reçoit le lait seulement une fois par jour, le matin. Il faut alors avoir soin d'écrémer d'abord la traite du soir qui risque davantage de s'altérer.

En plus des machines à vapeur, on utilise, pour actionner les écrémeuses, le manège, les moteurs hydrauliques et électriques, les moteurs à gaz et à pétrole.

Le manège n'est à conseiller que si l'on est obligé de

conserver un cheval qui ne travaille pas toute la journée au dehors. Le travail n'est jamais très régulier.

Le moteur hydraulique fournit une force économique, mais il faut installer à côté un générateur de vapeur pour le chauffage de l'eau, du lait et pour les nettoyages.

Cette nécessité de produire de la vapeur restreint le nombre des cas où l'on aurait intérêt à utiliser les moteurs à gaz et à pétrole. Dès que la quantité de lait est un peu considérable, il y a avantage à employer la machine à vapeur.

## III. — Maturation de la crème.

La crème n'est pas barattée dès qu'elle est recueillie ; on la laisse au préalable s'acidifier, mûrir suivant l'expression adoptée.

La fermentation préliminaire de la crème a pour but de donner au beurre un certain arome, ce qui en' augmente notablement la valeur marchande. A côté de l'acide lactique qui, en saponifiant les glycérides, met en liberté les acides gras volatils, d'autres produits contribuent à former le parfum, à la condition toutefois que les microbes habituels soient les agents de la maturation.

Lorsqu'au contraire des ferments anormaux sont intervenus, l'arome ne se perçoit pas et le beurre peut même acquérir une saveur désagréable.

La fermentation bien conduite assure, d'autre part, la conservation du produit, car l'acide lactique formé empêche l'envahissement du milieu par des germes de décomposition.

Enfin la crème acidifiée fournit un rendement supérieur.

On a proposé de remplacer la fermentation naturelle par l'addition à la crème d'acide lactique. Les rendements obtenus par cette méthode sont satisfaisants, mais on n'arrive pas à l'arome.

Si, dans certains pays, les beurres de crème douce
ont acceptés sans hésitation, il n'en est pas de même
en France. Les consommateurs parisiens, notamment,
sont très exigeants sous le rapport du parfum. Et, comme
seule l'acidification préalable peut le procurer, il faut
diriger cette opération dans le sens voulu.

La maturation de la crème, reposant sur la mise en
jeu des microbes est, par cela même, de nature délicate,
elle exige des soins minutieux ; il faut notamment opérer
entre des limites de température parfaitement déterminées.

Or, dans la plupart des laiteries, on laisse la crème au
sortir de la turbine exposée à la température du milieu
ambiant. Si elle a 22° à 25° en quittant le centrifuge,
elle les conservera en été. Dans ces conditions, les microbes se développent avec énergie, la fermentation
avance rapidement, dépasse le degré voulu, le beurre est
alors acide, il a un goût *sur*, comme on dit, en terme
commercial, et il rancit promptement. Il faut donc absolument refroidir la crème dès qu'elle est séparée, de
façon à éviter une acidification exagérée.

Cet abaissement de température a d'ailleurs une autre
utilité. La crème qui est refroidie brusquement donne un
beurre plus ferme.

Dans les pays du Nord, on descend à 8°, puis, après
trois ou quatre heures, on laisse la crème remonter
à 15°, température autour de laquelle s'opère généralement la maturation. Il serait impossible, sans employer
de glace, d'obtenir 8° en été, mais, au moins, que l'on
arrive à 14° ; l'usage d'un réfrigérant à courant d'eau
rend cette opération facile.

Au sortir du centrifuge, la crème est élevée, sans être
agitée, à l'aide d'un appareil spécial dit *élévateur de crème*,
d'origine danoise (fig. 53) et tombe ensuite sur le réfrigérant.

Il ne suffit pas d'avoir amené la crème à la tempéra

ture voulue. Il est indispensable de la maintenir à ce point pendant toute la durée de la maturation. Si le degré maximum est dépassé, la fermentation sera excessive, d'où un beurre acide.

Si, au contraire, on reste au-dessous de la limite infé-

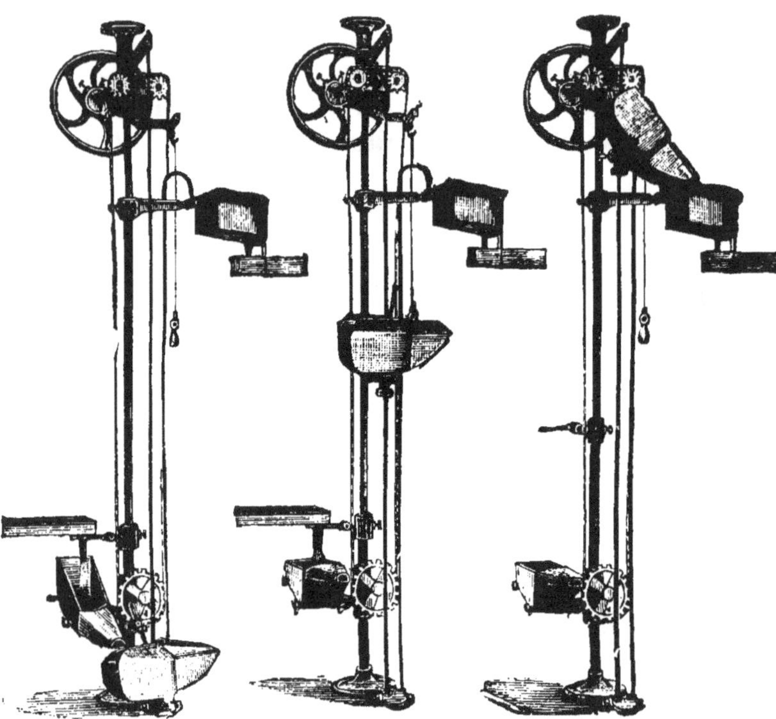

Fig. 55. — Élévateur de crème (Pilter).

rieure, l'arome sera peu développé par suite d'une acidification incomplète.

Il faut donc absolument tenir compte de la saison. En été, on refroidit à 14° et on s'arrange de façon que, pendant toute la durée de la maturation, la température ne dépasse pas 16°. En hiver, on fait en sorte que la température se maintienne entre 18° et 20°.

La crème mûrissant moins rapidement en hiver, il est utile alors d'obtenir une crème plus claire qui contiendra davantage de ferments et de lactose ; l'acidification marchera mieux. En été, il faut, au contraire, produire des crèmes épaisses.

Suivant la richesse des laits, on cherchera à recueillir 12 à 15 p. 100 de crème en hiver et 10 à 12 p. 100 en été.

La maturation dure dix-huit à vingt-quatre heures en moyenne.

Pour obtenir facilement la température régulière, on peut établir un bassin dans lequel on place les pots à crème et où l'on fait arriver à volonté l'eau chaude ou l'eau froide. Le local doit, autant que possible, être abrité contre les variations de température et il faut qu'il puisse être chauffé en hiver.

Comment reconnaître si la fermentation marche dans de justes limites? On envisage habituellement le goût, l'aspect de la crème. Mais l'acidimètre donne des indications infiniment plus précises. Le beurrier détermine, chaque soir, avec cet instrument le degré d'acidité de la crème. Si le degré indiqué lui fait présumer que la fermentation avance trop rapidement, il refroidira le liquide, ce qui est très facile lorsque les pots à crème sont placés dans un bassin d'eau. Si, au contraire, le chiffre trouvé est inférieur, on réchauffe et la maturation s'effectuera dans le temps voulu. La température est, en effet, le grand régulateur de l'acidité. Avec le thermomètre et l'acidimètre en mains, il est donc facile d'amener la crème au point convenable et cela, tous les jours. De là résulte pour le beurre une homogénéité constante qui lui assure une plus-value.

D'après M. Dornic, l'acidité de la crème doit être comprise entre 58° et 65° en hiver et entre 55° et 60° en été.

L'expérience personnelle servira de guide. On procédera pendant plusieurs jours consécutifs à des épreuves de la crème par l'acidimètre au moment du barattage ; en comparant les qualités des beurres obtenus, on arrivera promptement à établir le degré le plus favorable, suivant le mode de fabrication adopté.

En barattant tous les jours des crèmes acides au même point, le beurrier s'assure évidemment une garantie pour la régularité des produits. Il ne doit pas perdre de vue toutefois que les bons comme les mauvais ferments, peuvent fournir cette acidité. Or, la finesse du goût n'est obtenue que par l'intervention des premiers. Dès lors, tous les efforts doivent tendre à favoriser leur développement. Pour arriver à ce but, une propreté minutieuse est de rigueur partout, dans les locaux et le matériel. Il faut éliminer avec soin les laits altérés fournis par des vaches malades, etc.

Malgré toutes ces précautions, il peut arriver que le goût du beurre ne soit pas absolument franc si, par exemple, des microbes anormaux se sont implantés dans la laiterie ou, plus fréquemment, par l'action de certains aliments qui communiquent au lait une saveur peu agréable.

Fort heureusement il existe un remède pour corriger de tels défauts : c'est l'emploi des ferments lactiques.

Depuis très longue date, dans les pays du Nord, on additionnait la crème soit de babeurre, soit de lait fermenté afin de régulariser la maturation. En hiver, on aurait parfois intérêt à employer ce procédé, lorsque la fermentation est ralentie.

Le babeurre ou lait de beurre est le liquide qui reste dans la baratte après la formation du beurre ; il renferme évidemment des ferments et, si on l'ajoute à la crème fraîche, celle-ci fermentera à son tour. Le succès dépendra de la qualité du babeurre. Si les ferments sont normaux, la fermentation suivra une marche normale. Mais, dans le cas contraire, on n'aura réussi qu'à perpétuer une mauvaise fabrication. L'emploi du lait de beurre comme ferment est donc applicable là seulement où les conditions de livraison d'un lait irréprochable sont réalisées.

L'incertitude que présente l'usage de ce produit a conduit à le remplacer par un autre ferment. On utilise le lait soit gras, soit écrémé, en tout cas de première qualité. Ce lait est mis à fermenter dans des petits récipients que l'on place dans une caisse en bois en les entourant de paille sèche et propre. On peut aussi placer les récipients dans un bain-marie dont la température a été préalablement portée à 25°. On laisse le lait vingt-quatre heures au repos, puis on l'ajoute à la crème dans la proportion de 5 p. 100 au plus.

S'il y a des accidents de fabrication, il est préférable d'employer les *ferments lactiques purs*. En Danemark, on les utilise même d'une façon courante dans le travail normal afin d'arriver à la plus grande homogénéité du produit. On pasteurise soit le lait, soit la crème, pour que les ferments ajoutés puissent se développer plus facilement.

Les ferments que l'on trouve dans le commerce sont des cultures de ferments lactiques auxquels on a ajouté de la fécule ; le mélange se présente sous la forme d'une poudre renfermée dans un flacon.

Pour pouvoir utiliser convenablement ces ferments, il faut d'abord préparer un levain.

On prend une certaine quantité de lait centrifugé que l'on chauffe à 75°-80° pendant une heure. On refroidit à 30°-35°, puis on ajoute les ferments dans la proportion de 6 p. 100 environ en brassant énergiquement. Le vase est recouvert d'un linge propre pour arrêter les poussières. Le lait est généralement caillé le lendemain. Si on ne doit pas l'employer immédiatement, on le conserve à 10°.

Lorsque le moment est venu, on ensemence la crème en ayant soin de réserver une certaine quantité de liquide destinée à être mélangée avec du nouveau lait pour former le levain du lendemain.

Le ferment est ajouté à la crème dans la proportion de 6 p. 100 environ. La maturation s'opère comme d'habitude à la température la plus convenable adoptée pour la saison. On brasse quatre à cinq fois le mélange pendant la première période de la maturation.

Pour réussir, il faut n'employer que des ferments lactiques réellement purs et observer, en même temps que le mode d'emploi indiqué, les règles de propreté les plus minutieuses.

## PRÉPARATION DU BEURRE.

### I. — Barattage.

Pour transformer la crème en beurre, on la soumet à une agitation prolongée ; cette opération, désignée sous le nom de *barattage*, a pour résultat d'agglomérer les globules gras qui nagent dans le sérum.

Les appareils employés pour obtenir le beurre, les *barattes*, sont en nombre considérable. Voici les principaux types actuellement en usage.

**Baratte normande.** — La *baratte normande* (fig. 54) se compose d'un tonneau en chêne cerclé de fer tournant autour de son axe. Ce tonneau porte une très large ouverture sur laquelle se fixe un couvercle étanche ; à l'intérieur, se trouve un agitateur fixe ajouré que l'on retire facilement pour le nettoyage.

**Baratte rotative.** — La *baratte rotative* (fig. 55) appelée aussi baratte *Victoria*, est constituée par un tonneau reposant sur un chevalet au moyen de deux tourillons. Il n'y a aucun agitateur à l'intérieur. L'un des fonds, solidement assujetti par des vis, sert de couvercle.

**Baratte danoise.** — La *baratte danoise* (fig. 56) se compose d'un récipient tronconique en bois à l'intérieur duquel sont fixés trois contre-batteurs verticaux. Au

centre, relié par une bague mobile avec l'arbre vertical,
se trouve l'agitateur.

Le couvercle est en deux pièces dont l'une porte un

Fig. 54. — Baratte normande (Simon frères).

thermomètre. La baratte danoise est surtout employée
lorsqu'elle est mue par un moteur.

La température a une influence notable sur la bonne
marche du barattage. Si elle est trop basse, l'opération
se prolonge, le beurre devient dur et cassant; si elle est
trop élevée, on obtient un beurre mou. Dans les deux
cas, il y a diminution de rendement et de qualité.

Les températures, au moment du barattage, sont les
suivantes pour les différentes matières employées.

11°-12° pour la crème douce.
15°-16° pour la crème fermentée.
17°-19° pour le lait acidifié.


En hiver, on peut aller un peu au-dessus de la normale, par exemple jusqu'à 17° et 18° pour la crème acidifiée.

Pendant le travail, la température monte et, à la fin de l'opération, elle est plus élevée qu'au début. Cette différence entre la température initiale et la température finale s'accentue en été, l'air de la salle de fabrication étant plus chaud. En hiver, au contraire, si l'on travaille dans une salle froide, l'augmentation de température est contrebalancée par la température basse de l'air. Il est d'ailleurs utile de baratter dans une atmosphère qui ne soit pas froide, sinon le beurre durcit. On maintiendra le local en hiver à 15° ou 16°.

Fig. 55. — Baratte rotative à bras (Pilter).

La température finale a une très grande importance sur la consistance du beurre ; si elle se trouve trop élevée il faut absolument l'abaisser lorsque les premiers grumeaux de beurre apparaissent.

La durée du barattage a une influence sur le rende-

ment. Si le travail est trop court ou trop prolongé, il y a
une perte, c'est-à-dire qu'un certain nombre de globules
gras restent dans le sérum appelé babeurre ou lait de
beurre.

Lorsque le travail est parfaitement exécuté, le babeurre renferme 0,3 à 0,5 p. 100 de matière grasse, mais la proportion peut s'élever bien au delà de ces limites.

En été, notamment, si l'on baratte à 20°, le travail est accéléré, il s'opère en 15 à 20 minutes et il peut rester 3 p. 100 et même 4 p. 100 de matière grasse dans le babeurre. On voit toute

Fig. 56. — Baratte danoise à moteur (Pilter).
Voy. p. 143.

l'utilité de régler la température de façon à baratter dans
le temps voulu.

Pour la crème acide, il faut baratter 35 à 45 minutes,
50 au plus.

Voici les règles pratiques à suivre concernant le barattage. Si on emploie une baratte neuve, il faut la laisser remplie pendant vingt-quatre heures avec une solution chaude de soude. On la rince ensuite soigneusement et on verse de l'eau pure qu'on laisse séjourner également pendant vingt-quatre heures. On nettoie une fois encore à l'eau avant l'emploi.

En hiver il est utile, si la salle n'est pas chauffée, de réchauffer les parois de la baratte en rinçant avec l'eau tiède lorsqu'on veut commencer le travail ; de cette façon, la température initiale de la crème ne baissera pas.

La crème ayant le degré d'acidité nécessaire doit être amenée à la température la plus favorable. Les récipients de crème sont placés dans un bac contenant de l'eau ayant la température nécessaire et on remue le liquide à baratter jusqu'à ce que la masse ait le degré voulu.

On remplit ensuite la baratte en tenant bien compte des indications concernant chaque appareil.

Pour que le travail soit bien exécuté il ne faut pas, en effet, dépasser une certaine proportion suivant la capacité de la baratte, proportion qui varie avec chaque système.

En hiver, sous l'influence du régime sec, le beurre est très peu coloré ; en été, au contraire, avec l'alimentation au vert, il est franchement jaune. Les consommateurs ont pris l'habitude du beurre jaune toute l'année. On a donc été amené à le colorer en hiver ; cette addition de colorant ne donne évidemment pas une qualité réelle au beurre, mais lui fait acquérir une plus-value car elle satisfait le goût de la clientèle. On trouve dans le commerce des colorants formés par une dissolution de rocou dans l'huile de lin.

Le colorant est ajouté à la crème lorsqu'elle vient d'être introduite dans la baratte. La dose dépend naturellement du degré de coloration que l'on veut donner au beurre et du pouvoir colorant du produit.

Avant de commencer à baratter, on remue la crème de

façon que la masse soit bien homogène ; cette précaution est notamment indispensable lorsque la crème a fermenté dans plusieurs récipients.

On ferme ensuite la baratte et on commence à tourner en ayant bien soin de suivre les prescriptions indiquées. Chaque baratte, en effet, doit atteindre une vitesse spéciale pour fournir un travail parfait.

Le travail doit être continu ; s'il y a des interruptions prolongées, il peut en résulter une action défavorable sur la formation du beurre.

Il peut arriver que le barattage, se prolonge outre mesure, soit que la crème soit difficile à baratter, ce qui arrive assez rarement, ou parce que la température du liquide s'est refroidie. Dans ce cas, il faut réchauffer la crème.

On se sert d'un *récipient cylindrique* fermé (fig. 57) que l'on immerge dans la crème ; ce vase a préalablement été rempli d'eau chauffée à 35° ou 40°.

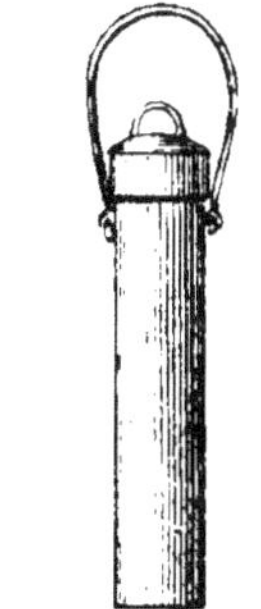

Le même appareil rempli de glace peut servir à refroidir la crème si celle-ci est à une température élevée, notamment à la fin de l'opération.

On évite ainsi d'avoir un beurre trop mou.

Un point très important pour obtenir un produit de choix c'est d'arrêter le barattage assez tôt, lorsque les premiers grumeaux ont la grosseur d'une tête d'épingle.

Fig. 57. — Cylindre à eau chaude ou à glace.

À ce moment on soutire le babeurre sur un tamis très fin pour retenir les parcelles de beurre. On remplace le babeurre par une quantité égale d'eau.

Cette opération est répétée trois fois et, dans les intervalles, on fait tourner la baratte, mais lentement, de façon que les grumeaux ne grossissent pas trop vite car ils emprisonneraient le lait de beurre. Après la troisième eau, le grumeau doit avoir la grosseur d'un grain de blé.

Habituellement, l'eau sort claire après un troisième lavage et on peut enlever le beurre de la baratte.

Quelquefois on réunit dans la baratte même les grumeaux en masses plus ou moins volumineuses. On lave alors une quatrième et même une cinquième fois. Cette opération se pratique surtout en été, car, en employant de l'eau froide, on obtient ainsi un beurre ferme dans toute sa masse.

Quelquefois on ne lave pas le beurre dans la baratte. Mais, si le délaitage à sec peut être adopté lorsqu'il s'agit de beurre venu de crème douce, nous pensons que l'on doit toujours laver dans la baratte le beurre obtenu avec la crème fermentée.

Le babeurre qui renferme à la fois des ferments et des aliments (caséine et lactose) pour ceux-ci, détermine une rapide altération du beurre si celui-ci n'en est pas complètement purgé. Or, le meilleur moyen d'arriver à ce résultat c'est de laver le beurre dans la baratte suivant les prescriptions indiquées.

Il est nécessaire d'employer de l'eau absolument pure ; dans certains cas, elle doit être au préalable purifiée par un passage à travers des filtres spéciaux.

## II. — Malaxage.

Au sortir de la baratte le beurre doit subir une opération spéciale, le *malaxage* qui a pour but d'enlever les dernières traces de babeurre ou l'eau de lavage qui serait en excès et, en même temps, de rendre la pâte parfaitement homogène.

Les appareils qui sont employés pour ce travail s'appellent *malaxeurs*. Ils se composent habituellement d'une table et d'un rouleau cannelé. La masse de beurre est comprimée entre le rouleau et la table.

Le malaxeur rotatif Carpentier (fig. 58) porte un rouleau tronconique, la table peut être haussée ou baissée à volonté au moyen d'un levier placé en dessous.

Fig. 58. — Malaxeur rotatif (Carpentier, à Ernée).

Dans le malaxeur Simon « Le Fuseau » fig. 59 l'axe du rouleau, au lieu de se diriger suivant un diamètre de la table, est placé d'après une corde. Ce déplacement de l'axe du rouleau modifie la vitesse différentielle du rouleau par rapport à la table et provoque plus rapidement l'expulsion du babeurre; il produit l'allongement de la pâte et contraint celle-ci à se représenter à chaque

tour dans une position autre que lors du précédent
passage sous le rouleau.

Une autre particularité du rouleau consiste dans son

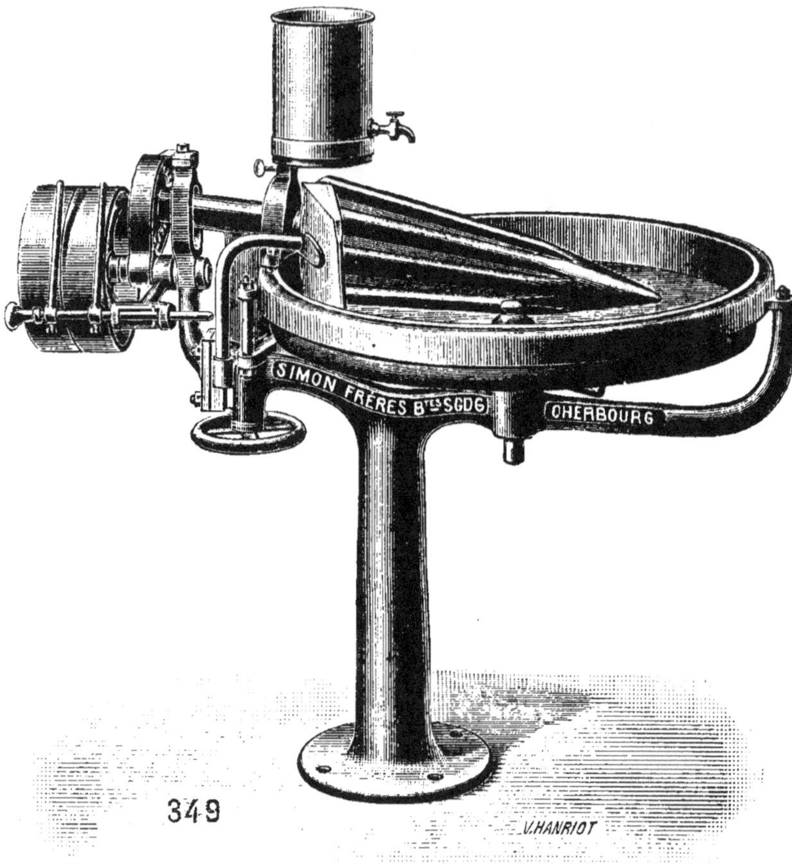



Fig. 59. — Malaxeur « Le Fuseau » (Simon frères).

prolongement suivant une partie appelée « fuseau ».
Le rôle de ce fuseau est de soulever la nappe de beurre
qui vient d'être travaillée afin de permettre au babeurre qui se trouve retenu entre le beurre et la

table de s'écouler rapidement pendant ce soulèvement.

Étant soulevée, la nappe de beurre se déchire, et les différentes parties sont renvoyées dans une direction nouvelle, ce qui facilite le travail.

La table concave porte au centre une crépine de forme spéciale, facilement démontable, qui permet au liquide de s'échapper par l'axe creux autour duquel tourne la table, tout en retenant les petites parcelles de beurre.

Le mécanisme de commande de ce malaxeur consiste en un pignon d'angle fixé sur l'arbre du rouleau et commandant directement la table par une denture extérieure servant en même temps à former le rebord de la table.

Le mécanisme du mouvement de réglage du rouleau se compose d'une vis folle, emprisonnée dans la douille du bâti et manœuvrée par un volant. En tournant le volant dans un sens ou dans l'autre, on éloigne ou on rapproche le rouleau de la table.

Le malaxeur Garin (fig. 60) est muni d'un dispositif spécial retournant automatiquement la pâte.

Un ramasseur courbe, fixé à la partie extérieure de la table, et à l'arrivée du rouleau malaxeur, ramène le beurre vers la partie centrale de la table.

Le rouleau malaxeur se trouve prolongé par un champignon qui, frôlant la table, et tournant alors en sens inverse de celle-ci, rencontre la masse de beurre ramenée par le ramasseur fixe, la retourne et la refoule vers la partie extérieure et médiane; elle vient alors butter contre le ramasseur en avant du rouleau malaxeur, de telle sorte qu'elle se présente sous celui-ci complètement déplacée et renversée.

La durée du malaxage est variable, elle dépend de la consistance du beurre et de la quantité de liquide qu'il renferme.

Si l'on ne malaxe pas suffisamment, le beurre n'est pas assez purifié et ne se conserve pas si longtemps. Si on le malaxe trop, le beurre est fatigué, il prend un aspect terne et devient graisseux; sa qualité est très diminuée.

Par l'expérience on arrive promptement à déterminer la durée convenable pour chaque opération.

Pour opérer le malaxage dans les meilleures condi-

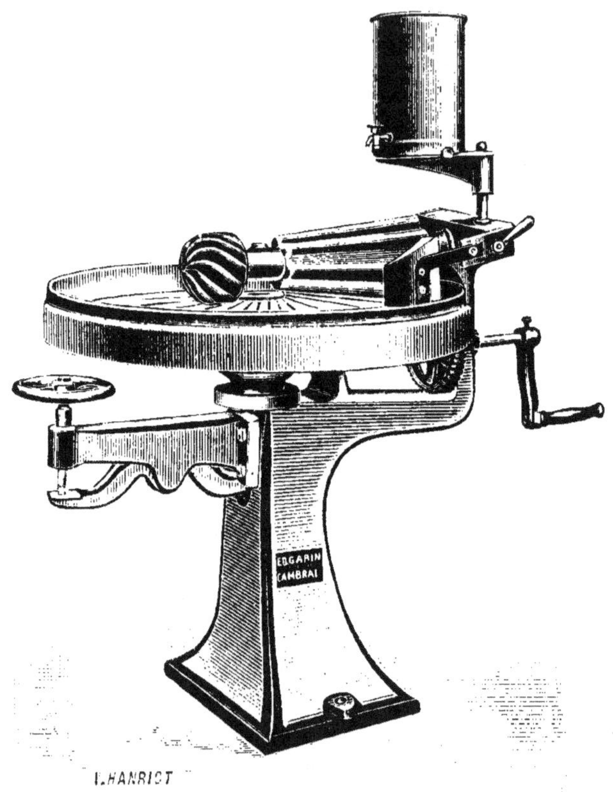


Fig. 60. — Malaxeur (Garin, de Cambrai).

tions possibles, il est utile de maintenir la température du local à 15°-16°.

Autrefois, pendant le travail, le beurre était en contact direct avec les mains, pratique absolument répréhensible au point de vue de la propreté. Actuellement on emploie des instruments en bois, appelés *spatules* (fig. 61),

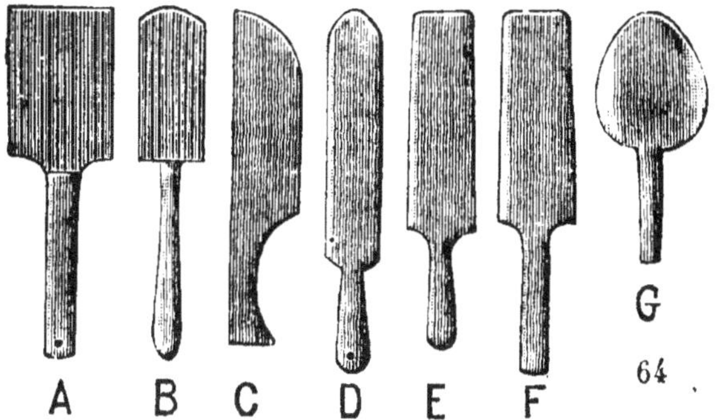



Fig. 61. — Spatules.

pour effectuer les diverses manipulations. Au sortir du

Fig. 62. — Auge à beurre.

malaxeur, on dépose le beurre dans une *auge* en bois
(fig. 62) ou sur une table en verre.

## III. — Mise en moule et emballage.

Le malaxage terminé, le beurre est mis en mottes de
plusieurs kilogrammes ou en pains plus petits suivant la
destination du produit.

Pour l'expédition aux Halles centrales de Paris, on

emploie un *moule de forme tronconique* (fig. 63), ayant la forme d'un seau et dont les parois s'ouvrent au moyen d'une charnière.

Avec des spatules on introduit le beurre dans ce moule et on le tasse à l'aide d'un pilon en bois. Il faut veiller à

Fig. 63. — Moule formant des mottes.

ce qu'il ne reste aucune cavité à l'intérieur de la masse : celle-ci sectionnée doit présenter une surface irréprochablement unie.

La motte, lissée sur toutes ses faces avec les spatules, est enveloppée de calicot, puis on la place dans un panier appelé *basset*; celui-ci a été, au préalable, garni de paille sèche et saine. Lorsqu'on veut obtenir des livres, demi-livres, quarts de livre, on se sert de *moules spéciaux* fig. 64 à main.

Le beurre est ensuite enveloppé avec du papier sulfurisé.

Mais, si l'on doit préparer une grande quantité de ces petits pains, on fait usage de presses à beurre qui permettent d'obtenir un travail plus rapide.

Dans le *moule à crémaillère Simon* (fig. 65), le papier des-

Fig. 64. — Petits moules, rond et ovale.

tiné à envelopper le pain une fois moulé, est placé en Bau-

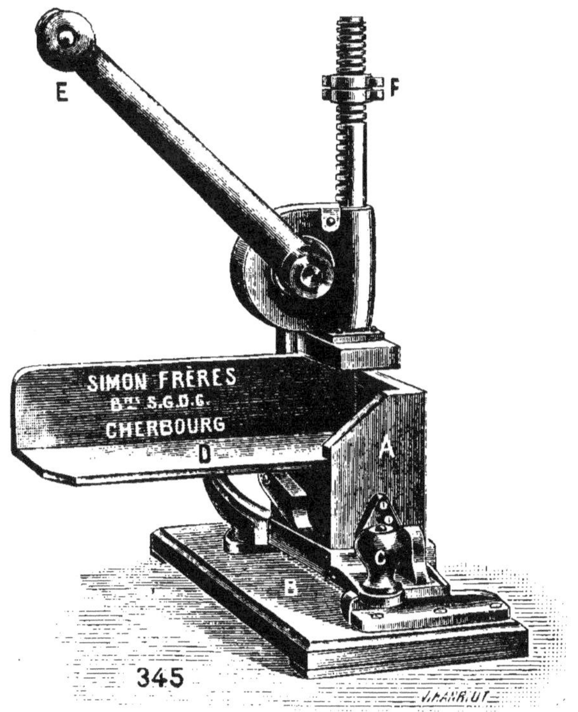


Fig. 65. — Moule à crémaillère Simon frères.

dessous de la boîte A dans laquelle se fait le moulage ; cette
boîte est d'une seule pièce afin d'éviter les déformations.

Le beurre est comprimé dans le moule à l'aide du piston mû par la crémaillère ; lorsque la compression est exécutée, l'opérateur saisit le bouton C et fait tourner de gauche à droite le dessous de la boîte auquel est attaché ce bouton ; par ce mouvement la boîte A se trouve remontée et le pain de beurre dégagé vient tomber sur la feuille de papier.

Le beurre, une fois mis en moule, doit être conservé jusqu'au moment de l'expédition dans un local frais, éloigné des mauvaises odeurs.

En été, il est même utile de le faire séjourner dans une salle glacière ayant une température de 5° environ. Le beure se raffermit et peut supporter l'expédition par les grandes chaleurs.

## IV. — Étude du beurre.

**Composition**. — La composition des beurres est très variable : la proportion de l'eau notamment peut s'élever ou s'abaisser dans des limites étendues. Voici la composition de quelques beurres frais d'Isigny procurés au Concours de Paris en 1886, et analysés par M. Duclaux :

| | Composition | | | |
|---|---|---|---|---|
| | moyenne. | maximum. | minimum. | du n° 1. |
| Eau ............. | 12,51 | 14,00 | 10,72 | 12,40 |
| Matière grasse... | 86,44 | 88,30 | 85,31 | 86,71 |
| Sucre de lait.... | 0,18 | 0,30 | 0,11 | 0,16 |
| Caséine et sels.. | 0,79 | 1,56 | 0,49 | 0,73 |
| | 100,00 | 100,00 | 100,00 | 100,00 |

Un beurre bien travaillé ne doit jamais contenir moins de 80 p. 100 de matière grasse ; dans les beurres préparés depuis longtemps, la proportion de matière grasse s'élève parce que l'eau s'évapore.

La quantité de matière grasse varie entre 80 et 90 p. 100, elle est en moyenne de 84 p. 100.

Les autres éléments, eau, caséine, lactose, sels, acide lactique, vont de 8 à 16 p. 100.

En général, le beurre se conserve d'autant mieux qu'il renferme moins de caséine.

**Qualités et défauts.** — Le beurre de bonne qualité ne doit être ni mou, ni cassant, l'odeur est légèrement aromatique et la saveur rappelle celle de la noisette fraîche.

Parfois le beurre est défectueux ; dans la plupart des cas, les altérations proviennent du mode de préparation, quelquefois seulement de l'alimentation des vaches laitières.

Pour prévenir les altérations du beurre et, notamment, le rancissement, il faut s'appliquer à suivre très exactement les règles énoncées plus haut.

En ce qui concerne l'alimentation, il faut tenir compte des indications suivantes : les pois, les vesces, les tourteaux de cocotier et de palmier donnent un beurre dur.

L'avoine, le son, le maïs, la farine de riz et spécialement le tourteau de colza, fournissent un beurre mou.

Et l'on peut très bien combattre l'excessive fermeté du beurre par l'addition de maïs ou de tourteau de colza à la ration, de même que l'on peut rendre un beurre suffisamment ferme en faisant consommer aux vaches des tourteaux de palmier ou de cocotier.

**Rendement.** — Un lait d'une richesse en matière grasse déterminée pourra ne pas fournir toujours le même rendement en beurre. Nous avons vu, en effet, que par suite d'un écrémage imparfait, il reste une quantité notable de matière grasse dans le lait écrémé. De même le babeurre en retient une proportion plus ou moins forte suivant les conditions dans lesquelles le barattage a été effectué.

Enfin, plus le beurre contient d'éléments autres que la matière grasse, plus le rendement est augmenté.

Il est essentiel de connaître le poids de beurre que l'on

doit obtenir avec un lait dont on a préalablement déterminé la richesse. Si le chiffre voulu n'est pas atteint, il faudra chercher l'origine du rendement imparfait ; l'analyse journalière à l'acido-butyromètre du lait écrémé et du babeurre renseignera promptement.

Le rendement peut parfaitement se calculer en tenant compte de la richesse initiale, du degré d'écrémage, du degré de barattage et de la richesse en matière grasse du beurre.

En supposant que l'on retire 94 kilos sur 100 kilos de matière grasse contenue dans le lait, et que le beurre contienne 84 kilos de matière grasse, on voit par le calcul que l'on peut obtenir 112 kilos de beurre avec les 100 kilos de matière grasse.

Par conséquent, en multipliant le pour cent du lait en matière grasse par 1,12, on trouvera la quantité de beurre que l'on doit obtenir si le travail est bien exécuté. M. Dornic appelle ce chiffre 1,12, *facteur de rendement* (1).

Si l'on ne retirait que les 93 centièmes au lieu des 94 centièmes de la matière grasse du lait, le facteur de rendement serait 1,10. Ces facteurs oscillent légèrement suivant la richesse du lait, comme le montre le tableau suivant :

| Richesse du lait en matière grasse. | Facteurs de rendement. |
| --- | --- |
| 3,00 p. 100. | 1,08 |
| 3,50 — | 1,10 |
| 4,00 — | 1,11 |
| 4,50 — | 1,12 |
| 5,00 — | 1,13 |
| 5,50 — | 1,14 |

## V. — Machines frigorifiques.

Depuis quelques années, les machines frigorifiques sont très employées dans les beurreries.

(1) P. Dornic, *Le contrôle pratique et industriel du lait.* 2e édition.

Les machines frigorifiques se divisent en deux grandes classes :

1º Machines à compression mécanique, 2º machines à affinité.

La première classe se divise en deux parties : machines à air et machines à gaz liquéfiables.

Les machines à air sont peu en usage ; les machines à gaz liquéfiables sont, au contraire, d'un emploi fréquent. Elles reposent sur ce principe qu'un corps liquide emprunte pour passer à l'état de gaz un certain nombre de calories, d'où production de froid, et qu'un gaz soumis à un refroidissement ou à une pression suffisante repasse à l'état liquide en abandonnant sa chaleur latente de vaporisation.

Les machines à gaz liquéfiables se composent essentiellement des pièces suivantes :

1º Un réfrigérant dans lequel circule le liquide, qui, en se vaporisant, produira le froid.

2º Une pompe qui, aspirant les gaz formés par le liquide, les refoule dans un récipient appelé condenseur.

3º Un condenseur dans lequel les gaz refoulés repassent à l'état liquide pour se rendre dans le réfrigérant.

On peut soit obtenir de la glace, soit abaisser à des températures au-dessous du zéro des liquides incongelables tels que des dissolutions de chlorures de sodium, de calcium, de magnésium.

Les machines frigorifiques à gaz liquéfiables se rapportent à quatre types principaux :

1º A acide sulfureux anhydre, 2º à ammoniaque anhydre, 3º à chlorure de méthyle, 4º à acide carbonique.

Les machines à affinité sont basées sur l'affinité de l'eau pour l'ammoniaque gazeuse qui peut en dissoudre près de mille fois son volume à la température ordinaire. On chauffe une dissolution de gaz ammoniac dans l'eau, le gaz s'en échappe et va se condenser dans un récipient

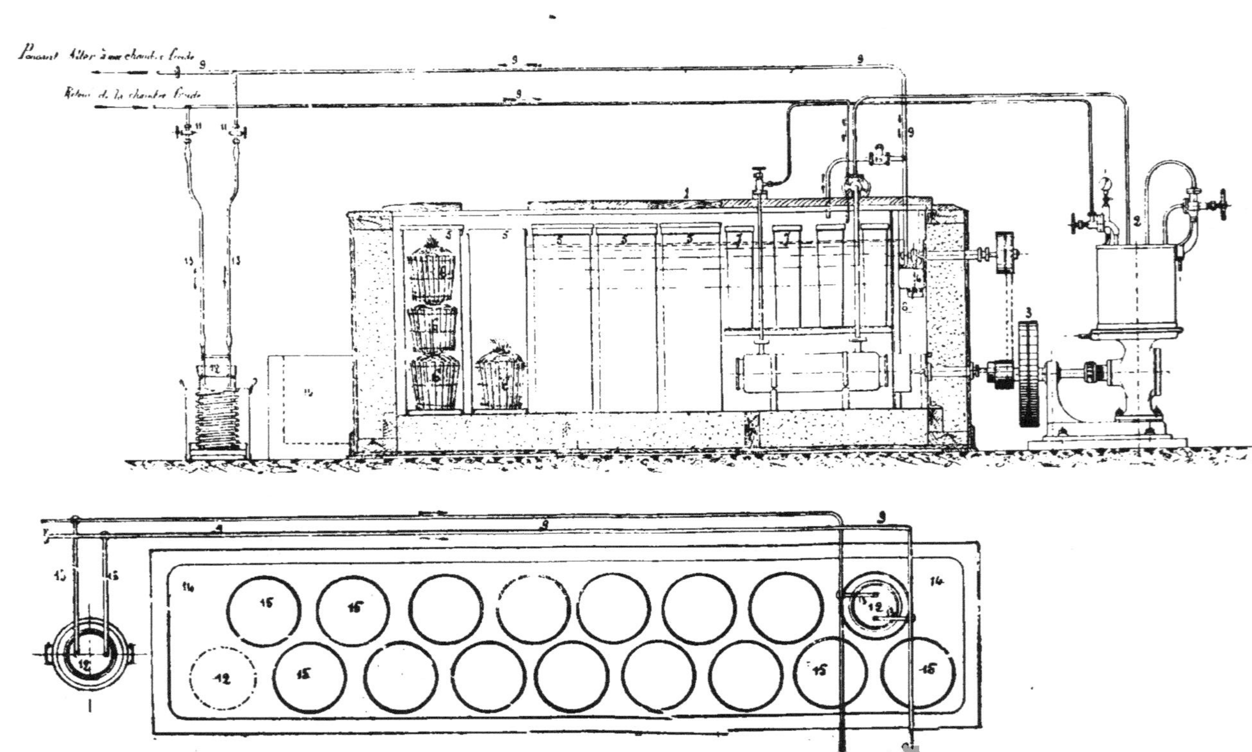

Pervant Aller à une chaude froide
Retour de la chambre froide

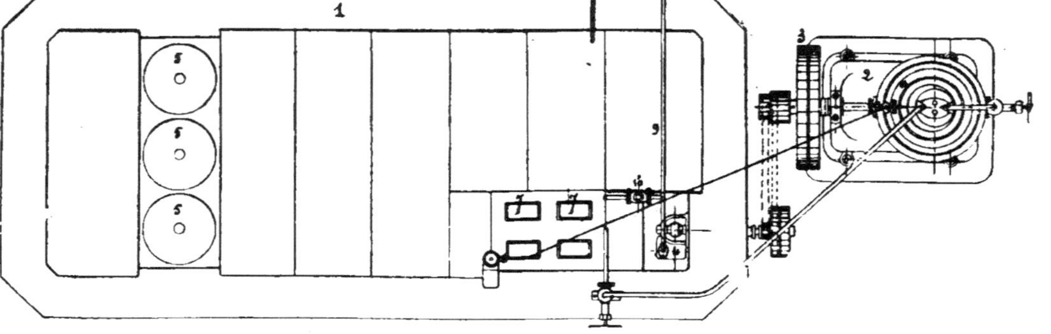

Fig. 66. — Frigorifères alvéolaires (Corblin et Douane).

1. Frigorifère alvéolaire. — 2. Compresseur liquéfacteur d'appareil Douane servant à la réfrigération. — 3. Poulies fixe et folle montées sur l'arbre du compresseur recevant commande du moteur. — 4. Pompe à circulation de saumure noyée dans le frigorifère. — 5. Alvéoles dans lesquels on place les mottes de beurre, soit simplement enveloppées d'un linge, soit dans leur emballage. — 6. Mottes de beurre. — 7. Mouleaux pour faire la glace en blocs. — 8. Orifice d'aspiration de la pompe n° 4. — 9. Canalisation de refoulement de cette pompe. — 10. Clapet régulateur de pression de la saumure réfrigérante. — 11. Robinet de prise de courant de saumure et de retour de cette saumure. — 12. Irradiateurs pouvant se placer dans un bac à eau, un pot à lait ou un pot à crème pour y réfrigérer le liquide. — 13. Tuyaux flexibles reliant les tubulures d'entrée et de sortie de ces irradiateurs à la canalisation n° 9 de saumure. — 14. Bac, bassin ou réservoir dans lequel sont plongés les pots de crème à rafraîchir ; la fermentation de la crème se fait ainsi à une température convenable, assez basse et à peu près constante. — 15. Pots à crème.

Nota. — La conduite n° 9 doit être isolée, soit par un isolant, soit en la plaçant dans un coffre en bois avec interposition de poudre de liège, et cela pour éviter les déperditions de froid.

Cette conduite peut être en outre reliée à une source d'eau chaude pour permettre, lorsqu'il est besoin, de chauffer soit de l'eau, soit le lait, soit la crème, les irradiateurs de froid servant comme radiateurs de chaleur.

refroidi par un courant d'eau. Puis cette ammoniaque liquide se gazéifie en produisant le froid.

Les machines frigorifiques permettent d'obtenir le froid nécessaire à la fois pour les diverses manipulations et pour les conservations des produits soit dans des chambres à air froid, soit dans des frigorifères alvéolaires (système Corblin et Douane).

Les appareils Corblin et Douane (fig. 66) comprennent un frigorifère spécial, une machine à produire le froid à chlorure de méthyle et un ou plusieurs irradiateurs mobiles à circulation de saumure froide.

Le frigorifère permet de donner aux pains de beurre une consistance uniforme et de les refroidir à cœur. Il produit en même temps de la glace transparente. Enfin le volant de froid qu'il forme grâce au volume de saumure qu'il contient, permet de refroidir l'eau, le lait, ou la crème à n'importe quel moment de la journée au moyen des irradiateurs. Ces irradiateurs peuvent être déplacés sur une canalisation spéciale et mis en service alternativement là où il est nécessaire.

## BEURRERIES COOPÉRATIVES.

Les beurreries coopératives, c'est-à-dire les associations de cultivateurs organisées pour le travail en commun du lait de leurs vaches, se répandent de plus en plus en France par suite des avantages considérables qu'elles présentent.

Le rendement est plus considérable et la qualité supérieure en raison de l'installation perfectionnée et du personnel compétent qui la dirige. Par suite de la quantité notable de produits, on peut vendre fréquemment et mieux. Bref, le petit producteur, membre d'une beurrerie coopérative, obtient de son lait un revenu plus élevé tout en ayant beaucoup moins de travail qu'auparavant.

La première beurrerie coopérative a été fondée à Chaillé (Charente-Inférieure) en 1887. Ces associations se sont développées surtout dans la Charente-Inférieure, la Vendée et les Deux-Sèvres. Il y en a également quelques-unes dans d'autres départements. Leur nombre actuel dépasse cent et leur production annuelle dix millions de kilogrammes de beurre.

Depuis l'époque (1896) où nous fûmes chargé d'une mission pour rechercher les moyens propres à améliorer l'industrie laitière des Charentes et du Poitou, les coopératives de cette région ont réalisé d'énormes progrès en suivant les conseils de M. Dornic, chargé d'un service d'inspection de ces laiteries. L'emploi des appareils de contrôle, des machines frigorifiques, la pasteurisation du lait écrémé se sont répandus.

D'autre part, depuis 1899, l'Association des laiteries coopératives, présidée par M. Rouvier, a, sur les indications de M. Dornic, organisé un service spécial de transport du beurre à Paris par wagons réfrigérés. Le beurre maintenu à 10°-11° est ainsi très ferme au moment de la vente, et comme c'est là une qualité essentielle en été, il en résulte une plus-value notable.

Les wagons ont une double paroi; l'intervalle est rempli par une couche de liège. Outre le bac à glace, il existe des conduits pour évacuer l'eau au dehors. Les bassets sont disposés sur des étagères par les soins d'un employé spécial.

L'aménagement de chaque wagon a coûté de 1 200 à 1 500 francs.

L'Association a constitué ainsi un groupe de quinze wagons.

Nous donnons ci-dessous un modèle de statuts de laiterie coopérative indiqué par M. Rozeray, professeur départemental d'agriculture à Niort [1].

---

[1] A. ROZERAY, *Études sur les beurreries coopératives.*

## STATUTS DE LA SOCIÉTÉ COOPÉRATIVE DE....

### BUT ET ORGANISATION DE LA SOCIÉTÉ.

Article premier. — Il est formé entre les cultivateurs de                et des communes environnantes une association qui prend le titre de : *Société de laiterie coopérative de*

Art. 2. — Cette association a pour but la fabrication des beurres en commun pour en obtenir des prix plus élevés. Elle s'autorise, dans la localité, la vente au détail.

Chaque sociétaire doit fournir à la Société tout le lait qu'il produit, à l'exception de la quantité nécessaire à l'alimentation de sa maison et s'interdit, par conséquent, la fabrication du beurre pour la vente.

La vente du lait, s'il y a lieu, se fait par l'intermédiaire de bons de lait, délivrés au nom et par les soins de la Société.

Art. 3. — Le siège de la Société est à la Laiterie. Sur la convocation du président, elle se réunit en assemblée générale au mois de janvier de chaque année.

À cette réunion, il sera rendu compte par le bureau des opérations de l'année et de la situation financière de la Société.

En outre, la Société pourra être convoquée en assemblée générale extraordinaire, sur la demande d'un tiers des sociétaires. Pour être régulièrement constituée, dans tous les cas, l'assemblée devra réunir au moins la moitié de ses membres ; en cas d'insuffisance de ses membres présents, il sera procédé à huitaine à une nouvelle réunion dans laquelle les questions à l'ordre du jour seules seront traitées quel que soit le nombre des assistants.

Art. 4. — Toutes discussions politiques ou religieuses sont rigoureusement interdites. En outre, tout sociétaire qui critiquera ouvertement, sans motifs valables, les décisions du Conseil et qui, par ses paroles ou tout autrement, cherchera à troubler le bon fonctionnement de la Société, pourra être puni d'une amende de cinq à cent francs, et, en cas de récidive, exclu au besoin par décision du Conseil d'administration.

Art. 5. — La durée de la Société est fixée à six ans. Le nombre des sociétaires est illimité. Un mois après la formation définitive de la Société, les membres nouveaux devront être agréés par le Conseil d'administration et paieront un droit d'entrée proportionnel au nombre de vaches qu'ils possèdent.

Ce droit sera fixé tous les mois par le Conseil d'administration qui pourra, lorsqu'il le jugera à propos, clore la liste des sociétaires.

Art. 6. — En cas d'éloignement du siège de la Société ou difficulté d'accès pour le ramassage du lait, pouvant porter préjudice à la Société, il appartiendra au Conseil d'administration de fixer avec le sociétaire des conditions d'approche facilitant le service.

Art. 7. — Les engagements cesseront de part et d'autre en cas de décès ou d'abandon de la circonscription sociale. Toutefois, en cas de décès, la veuve ou les héritiers d'un sociétaire seront libres de continuer à faire partie de la Société. En cas d'abandon, soit pour cessation de bail ou pour toute autre cause forcée, le sociétaire pourra céder ses droits à son successeur, si ce dernier est agréé.

ÉCHANGE DE SOCIÉTAIRES.

Art. 8. — Toute personne ayant fait partie d'une autre laiterie coopérative sera admise sans droit d'entrée si la dite laiterie admet la réciprocité et sous la condition d'être agréée par le Conseil.

Dans le cas où un sociétaire irait habiter une région sans laiterie ou si l'entrée gratuite de la laiterie locale lui était refusée, le Conseil jugerait s'il y a lieu de lui accorder une indemnité. Dans l'affirmative, le montant en serait fixé par le Conseil.

Tout sociétaire qui, par suite de changement de domicile, cause des difficultés nouvelles de ramassage portant préjudice à la Société, pourra, sur l'avis du Conseil d'administration, en être exclu sous bénéfice d'une indemnité fixée par le Conseil.

### VACHES ADMISES A LA FOURNITURE DU LAIT.

Art. 9. — La Société n'admet, pour la fourniture du lait, que les vaches de nos races locales : parthenaise et ses dérivées (vendéenne, nantaise, maraichine).

Toutefois, si, par suite des circonstances, il devenait utile de recourir à une importation de vaches autres que celles des races locales, la Société, réunie de droit en assemblée générale sur la demande de 50 membres, pourra décider qu'il sera permis d'y recourir.

En ce cas, l'assemblée désignera les races qu'il sera permis d'importer.

### MINIMUM DE RICHESSE DU LAIT.

Art. 10. — Il sera établi un minimum moyen de richesse en beurre du lait que chaque vache doit normalement fournir. Les propriétaires de vaches dont le lait moyen pendant toute la période de lactation, n'atteindrait pas ce minimum, seront invités à s'en défaire.

Le Conseil sera juge du moment opportun et des mesures à prendre pour l'application de cette mesure.

### FRAUDES DU LAIT. — PRÉLÈVEMENT D'ÉCHANTILLONS.

Art. 11. — Tout sociétaire convaincu d'avoir livré du lait fraudé par addition d'eau, écrémage ou autrement, sera passible d'une indemnité de 100 à 1 000 francs envers la Société pour réparation du préjudice causé. L'indemnité sera fixée par le Conseil, sur la proposition du bureau.

La condamnation à l'indemnité entraine l'exclusion du fraudeur. Le bureau est autorisé à prélever ou faire prélever des échantillons de lait chez tous les sociétaires à toute époque et à toute heure du jour.

Ces échantillons seront pris en triple par un employé spécial désigné par le bureau en présence du sociétaire, de son conjoint ou de la personne chargée de remettre le lait au porteur de la Société, à leur défaut en présence de deux témoins qui certifieront, sur des étiquettes fixées aux fioles contenant les échantillons, que l'opération a eu lieu régulièrement en leur présence.

Ces fioles seront cachetées à la cire et porteront l'empreinte du cachet de la Société, l'une d'elles sera remise au sociétaire ou à son représentant, la seconde sera déposée à la mairie de          et la troisième sera conservée par l'agent de la Société pour être soumise à une analyse.

Le sociétaire pourra, s'il le juge utile, coller une bande de papier gommé revêtue de sa signature sur le cachet de chacune de ces fioles.

Un nouvel échantillon en triple sera pris le soir même ou le lendemain matin, après la traite des vaches, faite en présence de l'agent de la Société d'une part, et du sociétaire ou de son représentant et de deux témoins d'autre part. Ces échantillons seront cachetés, étiquetés et déposés comme les premiers pour être également analysés.

Tout prélèvement sera constaté par un procès-verbal en deux originaux, dressé dans les vingt-quatre heures, par le contrôleur de la Société. Le sociétaire chez lequel le prélèvement aura été fait sera invité à signer ce procès-verbal dont il lui sera remis un exemplaire.

Lorsqu'il résultera de l'analyse des dits échantillons que le sociétaire chez lequel ils ont été prélevés a trompé la Société, ce sociétaire sera passible de l'indemnité fixée comme il est indiqué au premier paragraphe de cet article.

### CAS D'EXCLUSION.

Art. 12. — L'exclusion peut être, en outre, prononcée contre un sociétaire dans les cas et suivant les formes ci-après :

1º Si le sociétaire est condamné à une peine criminelle ou correctionnelle en cas de fraude ou de vol.

2º S'il ne remplit pas ses obligations vis-à-vis de la Société; s'il commet des fraudes à son préjudice; s'il cherche à lui nuire par des actes ou des propos de nature à troubler son fonctionnement.

L'exclusion est proposée par le Conseil, le sociétaire présumé coupable ayant été, par lettre recommandée, appelé devant lui, contradictoirement entendu ou ayant fait défaut. Elle est prononcée par l'assemblée générale, sur un rapport du Conseil résumant les faits et les explications entendues. Le vote a lieu sans débats, au scrutin secret, à la majorité absolue des membres présents.

ADMINISTRATION.

Art. 13. — La Société est gérée par un Conseil d'administration renouvelable tous les ans, mais dont les membres sortants sont rééligibles. Ce conseil se compose des membres du bureau, au nombre de six, et d'un délégué au moins pour chacun des bourgs ou villages formant la circonscription sociale.

Les villages comprenant plus de vingt sociétaires auront droit à autant de délégués qu'ils auront de fois vingt sociétaires ou fraction de vingt.

Art. 14. — Le bureau se compose de :

Un président, deux vice-présidents, un trésorier et deux secrétaires.

Tous les membres du bureau sont nommés par l'assemblée générale des sociétaires, au scrutin secret et à la majorité relative.

Les délégués sont respectivement élus par les sociétaires de leur village, les maisons isolées ayant été préalablement réunies à un village voisin.

Art. 15. — Le Conseil d'administration est chargé de tout ce qui se rattache au bon fonctionnement de la Société, de veiller à l'exécution pleine et entière des statuts et d'approuver, après vérification, toutes les opérations qui ont été faites.

Il se réunit une fois par mois sur la convocation du président.

Art. 16. — Le bureau se réunit toutes les fois que le président juge utile de le convoquer. Il traite les affaires courantes, prépare les comptes mensuels et décide sur les opérations qui ne peuvent attendre la session du Conseil d'administration.

Les membres du bureau exercent un droit de surveillance sur tout le personnel salarié.

### DÉMISSIONS.

Art. 17. — Les membres du Conseil d'administration, démissionnaires ou décédés, seront remplacés provisoirement dans la quinzaine qui suivra les vacances, par le Conseil lui-même qui décidera quand sera réunie l'assemblée générale s'il y a lieu, ou l'assemblée du village, qui aura à pourvoir au remplacement définitif. Les membres démissionnaires resteront en fonctions jusqu'à leur remplacement.

### ATTRIBUTIONS DES MEMBRES DU BUREAU.

Art. 18. — Le Président fait exécuter les décisions prises par le bureau et le Conseil d'administration et représente la Société dans ses rapports avec les tiers ou l'autorité publique. Il fait les achats, passe les contrats, signe les correspondances, factures et mandats. Il fournit des explications au Conseil d'administration et lui communique toutes les pièces dont il a besoin pour s'éclairer. Il a la police des assemblées qu'il préside et veille à ce que les discussions ne s'écartent pas de leur but spécial.

Les vice-présidents secondent le président dans l'accomplissement de sa tâche et le remplacent en cas d'absence ou d'empêchement.

Le trésorier est chargé du dépôt des valeurs en caisse, dont il est responsable. Il doit en rendre compte à toute réquisition et au moins une fois par an, à l'assemblée générale.

Les secrétaires sont chargés de la rédaction des procès-verbaux des assemblées générales, des réunions du Conseil d'administration et du bureau. Ils transcrivent ces procès-verbaux sur un registre *ad hoc* qu'ils doivent tenir à jour et qui est mis à la disposition des sociétaires qui désirent le consulter.

Chaque procès-verbal, après lecture et adoption, doit être signé, au registre des délibérations, par le président et celui des secrétaires qui l'a rédigé.

Toutes les fonctions administratives de la Société sont complètement gratuites.

MARTIN. — *La Laiterie.*                   10

Ils devront s'assurer que le ramassage est fait régulièrement et exactement, et que le lait est fourni sans fraude et de bonne qualité.

Le Conseil d'administration pourra en outre, s'il y a lieu, désigner un contrôleur salarié, chargé d'exercer la même surveillance.

Les délégués comme le contrôleur devront, en cas de fraude, inexactitude ou irrégularité, faire constater les faits incriminés et prévenir immédiatement le président qui prendra les mesures nécessaires.

### GESTION DE LA LAITERIE.

Art. 20. — La gestion de la laiterie est confiée à un agent salarié. Ce gérant-comptable dirige le travail de la laiterie, donne des ordres à tout le personnel, fait exécuter les règlements intérieurs et extérieurs, et tient une comptabilité complète et régulière de toutes les opérations de la Société, le tout par délégation, sous la surveillance et conformément aux instructions du président.

Le gérant fait en outre les recouvrements et en dépose immédiatement le montant entre les mains du trésorier qui lui en délivre quittance. A la fin de chaque mois, le trésorier lui fait, d'après un mandat du président, remise des fonds nécessaires pour la répartition des sommes dues aux sociétaires.

Art. 21. — Aucun procès ne pourra être engagé sans l'assentiment du Conseil d'administration qui donnera, s'il y a lieu, pleins pouvoirs au président.

Les membres du Conseil ne contractent, en raison de leur gestion, aucune obligation personnelle; ils ne répondent que de leur mandat (art. 32 du Code de commerce).

### EMPRUNT.

Art. 22. — L'achat du matériel et des accessoires, les constructions nécessaires à l'installation de la laiterie, seront couverts à l'aide d'un emprunt.

Le Conseil d'administration est chargé de réaliser cet emprunt, d'en fixer la somme, les conditions et le remboursement.

Tous les sociétaires seront solidairement responsables
de cet emprunt.

BUDGET.

Art. 23. — A la fin de chaque mois, le bureau détermi-
nera le prélèvement à opérer sur le prix de chaque litre
de lait pour payer les dettes annuelles et de premier
établissement.

Le surplus sera distribué entre les sociétaires au prorata des fournitures de lait qu'ils auront faites.

DISSOLUTION ET LIQUIDATION.

Art. 24. — La dissolution de la Société ne pourra être
décidée avant l'achèvement de la période de cinq ans,
à moins qu'en assemblée générale cette dissolution soit
demandée par les trois quarts des sociétaires. Dans ce
cas, chaque sociétaire participerait à l'actif et au passif
de la Société au prorata de la quantité de lait qu'il aurait
fournie.

Au bout de la période de cinq ans, si la majorité des
trois quarts entend continuer, pendant une autre période à
fixer, chaque sociétaire sera libre de se retirer en abandonnant à la Société tout l'actif net disponible. Dans le
cas contraire, il sera procédé à la liquidation dans les
conditions prévues au paragraphe précédent.

SOINS A DONNER AU LAIT.

Art. 25. — Le lait demande des soins minutieux pour être
livré en bon état, l'été surtout. Tout sociétaire doit se
conformer aux prescriptions ci-après.

Le lait doit être coulé aussitôt après la traite dans un
seau étamé et tenu en bon état de propreté.

Chaque tirée doit être mise séparément et apportée
dans cet état à la voiture du laitier, si le lait n'est pas
complètement refroidi.

Le lait doit toujours être conservé dans un endroit frais
et à l'abri de toute odeur.

Le lait des vaches nouvellement vêlées ne pourra être
livré à la laiterie que le cinquième jour après la mise bas.

Des règlements particuliers, sanctionnés par des amendes, pourront être établis par le Conseil d'administration pour fixer le régime à suivre dans tous les cas non prévus par les statuts.

Pour être exécutoires, ces règlements devront être portés à la connaissance de tous les sociétaires par voie d'affiches accolées aux voitures des laitiers.

### REGISTRE D'ADHÉSION. — POLICE.

Art. 26. — Chaque sociétaire signera le registre d'adhésion et recevra un double de sa police d'engagement.

Extrait du Code pénal, art. 423 : « Seront punis de la prison, ceux qui falsifieront les substances ou denrées alimentaires » (Loi du 27 mars 1851).

Le présent règlement a été rédigé en assemblée générale le          , par tous les sociétaires présents.

Ce règlement sera imprimé en forme de livret et délivré à chaque sociétaire lors de son entrée dans la Société.

### ASSURANCE DES ANIMAUX.

Art. 27. — Il sera nommé une commission d'expertise à raison de trois membres par section.

L'élection se fera dans les mêmes conditions que pour le Conseil d'administration, cette commission composée de quinze membres nommera un président et deux vice-présidents ; le président sera convoqué chaque fois que le Conseil d'administration se réunira ; il aura voix délibérative ; elle sera chargée d'estimer les animaux assurés des sociétaires avant et après le sinistre, sur la demande de ces derniers.

Les experts rempliront leur mandat dans leur section. l'assuré aura droit à un tiers expert qu'il prendra dans la commission.

Les sociétaires n'auront droit ni de réclamation, ni de poursuites, d'après l'estimation des commissaires chargés de l'expertise.

Les sociétaires qui voudront participer à l'assurance devront assurer tous leurs animaux par catégorie : vaches, génisses et veaux, ou leur assurance deviendrait nulle ; il y aura pour le nouvel assuré au moment où il prendra part à l'assurance, obligation d'appeler les experts qui se rendront compte de la situation des animaux qu'il voudra déclarer ; le sociétaire qui aurait renoncé à l'assurance et qui voudrait la reprendre serait dans la même obligation.

Le sociétaire assuré qui voudra laisser l'assurance, ne pourra se retirer avant la fin du mois courant ; il ne pourra en faire partie de nouveau avant qu'il ne se soit écoulé une année à partir du jour de sa sortie.

Les génisses feront partie de l'assurance à partir de leur sevrage et paieront demi-taxe, elles seront considérées comme vaches à partir du vingt-neuf septembre de l'année suivante, et paieront taxe entière.

Les veaux feront également partie de l'assurance à partir du jour de leur sevrage ; ils paieront une demi-taxe jusqu'au 29 septembre de l'année suivante ; à partir de cette époque, ils paieront taxe entière jusqu'au 15 mai suivant, et cesseront à dater de ce jour d'être assurés.

Il sera remboursé aux sociétaires *quatre-vingts pour cent* du prix estimatif des animaux assurés, perdus par mort naturelle ou par accident.

Il ne sera alloué aucune indemnité si la perte de l'animal est due au manque de soins, à une imprudence grave, à de mauvais traitements, à un incendie ou à la foudre.

La valeur de l'animal sera payée par tous les sociétaires au prorata de la quantité des animaux assurés.

Les sinistres devront être signalés à bref délai aux experts de la section qui ne devront être ni parents, ni alliés à l'assuré à moins que ce ne soit au delà du quatrième degré ; lorsque ce cas se présentera, ils auront recours aux experts d'une autre section.

La décision des délégués sera aussitôt soumise au président de la Société qui donnera les ordres au trésorier de payer le sinistre dans la quinzaine qui suivra l'expertise.

Il sera désigné par les sociétaires dans chaque section, un membre auquel les assurés feront leur déclaration en cas d'achat ou de vente et pour une nouvelle inscription.

Chaque assuré aura un livret sur lequel sera inscrit le nombre de ses animaux assurés ; il sera tenu, à chaque fois qu'il y aura un changement à faire, de se présenter chez l'expert de la section qui sera désigné.

L'assuré qui, ne livrant pas de lait, oubliera de payer sa part des sinistres, sera prévenu; après deux mois, il cessera de faire partie de l'assurance, à défaut de paiement.

L'assurance sera facultative pour les sociétaires.

Certifié sincère et véritable par nous, soussignés, membres du bureau.

La minute est signée :

*Le Secrétaire.*

*Le Président.*

# IV

# INDUSTRIE DES FROMAGES

---

## I. — THÉORIE DE LA FABRICATION DES FROMAGES.

**Coagulation du lait.** — La coagulation du lait sous l'influence de la présure est d'une importance capitale dans le travail de la fromagerie.

Cette transformation de la caséine sous l'action de la diastase contenue dans la muqueuse de l'estomac du veau dépend de plusieurs circonstances telles que la réaction du lait, la température, le temps, la quantité de présure, la présence de divers microbes et de certains sels dans le liquide.

Le lait normal, additionné de présure, se transforme en une masse porcelanique, ferme, élastique, formant par le brisement des angles à arêtes vives. Si le lait est acide, l'action coagulante de l'acide s'ajoute à celle de la présure. Le caillé du lait acide n'est pas élastique comme le caillé du lait normal.

Entre les deux facteurs, temps et quantité de matière coagulante, il existe une relation que l'on a traduite par la loi suivante : *A une même température, les durées de coagulation sont en raison inverse des quantités de présure employées*

D'après M. Duclaux, la loi n'est vraie que pour des

intervalles compris entre 20 et 60 minutes. Avec $\frac{1}{100\,000}$ de solution de présure liquide du commerce, débarrassée de germes étrangers et mis en contact avec du lait stérilisé, il ne se produit pas de coagulation. Avec beaucoup de présure, le caillé obtenu est cohérent, très ferme ; avec peu de présure le caillé est mou.

L'action de la présure se meut entre des limites bien établies de 15° à 60°, en passant à 41° par un maximum.

L'abaissement de température donne un caillé mou, la pâte du caillé obtenu à haute température est au contraire plus cassante. Comme on le sait, certains microbes ont la propriété de sécréter une diastase dont la force coagulante est du même ordre de grandeur que celle de la présure.

Suivant leur nature, les sels exercent une influence soit accélératrice, soit retardatrice, sur la coagulation. Par exemple, les sels de soude, de potasse, d'ammoniaque, rendent la caséine moins sensible à l'action de la présure ; les sels de chaux au contraire et notamment le chlorure de calcium accélèrent la coagulation.

On comprend d'après ce qui précède que dans le travail habituel, la coagulation présente des variations notables soit dans sa durée, soit dans la nature du caillot.

Dans la fabrication de la plupart des fromages, on emploie des extraits de présure liquides régulièrement dosés.

Le caillé une fois formé *se rétracte* et laisse exsuder le petit-lait, le sérum ; cette séparation est d'autant plus rapide que la coagulation a été plus prompte.

Pour activer la séparation, on réduit le caillé en menus fragments ; les surfaces de sortie du liquide sont ainsi augmentées.

M. Duclaux a étudié comment se partageaient les éléments du lait dans le phénomène de la coagulation.

combien l'on en trouvait dans le caillé et combien dans le sérum.

Voici un exemple :

| | Éléments en suspension. | | Éléments en solution. | |
|---|---|---|---|---|
| | Lait. | Sérum. | Lait. | Sérum. |
| Matière grasse.......... | 4,30 | 0,85 | » | » |
| Sucre de lait .......... | » | » | 5,37 | 5,73 |
| Caséine............... | 3,53 | 0,46 | 0,37 | 0,26 |
| Phosphate de chaux... | 0,23 | » | 0,17 | 0,17 |
| Sels solubles.......... | » | » | 0,40 | 0,43 |

Le petit-lait qui vient apparaître à la surface du caillé quand l'opération de la coagulation a été bien conduite est transparent ; il contient alors très peu de matière grasse.

Mais, quand on divise le caillé, on ne peut faire autrement que de remettre en suspension des globules gras qui sont perdus pour la fabrication du fromage ; c'est une affaire d'habileté de la part du fromager de réduire cette perte au minimum en opérant lentement le rompage du caillé.

Il faut aussi que la coagulation ne se soit pas opérée à trop basse température et n'ait pas duré trop longtemps. sinon le caillé étant très mou se réduit en bouillie et la matière grasse s'échappe en quantité notable.

Le sérum contient un peu plus de sucre que le lait, cela tient à ce que son volume est diminué par suite de la séparation dans le caillé de la caséine et de la matière grasse. Mais le fait intéressant à constater, c'est que le liquide dont reste imprégné le caillot est plus riche en sucre que le sérum qui s'en écoule.

Par contre, dans le cas de coagulation au moyen d'un acide, le sucre se concentre davantage dans le sérum que dans le caillot.

La caséine soluble passe dans le sérum et de même une fraction variable de caséine solide.

Dans l'exemple cité plus haut, la quantité totale de caséine qui n'a pas été utilisée pour le fromage est de 17 p. 100; mais cette perte peut être plus considérable encore. Elle varie d'ailleurs avec la nature du lait, avec la nature et l'âge de la présure, la manière de diviser le caillé.

Les présures fraîchement préparées donnent en général plus de rendement que les vieilles. Ces dernières sont, en effet, plus peuplées de microbes et renferment, par conséquent, outre la présure, une proportion plus ou moins notable de caséase qui solubilise une partie de la caséine.

Voici quelques résultats d'expériences indiqués par M. Duclaux :

| Caséine en suspension. | | Caséine en solution. | |
|---|---|---|---|
| Lait. | Sérum. | Lait. | Sérum. |
| 3,38 | 0,60 | 0,59 | 0,82 |
| 3,22 | 0,76 | 0,68 | 0,73 |
| 4,12 | 0,67 | 0,20 | 0,34 |
| 3,53 | 0,46 | 0,37 | 0,36 |

Dans tous les cas, sauf dans le dernier, le sérum s'est enrichi en caséine soluble par le fait des microbes.

Le phosphate de chaux qui est en solution dans le lait est retenu par le sérum alors que la totalité ou la presque totalité de celui qui est en suspension est entraînée dans le caillot. Dans les laits acides une partie du phosphate en suspension se dissout et se retrouve dans le sérum.

**Division et chauffage du caillé.** — Pour certains fromages on divise très peu le caillé; pour d'autres, cette division est poussée très loin et on active même la séparation du petit-lait par le chauffage.

La chaleur augmente, en effet, les qualités contractiles du caséum.

On chauffe lorsqu'il s'agit de fromages dont la conservation doit être prolongée, tels que le gruyère. Il faut alors en effet arriver à éliminer beaucoup de petit-lait.

Le chauffage doit être fait avec de grandes précautions; car les fragments de caillot une fois divisés et soumis à une température croissante s'échauffent plus vite à la surface qu'à l'intérieur, ils se recouvrent d'une couche élastique et imperméable qui empêche le petit-lait de sortir.

Il faut donc veiller avec soin à ce que le caillé, à une température proche de celle de la coagulation, soit amené à un degré de division qui évite cet inconvénient. Cette division étant opérée, on peut, sans crainte, chauffer au degré voulu, mais il est indispensible de brasser toute la masse pour ne pas laisser reformer les gros grumeaux dont on a voulu éviter la présence.

Dans la fabrication du gruyère, le plus important des fromages cuits, le problème consiste à éliminer une certaine quantité de sérum, mais aussi à en laisser une portion qui est nécessaire.

Si on ne chauffe pas assez, il reste trop de petit-lait dans la pâte, la fermentation est active, le goût devient aigre, le fromage ne se conserve pas. Si, au contraire, on chauffe trop, la pâte est sèche et la fermentation se produit difficilement.

L'instant précis où il faut commencer le chauffage a aussi son importance. En effet, on peut admettre que plus le caillé a de facilité à se contracter, plus la chaleur activera cette propriété, et inversement.

**Pression.** — Certains fromages sont soumis à une pression plus ou moins énergique. Cette opération a pour but de donner au produit une forme déterminée, d'enlever le petit-lait en excès et de former la croûte.

La pression exerce une grande influence sur la maturation du fromage et, par suite, sur ses qualités futures. En effet, si on presse fortement, on enlève beaucoup de petit-lait, la pâte devient plus dure, la fermentation est plus lente.

Pour que la pression s'effectue convenablement, il ne faut pas qu'elle soit trop forte au début, sinon la croûte se forme immédiatement et le petit-lait qui se trouve encore à l'intérieur ne peut plus s'écouler.

**Salage.** — Le salage a pour but de communiquer à la pâte un goût spécial qui fait rechercher davantage le produit, le salage contribue aussi à prolonger la conservation du fromage. Enfin il attire à la surface une partie de l'eau qui s'évapore.

Comme la maturation du fromage dépend de la teneur en eau on peut, par le salage, régler la marche de l'affinage.

**Maturation.** — Il est peu de fromages qui soient consommés sitôt après la fabrication, c'est-à-dire à l'état frais, la plupart sont soumis à une fermentation qui leur fait acquérir des propriétés spéciales. Sous l'influence de la caséase, une partie de la caséine se solubilise, en même temps que divers produits apparaissent, la pâte devient plus onctueuse et plus liante.

Les ferments lactiques décomposent le sucre ; dans certains cas, des moisissures interviennent soit exclusivement à la surface, soit au contraire en se développant à l'intérieur de la pâte.

Bref, ce sont ces êtres infiniment petits qui déterminent les goûts caractéristiques des diverses sortes de fromage.

M. Duclaux a proposé de mesurer leur degré d'intervention dans la maturation en déterminant d'un côté la quantité de caséine devenue soluble dans l'eau et filtrable au travers de la porcelaine et, de l'autre, la portion d'azote de la caséine passée à l'état de carbonate d'ammoniaque et de sels ammoniacaux, et il donne le nom de *rapport de maturation* au rapport entre la quantité de matière filtrable au travers de la porcelaine et la quantité de caséine totale existant dans le fromage.

Les différents ferments manifestent des exigences très différentes pour exercer leur action.

Suivant que le fromage sera placé dans une cave chaude ou froide, dans une atmosphère humide ou sèche, aérée ou confinée; suivant que le caséum sera neutre, acide ou alcalin, les transformations seront complètement différentes. Tel fromage bien fabriqué peut être perdu complètement par suite d'une fermentation vicieuse, tel autre dont la fabrication laissait à désirer peut, au contraire, s'améliorer sensiblement lorsqu'il est placé dans un milieu favorable.

Aussi est-il essentiel de bien connaître les conditions de maturation nécessaires à chaque sorte.

Tous les fromages perdent une certaine quantité d'eau et, par suite, diminuent de poids pendant la maturation.

## II. — CLASSIFICATION DES FROMAGES.

Il existe un nombre considérable de fromages. Nous ne pouvons décrire toutes les fabrications et nous nous bornerons à donner des détails sur les principales sortes, celles qui ont une importance au point de vue économique. Ce sont d'ailleurs des types essentiels auxquels les autres espèces peuvent être rattachées.

Dans la classification des fromages, deux groupes sont nettement distincts: ceux qui sont obtenus avec la présure et ceux qui proviennent de la coagulation spontanée.

Les premiers sont de beaucoup les plus nombreux. Ils se subdivisent à leur tour en deux catégories : les fromages à pâte molle et les fromages à pâte ferme.

Dans les fromages mous on trouve des fromages frais et des fromages ayant subi une fermentation ou, comme on les appelle, des fromages affinés.

Le mode de maturation permet d'établir deux classes parmi les fromages affinés: ceux qui ont des moisissures à la surface et ceux dont la croûte est lavée.

Quant aux fromages à pâte ferme, ils comprennent également deux catégories : ceux qui ont des moisissures à l'intérieur et ceux dont la croûte est résistante. Nous avons laissé de côté la distinction habituelle entre fromages cuits et pressés pour le motif que certains fromages pressés, tels que le Port-Salut, peuvent à volonté être fabriqués avec ou sans cuisson.

Le tableau suivant reproduit la classification adoptée :

1° *Fromages obtenus par la présure.*

Fromages à pâte molle. { Fromages frais. / Fromages affinés { avec moisissures à la surface. / à croûte lavée.

Fromages à pâte ferme. { avec moisissures à l'intérieur. / à croûte résistante.

2° *Fromages obtenus par la coagulation spontanée.*

## I. — FROMAGES OBTENUS AVEC LA PRÉSURE.

## Fromages à pâte molle.

### FROMAGES FRAIS

Sous le nom de *fromages frais*, on désigne les fromages qui sont consommés immédiatement après leur fabrication sans avoir subi de fermentation. Ils se préparent surtout en été.

On les obtient soit de lait écrémé dans les fermes, par exemple, et dans des laiteries urbaines où l'on utilise de cette façon les excédents, soit de lait gras et même de lait gras additionné de crème.

**Fromages double-crème**. — Les fromages fabriqués avec du lait additionné de crème s'appellent *double-crème*. On distingue deux catégories :

1° *Les fromages double-crème dits suisses* ;

2° *Les fromages dits bondons, petits-carrés et malakoffs*.

## 1° *Fromages double-crème dits suisses.*

**Mise en présure.** — La crème est ajoutée au lait dans des proportions variables, depuis un tiers jusqu'à un sixième du volume total. On mélange intimement les deux liquides dans un baquet en fer étamé (fig. 67), et on met en présure à une température de 15° à 18°. On ajoute une très faible quantité de présure, de manière que la coagulation se produise en vingt heures environ ; la présure est préalablement étendue d'eau. Cette longue coagulation caractérise la fabrication des fromages double-crème, elle a pour but de donner un caillé très onc-

Fig. 67. — Baquet
à cailler
(Vautier frères)

tueux. Si la coagulation est écourtée, le caillé est plus ferme ; si elle se prolonge au delà des limites indiquées, le lait s'acidifie.

**Égouttage du caillé.** — La coagulation achevée, on enlève le caillé au moyen de grandes poches en fer étamé et on le dépose sur des toiles que l'on replie ensuite de façon à former des sortes de matelas. Ces matelas sont empilés les uns sur les autres, chacun étant séparé du suivant par une planche, et placés sur un égouttoir.

La sortie du petit-lait s'effectue d'abord sous la seule pression des sacs. On retourne ensuite la pile et on ajoute progressivement des poids de plus en plus lourds.

L'égouttage est ordinairement terminé au bout de quinze heures.

Les sacs sont retirés, déposés sur une table et dépliés ; on retire la pâte en raclant les toiles avec soin. La pâte est pétrie, après que l'on a ajouté une certaine quantité de crème de façon que le mélange ait la consistance convenable. On peut se servir pour le malaxage d'un broyeur à cylindre uni en granit (fig. 68).

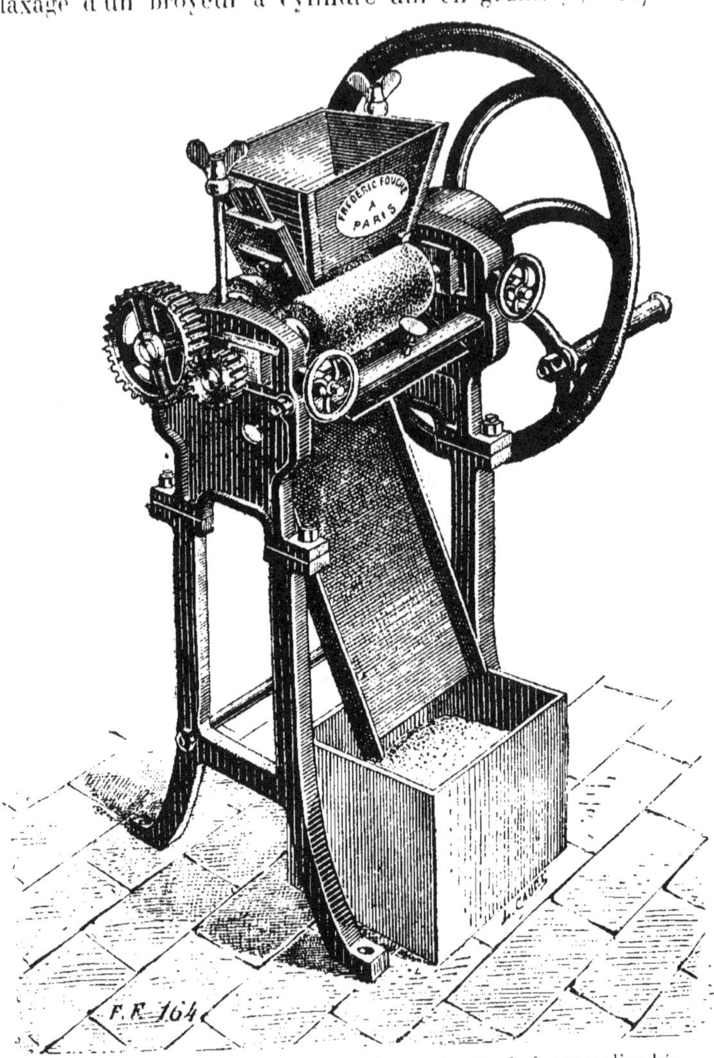


Fig. 68. — Broyeur à cylindre en granit pour la pâte de fromage (Fouché).

Il faut arriver à obtenir une pâte longue, bien liée, ne renfermant aucun grumeau.

**Moulage.** — La pâte étant préparée et ressuyée, on procède au moulage. On place la quantité de pâte nécessaire pour un fromage dans une petite bande de papier non collée en lui donnant la forme cylindrique.

Les personnes exercées exécutent ce travail rapidement, mais on peut rendre l'opération plus facile en se servant d'un moule spécial (fig. 69). Cet appareil se compose d'une plaque en fer-blanc C, sur laquelle sont soudés de petits cylindres ouverts aux deux extrémités D ; cette plaque est placée sur une tablette percée de trous B.

Les bandelettes de papier non collées, destinées à entourer les fromages, sont enroulées

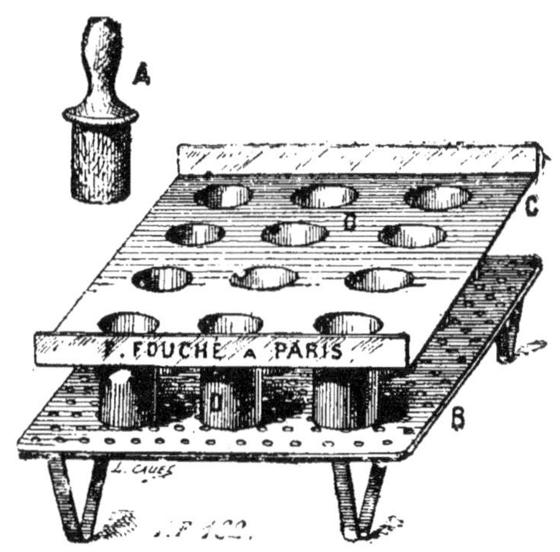


Fig. 69. — Moule à fromages, façon Suisses à 12 trous (Fouché).

autour du mandrin A, puis placées dans les petits cylindres ; on retire le mandrin, et les bandelettes se trouvent appliquées contre les parois. La pâte étant placée sur la plaque, on la fait entrer dans les cylindres ; la plaque est ensuite soulevée et les fromages enveloppés de papier restent sur le plateau ; lorsqu'ils sont suffisamment égouttés, on les expédie.

Les fromages suisses sont appelés aussi *Gervais*, du nom de l'industriel M. Gervais qui les a fabriqués pour la première fois à Ferrières-Gournay (Seine-Inférieure). Aujourd'hui, on en prépare sur divers points.

### 2° *Bondons, Malakoffs et Petits-carrés*.

Outre les fromages suisses, on fabrique des fromages double-crème ayant une forme cylindrique (*bondons*), ronde (*malakoffs*), carrée (*petits-carrés*).

La pâte de ces fromages est préparée de la même façon que celle des suisses, mais elle est plus consistante. On obtient ce résultat en soumettant le caillé à une pression plus énergique ; de plus, on le fait toujours passer par le broyeur.

### *Fromages demi-sel*.

Les fromages double-crème, fabriqués principalement durant la saison chaude, s'altèrent assez rapidement ; ils s'aigrissent et, étant très riches en matière grasse, ils rancissent.

Pour retarder cette altération, on les sale à la dose de 2 p. 100.

Les fromages ainsi préparés sont appelés *demi-sel* ; ils peuvent supporter le transport et se conserver en bon état pendant quelques jours.

**Salage**. — On effectue la salaison des fromages soit à la main, soit au moyen d'une salière (fig. 70). Le sel employé pour les double-crème comme d'ailleurs pour tous les fromages à pâte molle doit être parfaitement sec. Sans cette condition, on ne pourrait obtenir un salage uniforme, car la quantité d'humidité qu'absorbe le sel est très variable. Dans les petites fromageries, on étend le sel sur un plateau en tôle que l'on chauffe et on remue constamment pour éviter que le sel ne s'attache au métal.

Fig. 70. — Salière à fromage (Vaulier frères).

Dans les grandes laiteries, on emploie des séchoirs spéciaux (fig. 71. Le sel doit être très fin, afin que l'on puisse saler également toutes les parties.

Fig. 71. — Séchoir à sel et Chauffe-lait à bain-marie (Fouché).

Fig. 72. — Moulin à sel (Gaulin).

Pour l'amener à cet état de division, on se sert d'un moulin particulier (fig. 72) avec trémie en bois et cylindres unis, en granit.

# FROMAGES AFFINÉS

## Fromages affinés avec moisissures à la surface.

### Brie.

La fabrication du fromage de Brie s'effectuait autrefois exclusivement à la ferme. Actuellement, elle se pratique également dans des laiteries industrielles.

**Installation.** — Dans les fermes, les locaux comprennent deux pièces : la *fromagerie* proprement dite où ont lieu l'emprésurage, la mise en moule, l'égouttage et le salage du fromage, et le *séchoir* où commence la maturation.

Les laiteries industrielles possèdent en plus, au moins une *cave d'affinage* où se continue la maturation et, en outre, des locaux accessoires : *salle de réception du lait, laverie, salle des machines, salle d'emballage.*

Dans la fromagerie se trouvent des *tables à dresser* sur lesquelles on place les moules destinés à recevoir le caillé.

On a proposé différents systèmes de tables à dresser :

1° *Tables en briques*, posées à plat et enduites à la partie supérieure d'une couche de ciment. Ces tables reposent, soit sur des piliers en briques, soit sur des barres de fer noyées dans la maçonnerie ; cette dernière disposition facilite le nettoyage en supprimant les recoins et permet d'utiliser l'espace libre qui se trouve sous la table pour placer des ustensiles.

Les tables en briques, avec enduit de ciment, présentent l'inconvénient d'être attaquées assez rapidement par le petit-lait, l'entretien en est onéreux.

Il en est de même des tables constituées par des

dalles de ciment aggloméré dans une carcasse de fer.

2° *Tables en verre :* celles-ci cassent facilement lorsqu'on les lave avec de l'eau trop chaude.

3° *Tables en émail :* elles se détériorent rapidement.

4° *Tables en ardoise :* elles présentent de grands avantages au point de vue de la durée et de la facilité de nettoyage, mais, dans les régions qui ne sont pas à proximité des ardoisières, elles reviennent à un prix élevé.

5° *Tables en bois :* ce sont celles qui sont le plus habituellement employées dans les fromageries. On utilise soit le pitchpin, soit le chêne. Quel que soit le système adopté, les tables doivent présenter une pente suffisante pour que le petit-lait provenant des fromages puisse s'écouler rapidement au dehors. Des rigoles sont ménagées dans ce but, ainsi qu'un rebord le long de la table.

En ce qui concerne la forme et la dimension des dalles, le mieux est de les établir suivant les locaux dont on dispose. On calcule la largeur d'après le nombre de rangs de moules ; avec une largeur correspondant à cinq à six rangs, le retournage s'opère facilement.

La table à dresser dont on doit la disposition à M. Bochet (fig. 73), se compose de montants ronds en fer creux,

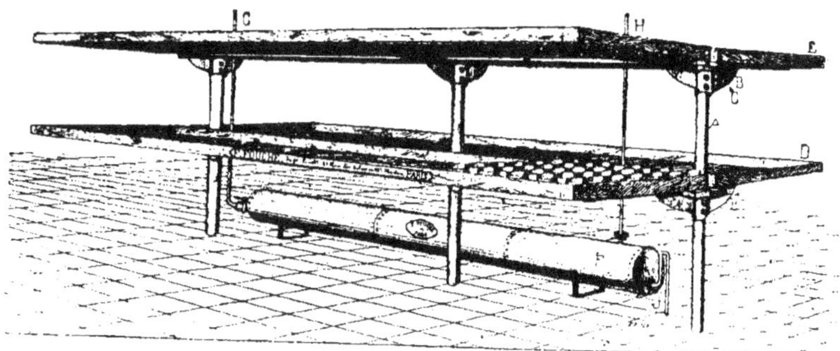

Fig. 73. — Table à dresser les fromages (Bouché).

avec supports également en fer destinés à recevoir deux tables à rebords, en bois, inclinées vers une gouttière

11.

en fer placée dans l'axe central ; cette gouttière sert à recevoir le petit-lait et aussi à assembler les montants.

Lorsque le lait est emprésuré immédiatement après la traite, il n'est pas nécessaire de le réchauffer; souvent même on doit le laisser refroidir.

Mais lorsqu'on ne travaille le lait qu'une fois par jour, il faut réchauffer le liquide au point voulu. Il en est de même dans les fromageries industrielles qui reçoivent le lait de distances plus ou moins éloignées et, en tout cas, ne l'utilisent pas immédiatement après la traite.

De préférence au chauffage à feu nu, on emploie le chauffage soit au bain-marie (fig. 70), soit à la vapeur.

Pour le chauffage au moyen d'un générateur à vapeur, on utilise les cuves en bois et cuivre.

La cuve Bréhier (fig. 74) est constituée par une chaudière demi-sphérique en cuivre étamé, destinée à recevoir le lait. Cette chaudière se trouve encastrée dans une enveloppe en bois. La vapeur arrive entre les deux parois et l'eau de condensation s'écoule par un robinet.

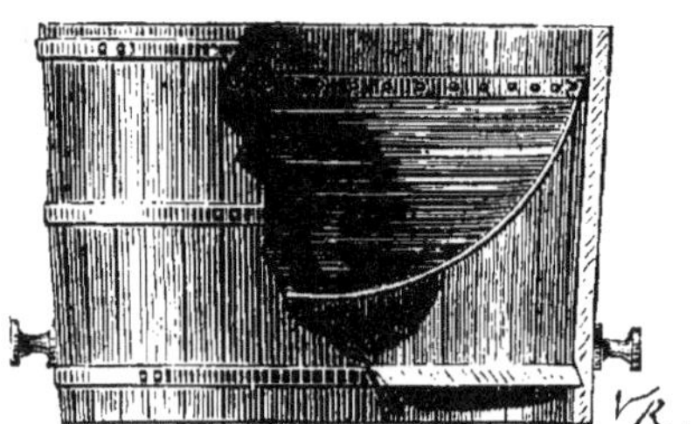

Fig. 74. — Cuve à fromage (Bréhier).

Le lait amené au degré voulu est siphonné dans les récipients où il doit être mis en présure.

On emploie aussi le chauffe-lait multitubulaire Fouché (fig. 75. Le lait arrive dans le réservoir B à travers le tamis A, de là il passe par le tube G I, dans le chauffe-lait multitubulaire C où il s'échauffe. Il passe ensuite dans la rampe à robinet E, qui sert à remplir les baquettes d'emprésurage F ; un thermomètre à cadran, placé à la sortie du chauffe-lait, indique la température du liquide. L'arrivée de la vapeur au chauffe-lait est réglée par le

Fig. 75. — Installation de fromagerie avec chauffe-lait multitubulaire (Fouché).

robinet H et le nettoyage de la rampe et des diverses conduites de lait s'effectue au moyen d'un jet de vapeur arrivant par les robinets G et G'. Le lait chaud est mis en présure dans les baquets placés sur une sorte de banquette en maçonnerie. Quand la coagulation est obtenue, on fait glisser ces baquets sur des chariots en fer forgé K avec lesquels on les conduit près des tables de dressage.

Les divers locaux de la fromagerie doivent être maintenus à une température constante ; notamment dans la salle de fabrication, il faut arriver à 18°. On doit donc installer un système de chauffage.

Le chauffage au poêle ne permet pas d'obtenir facilement une température régulière dans toute la pièce ; on ne l'utilise que dans les petites fromageries. Dans les installations importantes, on emploie de préférence les systèmes de chauffage à la vapeur et surtout à l'eau chaude (thermo-siphon) ou encore les calorifères à air chaud.

Les fenêtres de la fromagerie doivent être munies de stores et de volets, afin que l'on puisse se préserver de l'action du soleil en été.

Le séchoir est situé au rez-de-chaussée ou au premier étage. Il faut que l'on puisse régler facilement l'aération de cette pièce. Aussi les murs sont-ils percés d'un certain nombre de fenêtres garnies intérieurement de toile métallique pour empêcher l'entrée des mouches, et de volets en bois. On place aussi des stores en treillis qu'on lève ou baisse à volonté.

Il est préférable de disposer les locaux de telle sorte que l'on ne puisse y entrer directement depuis l'extérieur. La température est plus régulière et les mouches pénètrent moins facilement dans le local.

Les caves doivent être en sous-sol, de préférence. Elles sont habituellement assez obscures ; dans les caves de certaines fromageries, l'obscurité est si complète que l'on n'y travaille qu'à la lampe.

Les caves ne doivent pas subir une aération aussi forte

que les séchoirs, il ne faut pas qu'elles soient exposées au
courant d'air.

Mais il peut être nécessaire d'aérer modérément par
intervalles pour enlever l'excès d'humidité ; on y parvient
en établissant des larmiers vitrés, munis de toiles métalliques et de volets à l'intérieur.

**Mise en présure.** — Le lait ayant la température
convenable est réparti, après avoir été coulé sur un tamis,
dans des baquets en fer étamé. La température habituelle
va de 30° à 33°, mais ces chiffres n'ont rien d'absolu et, si
le lait est très acide en été, on descend au-dessous de 30°.

Dans les fermes, on ajoute souvent 10 p. 100 du lait
écrémé provenant de la traite précédente. Cette addition
favorise l'égouttage, sans doute parce que l'acidité du
mélange est augmentée. Le caillé est ainsi plus ferme et
laisse plus facilement sortir le petit-lait : par la même
raison, la moisissure se développe mieux.

On ajoute au lait quelques gouttes de colorant. On
emploie toujours la présure liquide, à dose telle que la
coagulation ait lieu en deux à trois heures.

**Dressage.** — Lorsqu'en enfonçant le doigt dans le caillé,
on constate que le petit-lait est incolore, sans grumeaux
blancs, on juge que la coagulation est terminée. On procède
alors à la mise en moules : cette opération s'appelle *dressage*.

A l'aide d'une écumoire (fig. 76), on découpe des

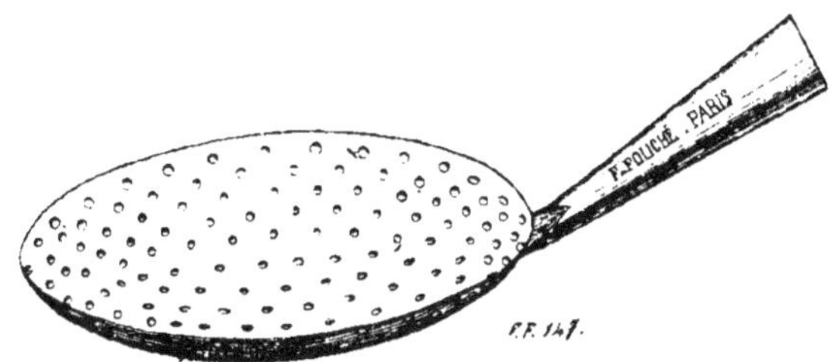


Fig. 76. — Écumoire à dresser les fromages déouchés.

tranches horizontales, minces, régulières que l'on dépose
dans le moule sans les briser. Le moule, en fer étamé

(fig. 77), est disposé sur un *cajet* de jonc ou de cance très
fin qui repose lui-même sur un plateau de bois appelé
*plancheau*.

On remplit le moule complètement.

**Égouttage**. — Pour favoriser un bon égouttage, la
salle doit être maintenue à 18°.

Au bout de douze heures le fromage a sensiblement
diminué de volume ; on le place habituellement alors dans
une *éclisse* (fig. 78). L'éclisse est un cercle en fer-blanc ou

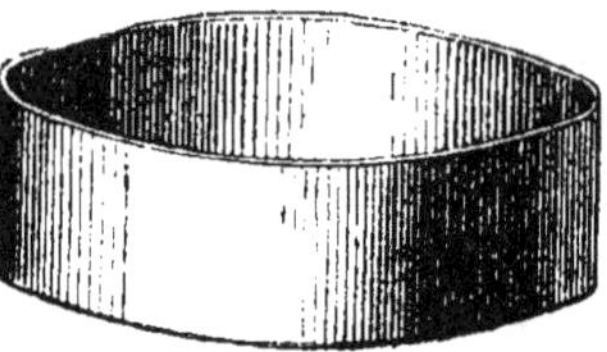
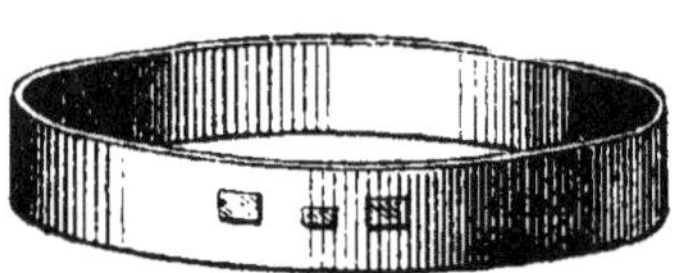

Fig. 77. — Moule à fromage de Brie
(Vautier frères).

Fig. 78. — Éclisse pour fromage
de Brie (Vautier frères).

en zinc pouvant être fermé à volonté au moyen d'un
bouton fixé à une extrémité que l'on adapte à une des
fentes percées dans l'autre extrémité.

L'éclisse est placée sur le moule de façon à en entourer
la base, le moule est retiré et le fromage se trouve logé
dans l'éclisse que l'on boucle après l'avoir resserrée,
jusqu'à ce qu'elle touche bien les parois du fromage.

On place alors sur l'éclisse un cajet sec, puis un
plancheau, de telle sorte que le fromage se trouve entre
deux plancheaux munis de leurs cajets. On passe la main
gauche sous le plateau inférieur et la main droite sur le
plateau supérieur et on imprime à l'ensemble un mouvement de retournement de telle manière que le plancheau
qui était dessous soit dessus. On enlève ensuite le plateau
supérieur et le cajet mouillé.

**Salage**. — Dix à douze heures après ce premier retournement, on procède à un second, puis on sale le fromage.

On dégrafe l'éclisse, on prend du sel dans la main

droite; puis, de la main gauche, on fait tourner le fromage pendant qu'on applique les extrémités des doigts chargés de sel sur le pourtour du fromage.

On sale ensuite la partie supérieure soit avec une salière, soit à la main.

Dix ou douze heures après le premier salage, on procède à un nouveau retournement, mais on remplace le cajet de jonc par un autre en paille.

Lorsque le fromage ne laisse plus suinter de petit-lait, environ une heure après, on enlève l'éclisse et on sale la seconde face. Le fromage reposant sur le plancheau est ensuite placé sur les étagères qui sont établies le long des murs. Là les fromages restent deux jours; on les retourne matin et soir sur des cajets de paille sèche, on les porte ensuite au séchoir.

**Séjour au séchoir.** — Le séchoir est garni de bâtis en bois, en fer, portant des rayons pleins qui recevront les fromages. Ceux-ci reposent sur leurs cajets de paille.

La température du séchoir doit être environ de 12°. Si elle est trop élevée, les fromages auront tendance à couler; si elle est trop basse, la maturation s'effectue lentement.

Il faut que le séchoir soit sec et bien aéré.

Quelques jours après leur entrée au séchoir, les fromages se recouvrent d'une moisissure blanche, le *Penicillium*. Cette moisissure joue un rôle indispensable pour la réussite du fromage. Elle détruit, en effet, l'acide lactique et prépare le terrain pour d'autres espèces microbiennes qui achèveront la maturation. D'après M. Roger, la véritable moisissure du fromage de Brie serait le *Penicillium candidum*.

Souvent c'est le *Penicillium glaucum* qui intervient; ses spores bleues ou noires communiquent une teinte semblable à la surface du fromage qui est alors moins apprécié au point de vue commercial. Les fermières de la Brie l'appellent la maladie du *bleu* ou du *noir*.

Elles cherchent à l'éviter en retournant fréquemment les fromages ; la fructification est ralentie parce que les filaments sporifères sont brisés.

Une température élevée et une humidité excessive favorisent la formation des spores.

**Séjour à la cave.** — Au bout de quinze à vingt jours, on transporte les fromages à la cave et on les place sur des étagères. La température doit être de 12°.

Pendant leur séjour en cave, les fromages s'affinent, ils se ramollissent ; on voit apparaître à la surface des taches jaunâtres, puis rougeâtres qui sont constituées par une masse glaireuse renfermant différents microbes. Ce sont les *Tyrothrix* qui vont se substituer au Penicillium. M. Roger a trouvé que le microbe essentiel du rouge du fromage de Brie est le *Bacillus firmaticus*, très actif producteur de caséase.

Parfois, surtout si la température est élevée, le fromage de Brie coule et perd beaucoup de sa valeur commerciale. D'après M. Roger, ce phénomène ne se constate que dans les fromages qui ne renferment pas un autre microbe également isolé par lui : le *Micrococcus meldensis*. Ce microbe agirait en modérant l'action du *Bacillus firmaticus*.

Lorsque la moisissure normale est remplacée par d'autres, le fromage est très déprécié. Pour combattre cet accident, il faut procéder d'abord à une désinfection complète. Les baquets, les moules, éclisses, etc., tous les objets qui sont en contact avec le lait ou le fromage sont nettoyés à l'eau de soude bouillante. Les séchoirs et la cave sont blanchis à la chaux, on y fait brûler du soufre.

La désinfection étant achevée, on importe la bonne moisissure au moyen de cajets déjà bien ensemencés, provenant d'établissements où la fabrication est réussie.

On peut aussi employer la méthode de M. Roger qui produit des cultures pures dans son laboratoire de La Ferté-sous-Jouarre.

D'après M. Roger (1), les cajets neufs, principalement ceux de jonc, contiennent souvent des microorganismes nuisibles ; aussi conseille-t-il de les faire bouillir quelques minutes avant de s'en servir.

Les fromages restent quinze à vingt jours en cave ; on reconnaît que la maturation est terminée lorsque la pâte est molle et souple et présente, à la coupe, une couleur jaune clair uniforme dans toute la masse.

**Composition.** — Voici la composition d'un fromage de Brie mûr, d'après M. Duclaux :

| | |
|---|---|
| Eau | 49,73 |
| Matière grasse | 28,74 |
| Caséine | 17,16 |
| Sel marin | 3,42 |
| Sels minéraux | 0,95 |
| | 100,00 |

| | |
|---|---|
| Caséine filtrable | 6,57 |
| Rapport de maturation | 0,38 |
| Ammoniaque par kilogramme | 3,31 |

**Différentes sortes de fromage de Brie.** — La fabrication du fromage de Brie était localisée autrefois en Seine-et-Marne dans les arrondissements de Meaux et de Coulommiers ; aujourd'hui, elle est répandue dans un grand nombre de régions.

On distingue trois qualités de fromage de Brie :

1° Les fromages gras, faits de lait non écrémé qui comprennent également ceux de choix auxquels on a ajouté de la crème.

2° Les fromages demi-gras dans la confection desquels entrent deux traites dont l'une a été plus ou moins écrémée.

3° Les fromages maigres, fabriqués avec du lait à peu près complètement écrémé.

(1) *Journal de l'agriculture*, t. II, 1899, p. 106.

Les fromages de Brie ont des dimensions très différentes.

Le *grand moule* a 30 à 40 centimètres de diamètre et pèse 2ᵏᵍʳ,500 à 3 kilogrammes. Le *moyen moule* mesure 25 à 30 centimètres et pèse 1ᵏᵍʳ,600 à 1ᵏᵍʳ,800. Le *petit moule*, dont le diamètre est de 13 à 23 centimètres, s'applique au fromage dit de Coulommiers.

Le rendement du fromage de Brie varie, suivant le degré d'écrémage et l'état d'affinage, de 12 à 15 p. 100.

## Camembert.

Le fromage de Camembert rentre dans la même catégorie que le fromage de Brie, au point de vue de la fabrication et de la maturation ; mais il s'en distingue par un format plus petit ; le Camembert n'a habituellement que 10 à 11 centimètres de diamètre. Il a été fabriqué, pour la première fois, dans la localité de Camembert près Vimoutiers (Orne).

Les locaux nécessaires à la fabrication du Camembert sont les mêmes que ceux qui ont été décrits pour la fabrication du Brie.

**Mise en présure**. — Le lait, amené à la température voulue, est versé dans des baquets en fer étamé. Les écarts de température pour la coagulation vont de 26° à 32° suivant le degré d'acidité et la saison. On ajoute le colorant et la quantité de présure nécessaire pour que la coagulation ait lieu en trois heures.

Au lieu d'emprésurer toute la quantité de lait en une seule fois, il est préférable d'échelonner l'emprésurage en trois fois au moins.

Lorsqu'on caille toute la masse du lait en une seule fois, la mise en moule se prolonge et, avant qu'elle soit terminée, les dernières portions du caillé durcissent, elles ne donneront plus un fromage onctueux. La coagulation fractionnée fait disparaître cet inconvénient.

**Dressage**. — Les moules (fig. 79) employés pour la fabrication du camembert ou *cliches* sont en fer étamé,

généralement percés de trous, d'un diamètre de 12 centimètres. On les place à côté
les uns des autres sur des
tables recouvertes de cajets
en jonc ou de clayons en bois
de stores (fig. 80).

Avant de procéder à la
mise en moule, on enlève la
crème montée à la surface.

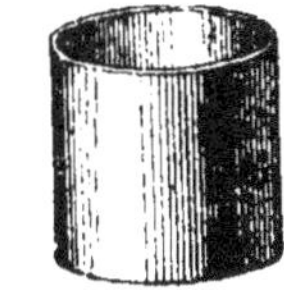

Fig. 79. — Moule à Camembert
(Vautier frères).

Il ne faut jamais remplir un moule en une seule fois. On

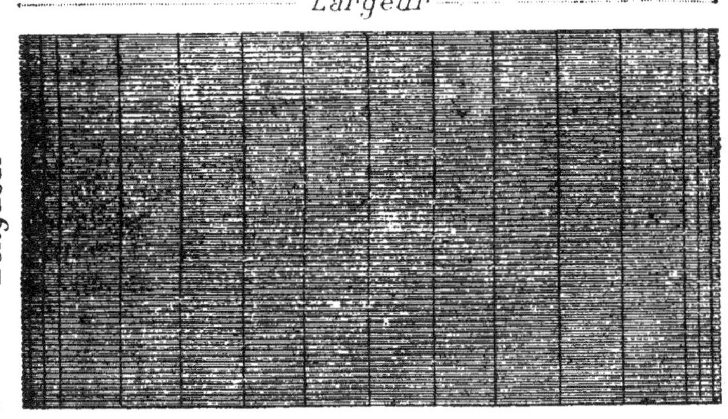



Fig. 80. — Clayon en bois de stores Ballauf et Petitpont.

dépose une ou deux cuillerées dans chaque moule, et,
lorsque tous les moules ont reçu du caillé, on recommence l'opération. Le remplissage se fait généralement
en trois ou quatre fois.

Il faut bien avoir soin de ne pas briser, ni retourner le
caillé, sinon les diverses couches se souderaient mal.

**Égouttage.** — Dans certaines fromageries, on
retourne les fromages le soir même, dans d'autres, le
lendemain matin.

On passe la main droite ou gauche, suivant le sens

dans lequel on marche le long de la table, sous chaque moule et on fait glisser l'autre main au-déssous du fromage ; on retourne l'ensemble et on le pose à côté de la place qu'il occupait auparavant sur la table. Il faut veiller à ce que le fromage descende bien droit dans le moule, sans se déformer, ni se briser.

Pendant l'égouttage, le caillé descend dans les moules, mais cette descente est plus facile au milieu que sur les bords auxquels des portions de caillé restent parfois attachées. Lorsqu'on démoule les fromages, on rogne avec un couteau le bourrelet, afin d'obtenir une surface égale.

**Salage.** — Les fromages sont démoulés, soit trente-six heures, soit quarante-huit heures après la fabrication. On sale une heure et demie à deux heures après avoir démoulé. Il faut que le fromage soit bien ressuyé, sinon le sel fondant de suite est absorbé à l'intérieur, on ne peut se rendre compte de la dose exacte employée et souvent le fromage est trop salé. On prend le fromage de la main gauche, à plat, les doigts en dessous, puis, de la main droite, on sale la surface et la partie du pourtour qui est en avant. Ensuite on fait pivoter le fromage sur lui-même en le plaçant dans le sens vertical de manière que le pourtour se trouve toujours en contact avec la main droite remplie de sel.

Le fromage est replacé sur le cajet, on le retourne sept à huit heures après, on laisse ressuyer la seconde face une heure et demie environ et, ensuite, on le sale.

**Affinage.** — Les fromages sont ensuite portés au séchoir, puis à la cave. Le séchoir qui, en Normandie, s'appelle aussi *hâloir*, est souvent accompagné d'une pièce supplémentaire, le *demi-hâloir*; les fromages séjournent un certain temps dans ce local avant d'être placés dans la cave d'affinage. Au hâloir, les fromages, placés sur des claies en bois (fig. 81), sont retournés une ou plusieurs fois suivant les habitudes des fromageries ; lorsqu'ils sont bien fleuris ou bien *chanis* et qu'ils ne collent plus au doigt, généralement quinze à vingt jours après la fabrication, on les descend dans la cave d'affinage.

Largeur

Longueur

Fig. 81. — Claie en bois pour le séchage des fromages au hâloir Ballauf et Petitpont.

Dans la cave, ils sont placés sur des planches et retournés souvent, tous les deux ou trois jours.

Les camemberts séjournent environ deux à trois semaines en cave. A ce moment, le fromage a une croûte jaunâtre, parsemée de taches grises et blanches. Il est élastique au toucher. A la coupe, il présente une pelure légère, une pâte parfaitement homogène sans soufflures.

On admet qu'en moyenne, il faut deux litres pour obtenir un fromage de Camembert, le rendement en poids est environ 13 à 15 p. 100.

Les fromages mûrs sont emballés soit en *boîtes*, soit en *paillots*. Le fromage, entouré d'une *étoile* en papier sulfurisé, est placé dans une boîteen bois mince : on recouvre la face supérieure d'un *papier dentelle* et le couvercle de la boîte porte l'étiquette du fabricant.

Le paillot comprend six fromages entre lesquels on place des carrés de papier sulfurisé afin d'empêcher qu'ils ne se collent les uns aux autres pendant le transport ; on les enroule de papier et on les place dans une caisse.

En outre du format habituel, on fabrique des camemberts plus petits, les demi-camemberts, dont la consommation prend une certaine extension, dans le Midi notamment.

Le camembert, qui était autrefois exclusivement fabriqué en Normandie, se rencontre aujourd'hui dans nombre de régions.

Bien que ces produits n'aient pas tous la même saveur que le produit normand, ils trouvent un écoulement facile lorsqu'ils ont été fabriqués suivant les règles et avec du lait de bonne qualité.

### Fromages divers.

Dans la même catégorie que les fromages de Brie et de Camembert prennent place d'autres sortes dont la production est moins importante.

Les fromages de Neufchâtel, appelés aussi *bondes*, *bondons*, fabriqués soit de lait gras, soit de lait maigre, présentent la maturation caractéristique au moyen de moisissures à la surface.

Il en est de même de petits fromages ronds de 8 à 9 centimètres de diamètre, désignés sous le nom de *Gournay*. Le fromage d'*Olivet* moisit également à l'extérieur, mais, lorsque le champignon est développé, on place le fromage dans une caisse pleine de cendres de bois.

### Fromages à croûte lavée.

Ces fromages se distinguent des précédents par ce fait que les moisissures n'interviennent pas dans la maturation ; le goût des produits est différent.

### Géromé.

Le lait est emprésuré à une température de 28° à 32 à une dose telle que la coagulation dure deux heures.

Le caillé est découpé en morceaux de 2 centimètres de côté. On le laisse reposer une demi-heure, puis on enlève le petit-lait à l'aide d'une passoire à trous très fins. Le caillé est ensuite mis en moule. Les formes que l'on emploie habituellement aujourd'hui sont en fer étamé, elles portent de petits trous espacés de 2 centimètres.

Les moules reposent sur des clayettes en bois supportées elles-mêmes par des plancheaux.

Cinq ou six heures après le remplissage, le caillé est descendu dans le moule et on le retourne sur une natte sèche. On effectue encore la même opération dans la soirée. Le lendemain, on met les fromages dans des formes moins hautes. On retourne encore une fois le soir.

Le troisième jour, on sale une face et le pourtour, douze heures après on sale l'autre face. Les fromages sont ensuite placés au séchoir sur des claies en bois, ils y restent deux à trois jours et on les retourne une fois.

On les descend ensuite à la cave dont la température va de 12° à 13°. Ils sont frottés tous les deux jours avec un linge trempé dans l'eau tiède salée et on les retourne chaque fois. Ils prennent une teinte rougeâtre, ce qui les fait appeler *rousseaux*.

L'affinage est terminé après six semaines ou deux mois.

On les emballe dans des boîtes en sapin après les avoir enveloppés de papier parcheminé. Le rendement du Géromé est de 12 à 13 p. 100.

Autrefois les fromages de Géromé pesaient 2 à 3 kilogrammes, mais depuis quelques années, on a réduit le format, suivant le conseil de M. Brunel, alors directeur de l'École de laiterie de Saulxures Vosges qui a fait faire également d'autres progrès à cette industrie.

Aujourd'hui on prépare des fromages de 150, 300, 500 grammes qui sont très demandés.

Quelquefois on incorpore dans le caillé, lors de la mise en moule, des grains d'anis ; on obtient ainsi les fromages anisés.

Le *Munster* est analogue au géromé, mais le goût est plus doux et, généralement aussi la pâte plus onctueuse.

## Pont-l'Évêque.

Ce fromage était appelé autrefois *augelot*, du nom de la vallée d'Auge où on l'a fabriqué pour la première fois.

La mise en présure a lieu à une température de 35° à 40° avec une quantité suffisante pour que la coagulation ait lieu en vingt minutes. Aussitôt que le caillé est bien pris, on le découpe, avec un couteau en bois, puis avec le tranche-caillé. Le petit-lait qui surnage est enlevé. On retire ensuite le caillé et on le dépose sur des nattes de roseau ou de jonc (*glottes*) où il s'égoutte.

On recouvre le caillé avec des toiles pour éviter le refroidissement. On met ensuite le caillé dans des moules carrés (fig. 82).

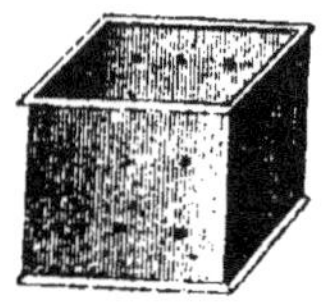

Fig. 82. — Moule à Pont-l'Évêque (Vautier frères).

Pendant les vingt-cinq premières minutes, on retourne les fromages huit à dix fois, puis on les transporte dans les moules sur une autre glotte bien sèche et on les retourne encore cinq ou six fois dans la journée. Au bout de quarante-huit heures les fromages sont démoulés et salés.

Ils sont ensuite placés au séchoir sur des claies recouvertes de paille, ils séjournent dans ce local trois à quatre jours pendant lesquels on les retourne une fois par jour.

Les fromages étant bien ressuyés sont descendus à la cave ; on les place sur champ, accolés les uns aux autres, la moisissure ne se développe pas et la maturation avance plus rapidement. On les retourne tous les deux jours.

Les Pont-l'Évêque sont livrés après vingt à vingt-cinq jours de cave.

Dans la même catégorie que le Pont-l'Évêque, rentrent les fromages suivants :

Le *Mont-d'Or*, fabriqué dans le Rhône, autrefois exclusivement avec le lait des chèvres du Mont-d'Or lyonnais.

Le *Saint-Remy*, obtenu en Franche-Comté.

Le *fromage de boîte*, préparé dans les chalets des montagnes du Doubs, à l'automne.

Le *Void*, spécialisé dans l'arrondissement de Commercy Meuse .

Le *Maroilles*, originaire de l'arrondissement d'Avesnes (Nord).

Le *chevret*, fabriqué avec du lait de chèvre pur ou mélangé avec du lait de vache.

### Livarot.

Le livarot est fabriqué avec du lait plus ou moins écrémé. On met le lait en présure à une température de 35° à 40°. La coagulation dure une heure et demie.

On divise le caillé à l'aide d'un couteau en bois et du tranche-caillé, puis on le dépose sur les nattes de roseau ou de jonc ou bien dans une toile où il s'égoutte pendant un quart d'heure. Pendant ce temps, on achève de diviser le caillé avec les mains jusqu'à ce que les grains aient la grosseur d'un grain de blé. On procède ensuite à la mise en moule.

Les moules (fig. 83) sont en fer étamé ; ils ont habituellement 15 centimètres de diamètre et de hauteur. On les retourne plusieurs fois jusqu'à ce qu'ils soient bien fermes.

Le salage a lieu ensuite, puis les fromages restent quatre ou cinq jours sur les égouttoirs. Ils sont ensuite portés au hâloir ou bien vendus blancs à des cavistes qui se chargent de les affiner.

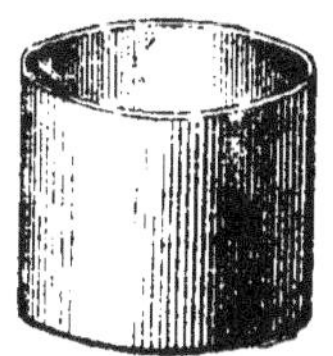

Fig. 83. — Moule à Livarot (Vautier frères, à Louviers).

Les livarots, après un séjour de quinze jours environ au hâloir, sont portés à la cave.

Pendant leur séjour en cave, les fromages sont retournés deux à trois fois par semaine ; on les frotte chaque fois avec un linge imbibé d'eau pure ou parfois salée.

Après dix jours de cave, les livarots sont entourés de feuilles sèches longues et étroites, provenant d'une plante appelée *laiche*; ces rubans enroulés trois ou quatre fois autour du fromage, l'empêchent de se déformer.

Les livarots restent trois à cinq mois en cave suivant leur grosseur, avant d'être complètement affinés.

Avant de les expédier, on les colore extérieurement et on les emballe en paillots placés dans des caisses, comme les camemberts.

## Fromages à pâte ferme.

### Fromages avec moisissures à l'intérieur.

#### Roquefort.

Le fromage de Roquefort est caractérisé par la présence à l'intérieur de la pâte d'une moisissure, le *Penicillium glaucum*, qui détermine l'affinage.

Pendant longtemps le Roquefort fabriqué avec du lait de brebis était obtenu à la ferme ; les fromages étaient ensuite centralisés à Roquefort dans des caves naturelles réunissant les conditions favorables à la maturation.

Depuis quelques années, les Sociétés qui affinaient les fromages ont organisé de nombreuses laiteries et, achetant le lait aux cultivateurs, fabriquent le produit.

**Fabrication.** — La coagulation a lieu de 26° à 30° en une heure et demie à deux heures. Lorsqu'elle est terminée, on découpe à l'aide d'une poche la partie supérieure du caillé ; puis on le divise jusqu'à ce que les morceaux aient atteint la grosseur d'une noix. On enlève ensuite les deux tiers du petit-lait. L'extraction du sérum terminée, on verse le caillé sur une toile à mailles larges. Cette toile est placée sur une claie dans une caisse en bois qui est supportée par trois roues en fer, ce qui permet de la déplacer à volonté.

On recoupe lentement, avec une écumoire, les couches de caillé et on les retourne de façon que celles qui étaient à l'extérieur soient à l'intérieur et inversement, ce qui favorise l'équilibre de température et, par suite, la régularité de l'égouttage.

Dès que le caillé a la consistance voulue, on procède à la mise en moule.

Les moules sont en terre vernissée à l'intérieur ou en tôle étamée (fig. 84), ayant 20 centi-mètres de diamètre sur 9 à 10 centi-mètres de hauteur ; le fond des moules est percé de petits trous.

On place dans le fond du moule une tranche de caillé de 3 à 4 centi-mètres de hauteur et on la broie avec la main ; on la saupoudre de pain moisi

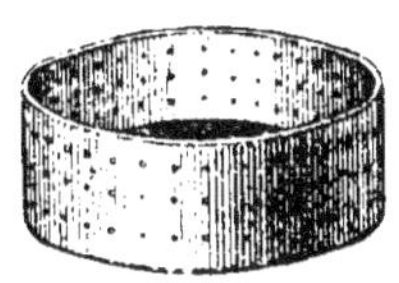

Fig. 84. — Moule à Roquefort (Vautier frères).

préparé comme on l'indiquera plus loin en se servant d'une boîte cylindrique dont le couvercle est percé de petits trous. On fait pénétrer légèrement le pain moisi dans le caillé en comprimant la surface avec les doigts. On place ensuite une deuxième couche de caillé pétrie comme la première et saupoudrée de pain moisi. Enfin, une troi-sième couche recouvre le tout et dépasse les bords de 5 à 6 centimètres pour s'affaisser et remplir exactement le moule lorsque le petit-lait sera égoutté. Il faut veiller à ce que la couche de pain moisi s'arrête à environ 2 centi-mètres de la paroi du moule.

La salle de fabrication doit être maintenue à 18°.

Les moules remplis de caillé sont placés sur des égout-toirs. On retourne les fromages trois fois le premier jour et environ quatre fois les trois jours suivants. On les lave alors dans l'eau tiède.

Les fromages sont placés ensuite dans la cave de la laiterie qui doit être à température aussi basse que possible. Ils y séjournent jusqu'à leur départ pour les caves d'affinage qui a lieu généralement le huitième jour après la fabrication.

**Préparation du pain moisi.** — Pour obtenir le pain
moisi, on fait cuire une pâte pétrie avec 1/3 de farine
de seigle et 2/3 de farine de froment qu'on acidule
légèrement avec un peu de bon vinaigre. Le pain est mis
à moisir dans une cave fraîche. Au bout d'un mois et
demi à deux mois, le pain est entièrement moisi. On
enlève la croûte et on découpe la mie en morceaux de
2 à 5 centimètres que l'on fait sécher lentement. On
broie ces morceaux au moulin et on les tamise dans une
bluterie très fine ; la poudre que l'on obtient sert à l'ensemencement des fromages ; on compte qu'il faut
10 grammes pour 100 kilos de fromage.

La poudre de bleu, placée dans une terrine en grès ou
au sec, peut se conserver six mois environ.

**Mise en cave des fromages.** — Pour transporter
les fromages aux caves, on les place sur un lit de paille,
dans des caisses à claire-voie appelées *gagets* ; on met
24 pièces par gaget qu'on empile dans des charrettes
bâchées ; autant que possible, le transport s'effectue de
nuit.

Les fromages sont reçus et classés à leur arrivée aux
caves par des employés spéciaux et portés ensuite dans
une pièce que l'on appelle le *saloir*. Là, on frotte le
pourtour des fromages avec du sel et on sale également
la face supérieure. On les pose à terre par pile de trois.
Ils sont ainsi soustraits en partie au contact de l'air et
par conséquent à l'action des ferments aérobies. Le lendemain, on les retourne, on les sale sur l'autre face et
on les remet en pile de trois. Deux jours après, toute la
surface est frottée avec une toile ; le sel pénètre complètement. On les remet ensuite en piles, puis, le lendemain, on les porte à la *brosseuse*, machine qui les débarrasse de la couche gluante (*pégot*) qui s'est formée à leur
surface. De là, ils sont passés à la *piqueuse*, machine
munie d'une série d'aiguilles qui perfore chaque fromage de nombreux trous très fins qui permettent à l'air

de s'introduire, ce qui facilite le développement du *peni-cillium*.

Enfin, ces diverses opérations terminées, le fromage est mis en cave. Il y séjourne au minimum deux mois. Dans les caves, les fromages sont placés en plies, c'est-à-dire sur champ, laissant entre eux un vide de 5 à 6 centimètres. Pendant leur séjour dans les locaux de maturation, les fromages se couvrent d'une moisissure blanche, que l'on enlève par un raclage. Cette opération appelée *revirage* est répétée plusieurs fois. La raclure (*reverum*) est employée dans l'alimentation des porcs.

Les caves naturelles de Roquefort sont caractérisées par des courants d'air frais et humides très favorables à la moisissure. La température moyenne est de 8°; on peut régler l'intensité de l'aération.

**Réfrigérant.** — Les fromages mûrissent en cave d'une façon uniforme et constante et la fabrication n'ayant lieu que de janvier à août, seule période pendant laquelle les brebis donnent du lait, on ne pouvait autrefois livrer à la consommation toute l'année des fromages ayant le même degré de maturité.

C'est alors que la *Société des caves et des producteurs réunis* installa des frigorifères, caves refroidies à très basse température au moyen de puissantes machines et dans lesquelles on place les fromages.

Les agents de la maturation sont ainsi immobilisés et les fromages restent dans le même état pendant tout le temps de leur séjour dans le frigorifère.

La *Société nouvelle de Roquefort* utilise le froid artificiel non seulement pour la conservation mais aussi pour l'affinage des produits; elle a établi des caves refroidies par des machines et dans lesquelles on règle à volonté la température et le degré hygrométrique. L'affinage se termine dans les caves naturelles.

Le rendement en fromage frais est de 16 à 18 p. 100; comme on compte en moyenne 20 p. 100 de déchet, le

12.

rendement en fromage mûr va de 12,5 à 14,5 p. 100. Le Roquefort affiné présente à la coupe des veines à teinte bleuâtre, la pâte est moelleuse et possède une saveur spéciale absolument caractéristique.

Les fromages de Roquefort sont emballés dans des caisses ou dans des paniers ; chaque fromage étant séparé du suivant par une planchette en bois mince ; pour certaines destinations, on les enveloppe dans du papier d'étain. Les fromages de Roquefort, très consommés en France, s'expédient aussi dans de nombreux pays d'Europe et d'outre-mer.

### Pâtes bleues.

A côté du Roquefort d'origine fabriqué avec du lait de brebis, se placent différentes sortes de fromages qui ont avec lui un caractère commun des plus essentiels : le mode de maturation. Comme le fromage des caves, ils exigent pour leur affinage l'intervention d'une moisissure. Aussi les procédés de fabrication présentent une certaine analogie.

On fabrique beaucoup de fromages suivant le procédé de Roquefort avec du lait de vaches. La saveur n'est pas identique et la pâte n'est pas aussi blanche ; mais, dans des conditions favorables, on obtient d'excellents produits.

Ces fromages préparés avec du lait de vaches, s'appellent *bleus, pâtes bleues*. On les fabrique surtout en Auvergne, dans le Rhône, l'Isère et les Hautes-Alpes.

Fig. 85. — Piqueuse à Roquefort à bras (Jeantin ainé et fils, à Chambéry).

La température des caves est généralement plus élevée qu'à Roquefort : parfois on les chauffe en hiver de façon à obtenir 12° et toujours une certaine proportion d'humidité. En été, on place ces fromages dans des caves à 8°, maintenues obscures et l'on prend toutes les précautions pour éviter l'apparition des mouches.

D'ailleurs, souvent on arrête la fabrication du 15 mai au 15 août. Pour percer les fromages, on peut se servir d'une piqueuse à bras représentée par la figure 85. Le rendement du bleu mûr va de 10 à 10,5 p. 100.

La *fourme d'Ambert* est cylindrique, le mode de salage est particulier, on place le sel à l'intérieur du produit.

Citons dans la même catégorie, le *Gex*, le *Sassenage*, le *Septmoncel* : dans la fabrication des deux derniers, entre parfois une certaine proportion de lait de chèvre.

## Fromages à croûte résistante.

### Cantal.

Le fromage de Cantal, appelé aussi *fourme*, a la forme d'un cylindre mesurant habituellement 30 à 35 centimètres de diamètre et 35 centimètres de hauteur.

La mise en présure a lieu à 32° environ, la coagulation dure une heure.

On rompt le caillé et, au moyen d'une lame de bois que l'on promène dans le liquide tout autour de la chaudière, on agglomère la masse au centre. On enlève alors le petit-lait avec précaution.

Puis on retire le gâteau de caillé et on le place dans un moule muni d'un fond et percé de trous, on le porte ensuite sous la presse.

La pression dure douze heures et atteint, à la fin, quatre fois le poids du fromage.

Au sortir de la presse, le fromage, la *tome* comme on dit, est placée dans un local assez chaud. Après deux à trois jours de fermentation, la tome est devenue plus liante. On la broie et on la pétrit, soit à la main ou au moyen d'une massue appelée *bouc*, ou encore avec un moulin à caillé. On incorpore en même temps du sel fin à raison de 2$^{kgr}$,5 à 3$^{kgr}$,5 pour 100 kilogrammes de fromage. La tome, salée et parfaitement émiettée, est enroulée d'une toile et pressée.

On retourne plusieurs fois pendant les douze premières heures : la pression s'exerce pendant trente-six heures, à la fin elle est d'environ 15 kilogrammes par kilogramme de fromage.

Le fromage est placé ensuite à la cave. On le retourne de temps à autre et on le frotte avec un linge imbibé d'eau fraîche ou parfois salée. Les courants d'air sont à éviter, car ils font gercer la croûte. Le fromage reste en cave quatre mois.

Le rendement va de 10 à 11 p. 100.

### Fromages de Hollande.

Les fromages de Hollande sont importés chez nous en quantité notable, mais on les fabrique aussi dans différentes régions de la France.

On distingue le fromage d'Edam, appelé également *croûte rouge* ou *tête de Maure*, et le fromage de Gouda, désigné souvent sous le nom de *pâte grasse*.

### Edam.

Le fromage d'Edam est de forme sphérique. On le fabrique soit avec du lait gras, soit avec du lait un peu écrémé.

Le lait est mis en présure à 32° l'hiver et à 30° l'été.

La durée de la coagulation est de trente minutes en moyenne. Après avoir découpé le caillé très doucement en tous sens, on le laisse reposer pendant environ trois minutes. Au bout de ce temps, on continue à découper, mais en allant plus vite. Puis on réchauffe à 36° en hiver et à 34° en été, la masse étant toujours agitée.

L'opération est terminée lorsque les grumeaux ont la grosseur des grains de blé. Pour le découpage du caillé on se sert du tranche-caillé à lames verticales (fig. 86) et du tranche-caillé à lames horizontales (fig. 87).

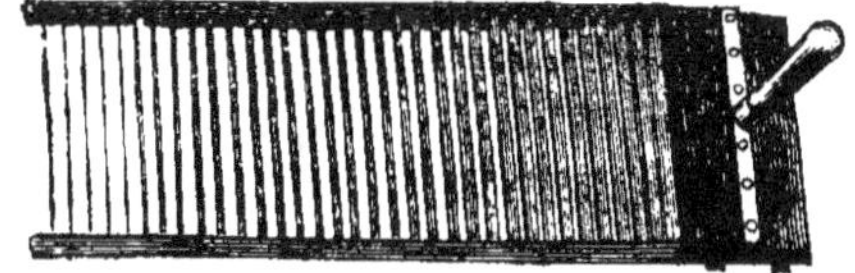

Fig. 86. — Tranche-caillé à lames verticales (Pilter).

Après un repos de dix minutes au moins, on agglomère le caillé en une seule masse, on retire le petit-lait par un siphon, un robinet ou une puisette. On facilite cette expulsion en com-

Fig. 87. — Tranche-caillé à lames horizontales (Pilter).

primant le caillé, en le chargeant de poids, ou bien en découpant des tranches dans la masse. Lorsque le caillé est bien égoutté et qu'il n'y a plus de petit-lait dans la cuve, on procède à la mise en moules.

Les moules à presser (fig. 88) sont en bois, sphériques et munis d'une calotte. Ils sont percés, au fond, d'orifices pour l'écoulement du petit-lait. Afin d'éviter le refroidissement du caillé, on place les moules dans l'eau chauffée à 35°-40° ou, de préférence, dans le petit-lait chaud.

Avant d'être mis en moule, le caillé est broyé, soit avec les mains, soit avec un moulin spécial (fig. 89).

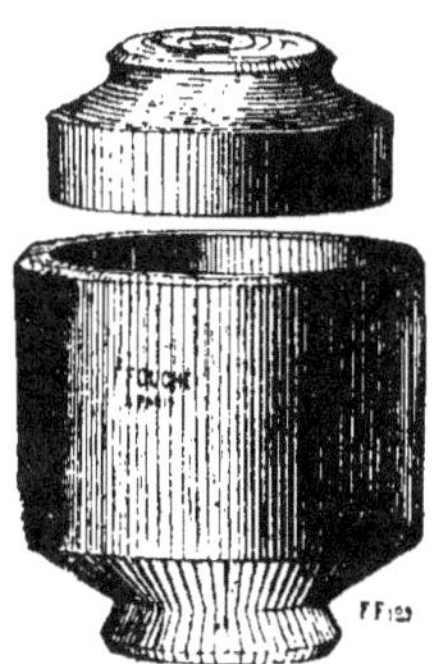

Fig. 88. — Moule à presser (Fouché).

Le caillé est tassé dans le moule de façon à chasser le plus de petit-lait possible. Lorsque le moule est rempli, on place un moule vide par-dessus le premier, puis, la main droite étant appliquée sur le fond du moule vide et la main gauche sous le fond du moule plein, on retourne l'ensemble et le fromage tombe dans le second moule.

Il est utile d'employer toujours le même moule pour remplir; de cette façon, avec un peu d'habitude, on arrive à faire des fromages d'égale grosseur. Le fromage est ensuite pressé à la main, tourné deux ou

Fig. 89. — Moulin à caillé (Pilter).

trois fois pendant cette opération, puis enveloppé d'un linge, replacé dans le moule, recouvert de la calotte et, enfin, porté sous la presse.

Dans la presse Bochet fig. 92 les moules sont réunis par deux sous les valets B dans lesquels peuvent glisser les tiges A qui sont tirées par le système de leviers et de contrepoids placés sous la table. Si l'on soulève la barre du contrepoids, la tige A glisse librement dans le trou du valet B. mais, si on lâche la barre, la tige coince dans le valet et les fromages subissent l'action de la presse. Voy. pages 218-219.

A mesure que les barres des contrepoids se rapprochent de l'horizontale, la pression augmente, elle est donc progressive; on la règle par le déplacement des contrepoids sur les barres.

Les fromages placés sous presse subissent habituellement une pression finale de 10 kilogrammes. S'il s'agit de fromages de longue conservation dits étuvés, la pression finale est de 16 kilogrammes. La durée de la pression est de six à dix heures au plus.

En hiver, le local où se trouvent les presses doit être chauffé de 16° à 18°. Parfois, en sortant de la presse, le fromage n'est pas assez soudé, cela peut provenir du froid, d'un couvercle joignant imparfaitement le caillé, aussi de ce que le fromage a été mal enveloppé. Il faut alors remettre le pain en presse pendant deux heures. Mais, auparavant, on le trempe pendant cinq minutes dans l'eau chaude ou, de préférence, dans du petit-lait à 35°-40°. On réchauffe aussi le moule et la calotte. Ce fromage vaut rarement les autres.

En sortant de la presse, le fromage est débarrassé des linges, trempé dans de la saumure, puis placé dans un moule à saler (fig. 90). On le tourne au bout d'une demi-journée, ensuite tous les jours une fois, en déposant chaque fois à la surface, du sel humecté; la salaison dure en moyenne cinq jours.

Après avoir été salés, les fromages sont lavés dans du petit-lait tiède, puis mis au séchoir. Le séchoir est chauffé en hiver, mais il ne faut pas que sa température dépasse 18°: il

Fig. 90. — Moule à saler (Fouché).

doit être muni d'ouvertures pour permettre l'aération.

Pendant un mois, les fromages sont tournés tous les jours, ensuite tous les trois ou quatre jours. Quinze jours après leur entrée au séchoir, les fromages sont trempés dans un bain d'eau tiède de 20° pendant environ deux heures ; on les lave, on les brosse et, après les avoir fait sécher dans un endroit aéré, on les remet en magasin, sur des planches propres.

Quinze jours après, les fromages sont de nouveau lavés. Mais on ajoute de la chaux à l'eau dans la proportion de 500 grammes de chaux pour 100 litres d'eau. Il faut avoir soin de rincer ensuite le fromage à l'eau claire, afin d'enlever toute trace de chaux sur la croûte qui est devenue très tendre et absolument unie.

On les graisse ensuite avec de l'huile de lin et on les remet en place. Lorsqu'on veut expédier les fromages, on les racle et on les peint. La couleur employée est le tournesol, ou une solution ammoniacale de carmin.

Le poids habituel des fromages est de 2 à 3 kilogrammes.

Le rendement varie entre 9 et 10 p. 100.

Les fromages de Hollande sont expédiés dans des caisses à compartiments.

### Gouda.

Le fromage de Gouda est cylindrique et il a les bords arrondis. Sa fabrication diffère peu de celle de l'Edam. On met en présure à 34° en hiver, à 32° en été. La coagulation dure une demi-heure en moyenne. On découpe comme il a été indiqué pour l'Edam, mais on ne réchauffe pas. Le caillé n'est pas broyé au moment de la mise en moule. Le fromage est salé dans la saumure. La durée du séjour dans la saumure varie suivant le poids du fromage. Un fromage d'un kilogramme reste vingt-quatre heures, celui de deux kilogrammes trente-six heures, celui de trois kilogrammes, quarante-huit heures.

En sortant de la saumure, le fromage est lavé dans du petit-lait tiède et mis au séchoir.

Quinze jours après, le fromage est lavé à grande eau. On le place alors dans une cave d'affinage où on le frotte de temps à autre avec une toile imbibée d'eau salée.

Le fromage de Gouda a une pâte onctueuse ; le rendement est de 10 à 11 p. 100.

### Port-Salut.

Le fromage de Port-Salut est, en quelque sorte, l'intermédiaire entre les fromages secs dont il se rapproche par sa croûte résistante et les fromages mous auxquels il ressemble par sa pâte tendre.

Pour cette fabrication, il est préférable d'employer un lait ayant subi une légère acidification marquant 20° environ à l'acidimètre Dornic et renfermant 3,5 p. 100 de matière grasse.

**Emprésurage.** — La température de coagulation varie entre 28° et 34°, suivant la masse du lait, son acidité, la saison et la température de la cave de maturation. C'est un point important qui demande toute l'attention du fromager.

Le lait est habituellement additionné de colorant.

La coagulation doit durer trente à trente-cinq minutes.

**Travail du caillé.** — Le décaillage s'effectue très lentement de façon à obtenir un grain régulier. Le travail dure vingt à trente minutes.

On retire alors le petit-lait en aussi grande quantité que possible, ce qui demande environ quinze minutes, puis on brasse. Il faut environ trente minutes de travail pour amener les morceaux de caillé au point de dessiccation voulu. Ils ont alors la grosseur d'un grain de blé.

On peut aussi dessécher le caillé en réchauffant de trois à cinq degrés. Dans ce cas, la durée du brassage est moindre.

**Mise en moule.** — Les moules (fig. 92) sont en fer étamé percés de trous, on les place sur des plateaux de bois et on les garnit intérieurement d'une toile coupée de dimensions ; les moules ainsi préparés sont disposés sur une table que l'on amène près de la chaudière. A

Fig. 91. — Presse à P

Fouché). Voy. page 220.

l'aide de seaux, on puise le caillé et on le répartit dans les moules en le comprimant légèrement avec les mains. Lorsque le caillé dépasse d'environ un centimètre le bord du moule, on replie les coins de la toile sur le fromage, en ayant soin d'éviter les faux plis, et le fromage est mis sous presse.

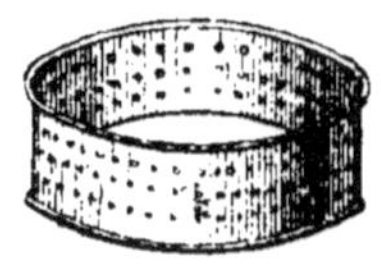

Fig. 92. — Moule à Port-Salut (Vautier frères, à Louviers).

Cette opération doit se faire très rapidement, afin d'éviter que les dernières portions de caillé ne durcissent dans la chaudière et aussi avant que les premières portions mises en moule ne se refroidissent, ce qui empêcherait la soudure complète des grains sous la presse.

**Pression.** — On peut donner la pression au moyen d'une presse à vis facile à établir économiquement. Mais cet appareil ne donne pas une pression continue. A mesure que le fromage se tasse, il faut manœuvrer la vis.

La presse Fouché (fig. 91) comporte une série de tiges guidées, terminées par des plateaux en fer étamé qui appuient sur les fromages. Grâce au guidage des tiges, les fromages sont pressés d'aplomb et prennent une forme régulière. Les poids sont placés directement sur des petits supports calés sur des tiges; quand on veut les retirer pour modifier la pression, on les place sur la traverse du dessus. Des leviers à poignées permettent d'agir sur les tiges lorsqu'on veut retirer les fromages.

La pression dure dix à douze heures; faible au début, on l'augmente progressivement par l'addition de nouveaux poids. On change de toile au bout d'une demi-heure et on retourne le fromage. On répète la même opération après une heure.

**Salage et affinage.** — La pression terminée, on démoule et on porte les fromages au séchoir.

Lorsqu'ils sont ressuyés, après douze ou vingt-quatre heures on procède au salage. On sale une fois chaque face et le tour avec du sel fin.

Vingt-quatre heures après le salage, on les porte à la cave. Là, ils sont placés sur des planches ayant 0m,25 de largeur et disposées les unes au-dessus des autres à 0m,13 d'écartement.

La cave doit avoir une température de 12° et un état hygrométrique de 90; les caves en sous-sol sont à préférer.

Tous les deux jours, on trempe les fromages dans un bain d'eau légèrement salée, jusqu'à ce que la croûte commence à se former, ensuite on les frotte avec un linge humide.

Les Port-Salut peuvent être consommés après six ou sept semaines, mais ils sont livrés au commerce un mois environ après leur fabrication. Le Port-Salut a une croûte jaune pâle, sa pâte doit être moelleuse, homogène, sans cavités ou seulement avec quelques yeux réguliers, le goût peu accentué. Le rendement va de 10,5 à 11 p. 100.

On fabrique le Port-Salut sous deux formats différents, le petit format ayant 18 centimètres de diamètre, 4 centimètres de hauteur et pesant 1 kilog. à 1 k. 200, le grand format ayant 25 centimètres de diamètre, 4,5 d'épaisseur et pesant 2 k. 100 à 2 k. 300.

La fabrication du Port-Salut a considérablement augmenté depuis quelques années; elle est surtout importante d'avril en octobre. Le Port-Salut se consomme à Paris, dans l'Ouest et dans le Midi, mais on en exporte également une certaine quantité. On expédie les fromages dans de petits caissons en bois très léger percés de deux ou trois trous pour donner de l'air pendant le trajet.

Le *reblochon*, fabriqué dans la Haute-Savoie, a une certaine analogie avec le Port-Salut. Toutefois le goût est plus prononcé et le format moindre.

### Gruyère.

Le gruyère est le type des fromages à pâte ferme, cuits et pressés.

**Locaux**. — Le bâtiment qui sert à la manipulation du lait s'appelle le *chalet*. Ces installations, autrefois très

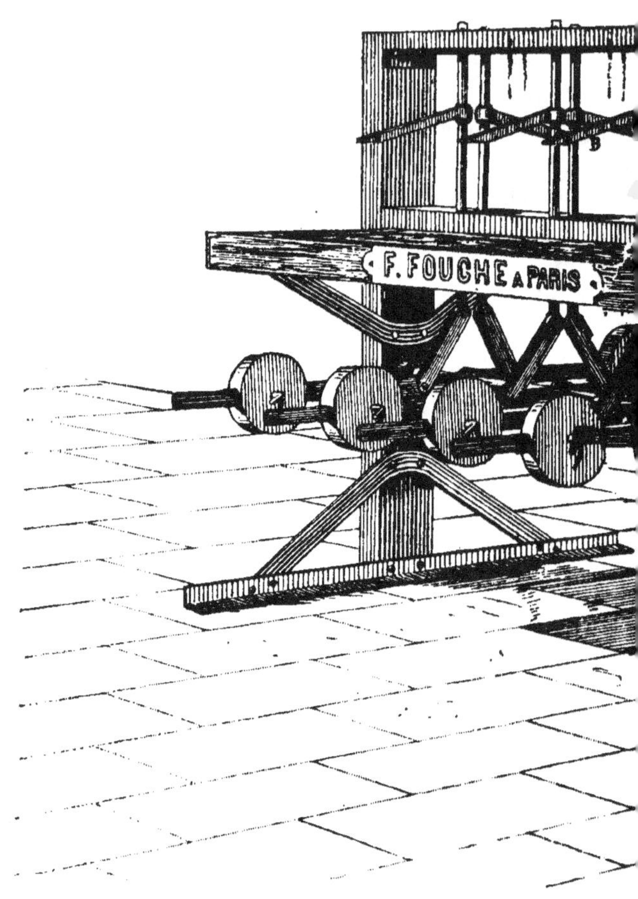


Fig. 93. — Presse à l

rudimentaires, se sont notablement améliorées depuis quelques années.

Un chalet bien aménagé doit comprendre au rez-de-chaussée, une *cuisine* et une *chambre à lait*; en sous-sol, une *cave chauffée* et une *cave fraîche*.

Dans les installations importantes, notamment où l'on fabrique les grosses pièces d'emmenthal, il y a en plus une *salle de dépôt*, quelquefois un *vestibule*, une *cave à saler* et une *cave chaude supplémentaire*.

Il est utile d'établir le logement du fromager à l'étage supérieur.

Le vestibule sert à la réception du lait. On évite ainsi que les fournisseurs pénètrent dans la cuisine qui, de cette façon, peut plus facilement être maintenue en état de propreté. Les ventes de lait, de beurre et de fromage ont lieu aussi dans le vestibule.

La cuisine est la pièce principale, celle où l'on fabrique le fromage ; elle doit être spacieuse et bien éclairée.

Dans la chambre à lait, on conserve le lait destiné à être écrémé ; cette salle est orientée, autant que possible, au nord, afin qu'elle ne subisse pas l'action du soleil. La ventilation s'y exerce par deux fenêtres situées à chaque extrémité et par une série de larmiers dont le bord inférieur affleure à la surface du lait placé dans le bassin réfrigérant.

Les caves situées au sous-sol débordent le rez-terre de 70 centimètres ; de cette façon les larmiers sont complètement dégagés, ce qui évite l'infiltration des eaux pluviales et donne le maximum d'éclairage. La disposition en sous-sol est à préférer dans les régions où se manifestent de grandes variations de température. Il est, en effet, plus aisé alors de maintenir toute l'année la température constante et, en même temps, point que l'on n'envisage pas toujours suffisamment, le degré d'humidité convenable. Quelquefois, par suite de la nature très humide du sol, les caves ne sont enterrées qu'à moitié.

Le plafond est constitué par une voûte en briques et

fers à T: la voûte en maçonnerie de moellons, restreint, en effet, l'espace utile sans avantage.

La lumière est indispensable dans les caves afin que le fromager puisse soigner convenablement les produits; la croûte des fromages prend ainsi une plus belle couleur. On dispose des larmiers spacieux et situés au-dessus du sol. Pour que la lumière soit bien utilisée, on établit les ouvertures vis-à-vis les intervalles libres qui séparent les rayons de fromages.

La salle de dépôt sert à abriter les provisions : coke, sel, etc.; on y pèse les fromages.

**Matériel.** — Dans la chambre à lait se trouve le bassin réfrigérant (fig. 36) destiné à recevoir les vases contenant le lait. Ces récipients étaient autrefois exclusivement en bois, mais ils sont moins faciles à nettoyer que ceux en métal; placés dans l'eau ils prennent moins rapidement l'équilibre de température et le lait s'y refroidit plus lentement. Les plus pratiques sont ceux en fer étamé embouti à rebord (fig. 35).

Les récipients (rondots) à faible hauteur sont préférés aux vases cylindriques plus profonds, car, pour une même quantité de beurre, la crème est plus épaisse sur les premiers, il reste une plus grande quantité de lait écrémé pour le fromage.

La *poche a écrémer en bois* (fig. 94) est habituellement employée, mais il est utile d'avoir également à sa dispo-

Fig. 94. — Poche à écrémer en bois.   Fig. 95. — Poche en métal perforé.
(Jeantin aîné et fils, à Chambéry).

sition la *poche en métal perforé* (fig. 95) qui ne retient que la crème la plus épaisse.

13..

Fig. 96. — Appareil de chauf

se Lardet, à Bourg (Ain).

Dans la cuisine se trouve *l'appareil de chauffage*. Pendant longtemps le système usité très primitif présentait un double inconvénient : consommation exagérée de combustible, dégagement de fumée dans le local par suite d'un tirage imparfait. Il était constitué par un foyer fermé à l'arrière au moyen d'un mur demi-circulaire en maçonnerie ou en briques, mais ouvert librement à sa partie antérieure. La chaudière, en cuivre, suspendue à une potence en bois, solidement établie, s'approchait ou s'éloignait à volonté du foyer : c'était le système de chaudière mobile à foyer fixe.

Peu à peu on a amélioré le type en usage. Un manteau en forte tôle, soit d'une pièce, soit composé de deux parties, a été adopté pour fermer le foyer par devant et prévenir le dégagement de fumée et de chaleur. Ce manteau est muni d'une porte pour l'introduction du bois et le passage de l'air.

On a établi également un couvercle en tôle pour placer au-dessus du foyer quand la chaudière est retirée.

Le tirage a été rendu plus parfait par différents dispositifs. Ainsi, dans certains systèmes, le fond du foyer est constitué par une grille destinée à recevoir le bois ; l'air nécessaire à la combustion arrive par-dessous, venant soit de la salle, soit de l'extérieur au moyen d'un canal.

D'autres fois, le tirage est amélioré par l'établissement d'ouvertures dans le mur d'arrière, ouvertures réglables par des registres. C'est en exécutant l'une ou l'autre de ces modifications, parfois plusieurs, s'il est nécessaire, que l'on peut utiliser le système ordinaire sans avoir à redouter les inconvénients signalés plus haut. D'autre part, certains constructeurs ont cherché à rendre plus commodes les appareils de chauffage usités dans l'industrie du gruyère et sont arrivés sous ce rapport à d'excellents résultats.

L'appareil Lardet (fig. 96, pages 226-227) présente les particularités suivantes :

La forme de la chaudière permet de la descendre ou de la remonter de 20 à 30 centimètres dans le foyer. Le fourneau est monté sur un cercle-rails. Il s'ouvre de chaque côté à l'aide de clavettes mobiles ; avec ce système on peut placer deux chaudières dans un espace restreint, les potences se fixant à 10 centimètres du fourneau. Le devant, garni d'une main courante, est muni de deux roulettes glissant sur rails. La disposition du foyer et de la boîte à fumée permet de brûler les menus bois ; une bouillote à eau chaude placée à l'arrière, sert à chauffer l'eau nécessaire au lavage des ustensiles.

L'appareil de chauffage Laurioz et le système Garnache, établis sur les mêmes principes, sont également très employés dans les fruitières.

Dans les systèmes de chauffage à foyer fixe, la chaudière étant entourée de l'air ambiant, la température ne se maintient pas identique dans toute la masse pendant la coagulation : les parties contiguës aux parois se refroidissent davantage.

C'est pour remédier à un pareil inconvénient que l'on a imaginé, il y a déjà plusieurs années, en Suisse, les appareils à chaudière fixe et foyer mobile, et le système est à peu près le seul employé aujourd'hui pour la fabrication des emmenthals.

L'appareil Vogt-Gut est représenté par la figure 97.

Il se compose de deux chaudières en cuivre rouge fixées dans leur fourneau en fer ; la première sert au chauffage du lait, la seconde au chauffage de l'eau.

Le foyer est constitué par un vagonnet placé dans un canal établi au-dessous des chaudières. Au moyen d'une manivelle et d'une chaîne sans fin, on déplace à volonté le vagonnet.

Quel que soit le système adopté, les chaudières ne doivent pas avoir un fond trop plat, sinon il devient difficile de sortir le fromage d'une seule fois.

Pour diviser le caillé, on se sert d'un *tranche-caillé à*

Fig. 97. — Appareil de chauffage à foyer mobile et presse Vogt-Gut (Jeantin aîné et fils, à Chambéry).

*fils de laiton* (fig. 98); pour agiter la masse, on emploie
le *brassoir à fils métalliques* (fig. 99).

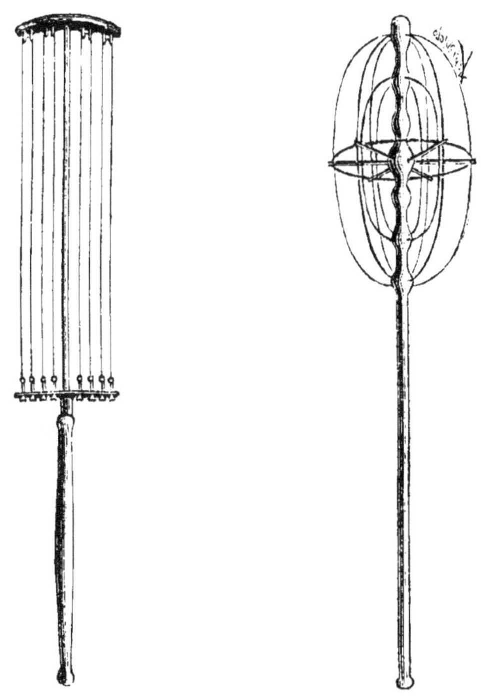

Fig. 98. — Tranche-caillé à fils
de laiton (Pilter).

Fig. 99. — Brassoir à fils métalliques (Pilter).

Depuis quelques années, on emploie en Suisse un
*brassoir mécanique* (fig. 100), qui est à recommander
lorsqu'on fabrique de grosses pièces.

Dans le mouvement de brassage que l'on imprime aux
grains de caillé, les plus gros se portent à la circonférence.

Pour les ramener vers le centre où le brassoir peut les
diviser, on ajuste contre la paroi de la chaudière soit la
*poche* en bois, soit une palette en métal appelée *disque*
(fig. 101).

La sortie du fromage hors de la chaudière est facilitée

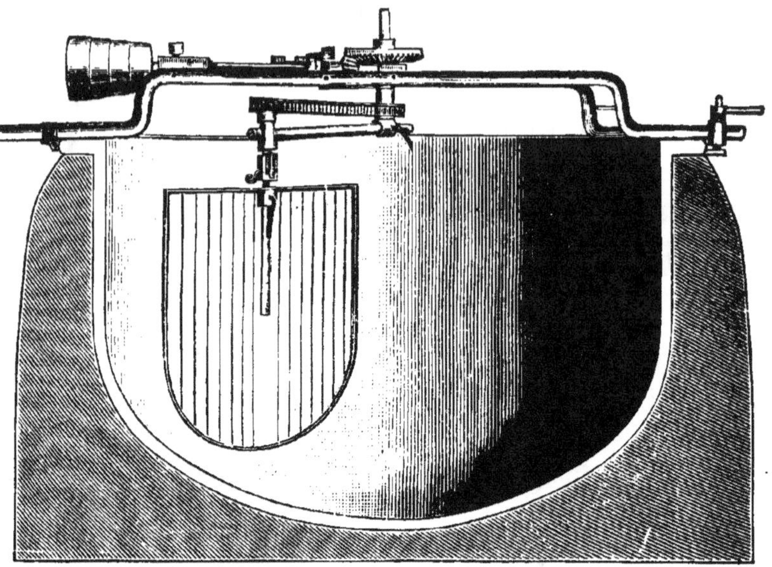

Fig. 100. — Brassoir mécanique. (Jeantin aîné et fils).

si l'on fait usage d'une *baguette en acier* (fig. 102, 20) plus

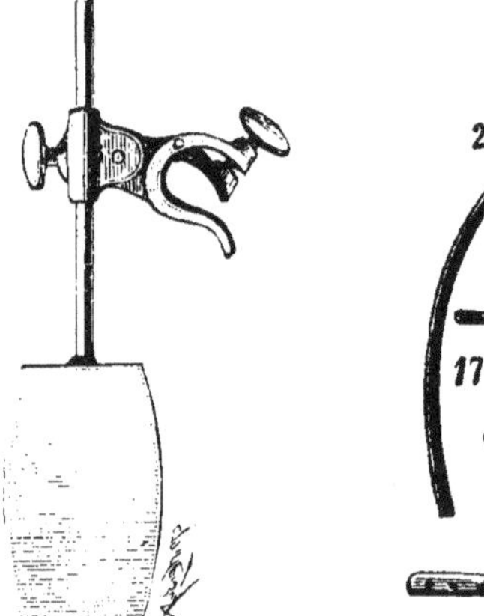

Fig. 101. — Disque
(Jeantin aîné et fils).

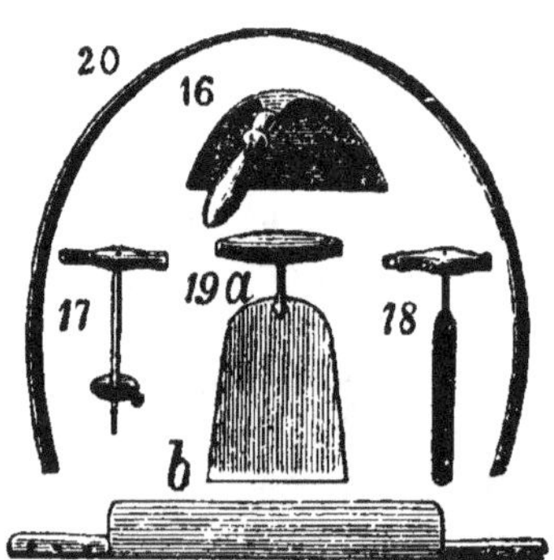


Fig. 102, 20. — Baguette en acier
(Jeantin aîné et fils).

mince et plus souple que celle en bois employée autrefois.

Afin de rendre plus facile l'enlèvement des fromages, surtout s'il s'agit de grosses pièces, on dispose au-dessus de la chaudière une *moufle* (fig. 103) suspendue à une poulie roulant sur un rail incliné ; la moufle transporte le fromage vers la presse.

La *presse* doit pouvoir exercer une pression variable à volonté. Il est utile que les poids soient indiqués ; ces conditions sont réalisées dans la presse Lardet (fig. 96).

La presse Lardet est constituée par un levier formé d'un rail de fonte auquel est suspendu un poids mobile plus ou

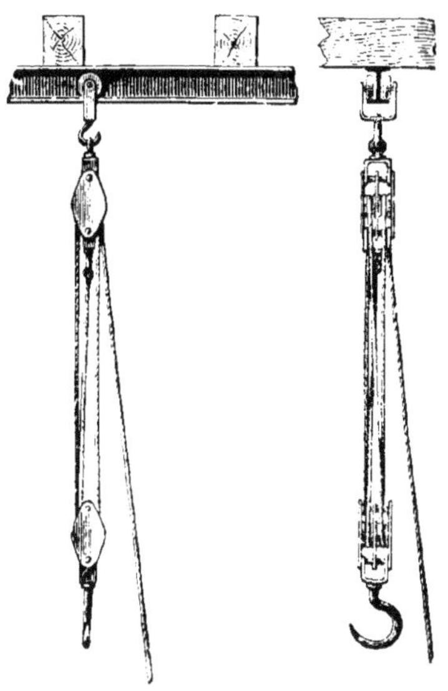

Fig. 103 — Transporteur à fromages
(Jeantin aîné et fils, à Chambéry).

moins lourd, la pression se transmet à l'aide d'une tige articulée que l'on élève et que l'on abaisse à volonté au moyen d'une vis manœuvrée par deux bras horizontaux.

La presse Laurioz (fig. 104) est également à poids variable, elle repose sur des roulettes qui permettent de la déplacer pour le nettoyage et de l'approcher de la chaudière lors de l'enlèvement des fromages.

Dans les caves, les planches destinées à recevoir les fromages sont appelées *tablars* ; elles ont généralement 0,025 à 0,03 d'épaisseur, 0,65 à 0,70 de largeur pour les gruyères de format ordinaire, davantage pour les grosses pièces : la longueur varie suivant les dimensions de la cave, elle atteint 4 mètres dans la plupart des cas.

On préfère les planches non rabotées faites de bois maigre, dur et bien sec. Les planches doivent être sim-

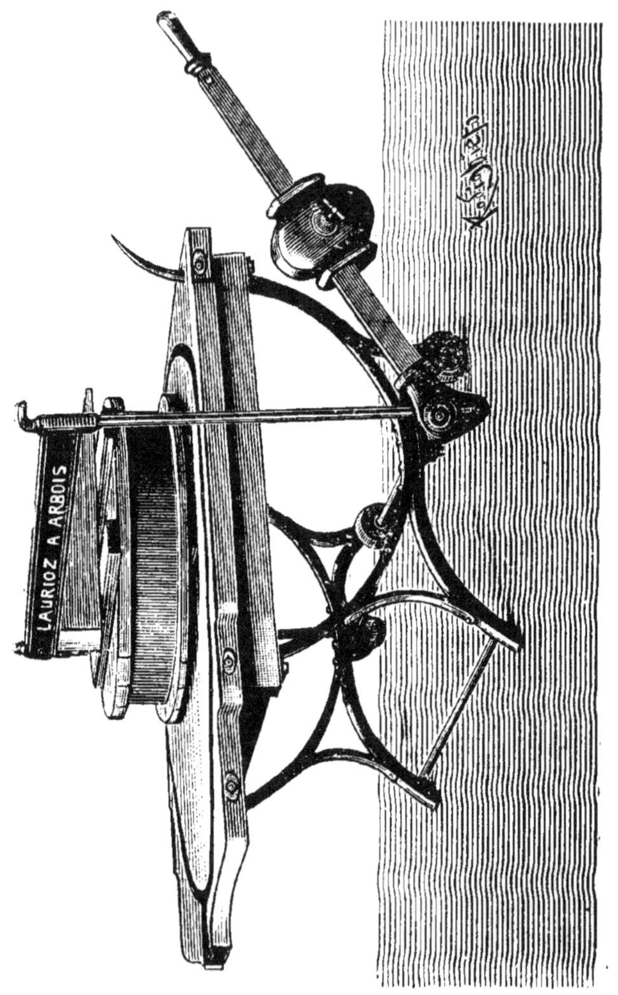


Fig. 104. — Presse à gruyère Laurioz, à Arbois (Jura).

plement placées sur des *poutrelles* et non sur des barreaux cloués à des montants.

Il est plus facile de les sortir pour les nettoyages. La

hauteur des poutrelles est de 0,18 s'il s'agit de gruyères et de 0,25 pour les emmenthals.

L'appareil essentiel d'une cave à fromages est le *calorifère*.

Le calorifère d'une cave à fromages doit être établi de telle sorte que l'on puisse obtenir les avantages suivants :

Maintien d'une température constante, les variations ne dépassant pas — ou + 2° Répartion aussi uniforme que possible de la chaleur dans toutes les parties du local, le rayonnement trop violent nuisant, en effet, à la qualité des fromages placés à proximité. Possibilité d'arriver à un maximum de 22° s'il est nécessaire ; maintien de la température voulue sans une surveillance constante. C'est là un point très important à considérer. Certains appareils, en effet, ne donnent de bons résultats qu'à la condition de recevoir du combustible très fréquemment : or, les fromagers s'astreignent difficilement à une telle exigence et les mieux intentionnés se lassent rapidement de cette sujétion continuelle. Production, selon les besoins, de la vapeur d'eau en quantité telle que l'on puisse obtenir l'état hygrométrique voulu ; dépense de combustible réduite au minimum et tirage parfait. La simplicité, la facilité de nettoyage, la solidité sont des éléments à faire entrer en ligne de compte.

Les appareils de chauffage des caves les plus employés peuvent être rangés en deux catégories :

1° A l'eau chaude (thermo-siphon).

2° A feu direct.

Les thermo-siphons sont évidemment à préférer toutes les fois que les locaux sont assez spacieux pour justifier la dépense d'acquisition plus élevée. C'est, en effet, par le chauffage à l'eau que l'on peut arriver facilement à maintenir une température régulière. Ces appareils sont répandus surtout en Suisse. On les rencontre dans les importantes fruitières de l'Emmenthal et chez les principaux négociants. Ces thermo-siphons procurent une

température d'une régularité remarquable, tout en
humectant l'air autant qu'il est nécessaire. Une bonne
disposition pour l'installation d'un thermo-siphon consiste à placer l'ouverture du foyer en dehors de la cave
de façon à éviter tout dégagement de fumée dans le local.

Parmi les appareils de chauffage à feu direct, il faut éliminer ceux en fonte qui donnent une chaleur vive mais tombant rapidement si on n'entretient pas le feu régulièrement,
de là des variations de température nuisibles à la maturation.

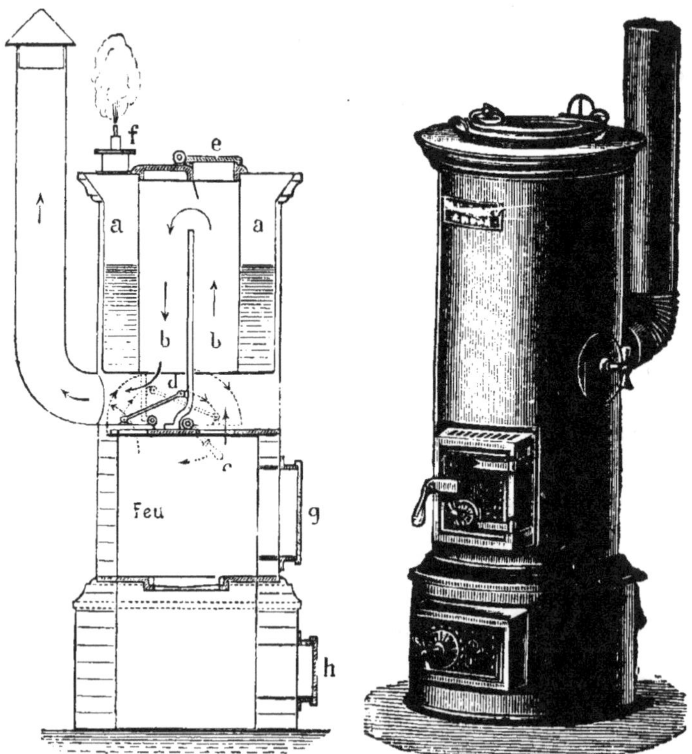


Fig. 105. — Calorifère pour caves à fromages (Jeantin aîné et fils).

En Suisse, on emploie soit le calorifère en pierre
olaire, soit le calorifère Vogt-Gut fig. 105 dont l'enve-

loppe extérieure est en tôle galvanisée. Ce dernier système
porte une bouillotte en cuivre dont l'intérieur est étamé
et qui sert à produire la vapeur. Dans les fruitières de
Franche-Comté, on emploie différents modèles, notamment le calorifère Amiez (fig. 106, garni de briques

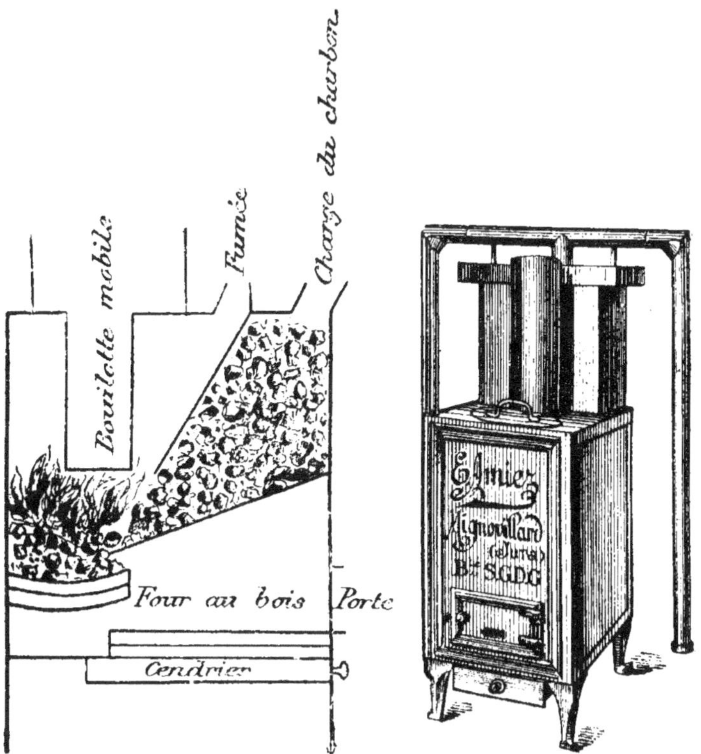


Fig. 106. — Calorifère pour caves à fromages (Amiez), à Mignovillard (Jura).

réfractaires et muni également d'une bouillote en cuivre
avec conducteur mobile.

La place du calorifère est choisie de façon que les tuyaux
traversent toute la cave, car on utilise ainsi le maximum
de chaleur, les produits de la combustion étant refroidis
le plus possible avant leur arrivée dans la cheminée.

14.

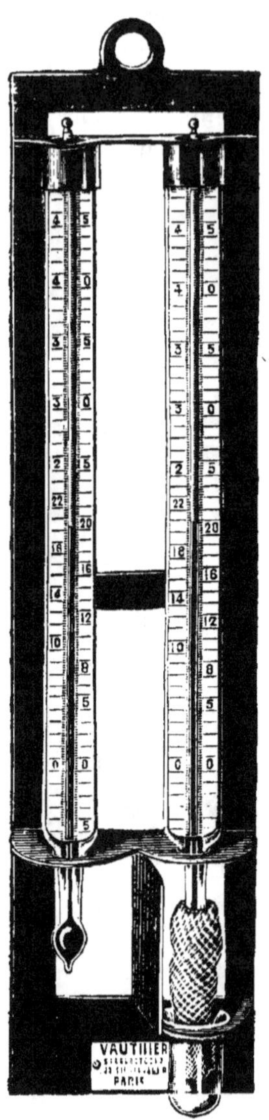

Fig. 107. — Psychromètre
d'August (Vauthier, à Paris).

Les tuyaux doivent être en *tôle galvanisée*; la tôle ordinaire est, en effet, mise promptement hors d'usage par la rouille.

Un *psychromètre* est indispensable pour connaître à la fois la température et le degré d'humidité. Le psychromètre d'August (fig. 107) se compose essentiellement de deux thermomètres semblables divisés en 1/5 de degré et fixés sur un support. Sous l'un se trouve une coupelle qui doit toujours contenir de l'eau, une mousseline plongeant dans la coupelle entoure la boule du thermomètre. L'instrument fonctionne de la façon suivante : l'eau qui imbibe la mousseline s'évapore et avec une rapidité d'autant plus grande que l'air est plus sec.

Mais l'évaporation s'accompagne d'un refroidissement, c'est-à-dire d'un abaissement de température sur le thermomètre considéré.

On voit donc que plus est grande la différence entre les indications des thermomètres à une certaine température, plus l'air de la cave est sec, et inversement.

Le D<sup>r</sup> Fleischmann a construit une table qui permet de connaître immédiatement le degré d'humidité de l'air.

On lit d'abord la température du thermomètre sec, puis celle du thermomètre à boule mouillée : on fait la différence.

On cherche dans la table le chiffre correspondant à la température du thermomètre sec (colonne verticale), puis le chiffre correspondant à la différence (ligne horizontale). Le point où les deux lignes se rencontrent est le chiffre exprimant l'humidité.

Supposons que le thermomètre sec marque 16° et le thermomètre à boule mouillée 15°, la différence étant de 1° on trouve immédiatement dans la table que le degré hygrométrique est de 89.

Pour descendre les fromages à la cave et pour les remonter, on se sert dans les installations importantes d'un *monte-charges* (fig. 109).

**Fabrication.** — On trouve sur les marchés différentes sortes de gruyère, qui se distinguent

Fig. 108. — Monte-charges (Jeantin aîné et fils).

par leurs formats et par une pâte plus ou moins grasse.

Nous prendrons comme type, dans la description de la fabrication, le *Gruyère de Comté*, d'un poids de 30 à 50 kilog. et pour la préparation duquel la quantité de lait écrémé va du quart à la moitié. C'est celui qui est le plus habituellement fabriqué.

TABLE DU

Servant à indiquer le degré hygrométrique de l'air dans les caves à
par cinquième de degré et pour des différences

*Différence de température entre le*

| TEMPÉRATURE du thermomètre sec. | 0° | 0·2 | 0·4 | 0·6 | 0·8 | 1° | 1·2 | 1·4 | 1·6 | 1·8 | 2° | 2·2 | 2·4 | 2·6 | 2·8 | 3° | 3·2 | 3·4 | 3·6 | 3·8 | 4° |
|---|---|---|---|---|---|---|---|---|---|---|---|---|---|---|---|---|---|---|---|---|---|
| 8°0 | 100 | 97 | 94 | 91 | 89 | 86 | 83 | 80 | 78 | 75 | 72 | 69 | 67 | 64 | 61 | 59 | 56 | 53 | 51 | 48 | 46 |
| 8°2 | 100 | 97 | 94 | 91 | 89 | 86 | 83 | 80 | 78 | 75 | 72 | 69 | 67 | 64 | 62 | 59 | 56 | 54 | 51 | 49 | 46 |
| 8°4 | 100 | 97 | 94 | 91 | 89 | 86 | 83 | 80 | 78 | 75 | 72 | 70 | 67 | 64 | 62 | 59 | 57 | 54 | 52 | 49 | 47 |
| 8°6 | 100 | 97 | 94 | 91 | 89 | 86 | 83 | 81 | 78 | 75 | 72 | 70 | 67 | 65 | 62 | 60 | 57 | 54 | 52 | 50 | 47 |
| 8°8 | 100 | 97 | 94 | 92 | 89 | 86 | 83 | 81 | 78 | 75 | 73 | 70 | 68 | 65 | 62 | 60 | 57 | 55 | 52 | 50 | 47 |
| 9°0 | 100 | 97 | 94 | 92 | 89 | 86 | 83 | 81 | 78 | 76 | 73 | 70 | 68 | 65 | 63 | 60 | 58 | 55 | 53 | 50 | 48 |
| 9°2 | 100 | 97 | 94 | 92 | 89 | 86 | 84 | 81 | 78 | 76 | 73 | 71 | 68 | 66 | 63 | 60 | 58 | 55 | 53 | 51 | 48 |
| 9°4 | 100 | 97 | 95 | 92 | 89 | 86 | 84 | 81 | 78 | 76 | 73 | 71 | 68 | 66 | 63 | 61 | 58 | 56 | 53 | 51 | 48 |
| 9°6 | 100 | 97 | 95 | 92 | 89 | 86 | 84 | 81 | 79 | 76 | 73 | 71 | 68 | 66 | 63 | 61 | 58 | 56 | 54 | 51 | 49 |
| 9°8 | 100 | 97 | 95 | 92 | 89 | 87 | 84 | 81 | 79 | 76 | 74 | 71 | 69 | 66 | 64 | 61 | 59 | 56 | 54 | 52 | 49 |
| 10°0 | 100 | 97 | 95 | 92 | 89 | 87 | 84 | 82 | 79 | 76 | 74 | 71 | 69 | 66 | 64 | 61 | 59 | 57 | 54 | 52 | 50 |
| 10°2 | 100 | 97 | 95 | 92 | 89 | 87 | 84 | 82 | 79 | 77 | 74 | 72 | 69 | 67 | 64 | 62 | 59 | 57 | 55 | 52 | 50 |
| 10°4 | 100 | 97 | 95 | 92 | 89 | 87 | 84 | 82 | 79 | 77 | 74 | 72 | 69 | 67 | 64 | 62 | 60 | 57 | 55 | 53 | 50 |
| 10°6 | 100 | 97 | 95 | 92 | 90 | 87 | 84 | 82 | 79 | 77 | 74 | 72 | 70 | 67 | 65 | 62 | 60 | 58 | 55 | 53 | 51 |
| 10°8 | 100 | 97 | 95 | 92 | 90 | 87 | 85 | 82 | 80 | 77 | 75 | 72 | 70 | 67 | 65 | 63 | 60 | 58 | 56 | 53 | 51 |
| 11°0 | 100 | 97 | 95 | 92 | 90 | 87 | 85 | 82 | 80 | 77 | 75 | 72 | 70 | 68 | 65 | 63 | 61 | 58 | 56 | 54 | 51 |
| 11°2 | 100 | 97 | 95 | 92 | 90 | 87 | 85 | 82 | 80 | 77 | 75 | 73 | 70 | 68 | 65 | 63 | 61 | 59 | 56 | 54 | 52 |
| 11°4 | 100 | 97 | 95 | 92 | 90 | 87 | 85 | 82 | 80 | 78 | 75 | 73 | 70 | 68 | 66 | 63 | 61 | 59 | 57 | 54 | 52 |
| 11°6 | 100 | 97 | 95 | 92 | 90 | 87 | 85 | 82 | 80 | 78 | 75 | 73 | 71 | 68 | 66 | 64 | 61 | 59 | 57 | 55 | 52 |
| 11°8 | 100 | 97 | 95 | 92 | 90 | 87 | 85 | 83 | 80 | 78 | 75 | 73 | 71 | 68 | 66 | 64 | 62 | 59 | 57 | 55 | 53 |
| 12°0 | 100 | 97 | 95 | 92 | 90 | 87 | 85 | 83 | 80 | 78 | 76 | 73 | 71 | 69 | 66 | 64 | 62 | 60 | 58 | 56 | 53 |
| 12°2 | 100 | 97 | 95 | 92 | 90 | 88 | 85 | 83 | 81 | 78 | 76 | 73 | 71 | 69 | 67 | 64 | 62 | 60 | 58 | 56 | 53 |
| 12°4 | 100 | 97 | 95 | 93 | 90 | 88 | 85 | 83 | 81 | 78 | 76 | 74 | 71 | 69 | 67 | 65 | 62 | 60 | 58 | 56 | 54 |
| 12°6 | 100 | 98 | 95 | 93 | 90 | 88 | 85 | 83 | 81 | 78 | 76 | 74 | 72 | 69 | 67 | 65 | 63 | 60 | 58 | 56 | 54 |
| 12°8 | 100 | 98 | 95 | 93 | 90 | 88 | 85 | 83 | 81 | 79 | 76 | 74 | 72 | 69 | 67 | 65 | 63 | 61 | 58 | 56 | 54 |
| 13°0 | 100 | 98 | 95 | 93 | 90 | 88 | 86 | 83 | 81 | 79 | 76 | 74 | 72 | 70 | 67 | 65 | 63 | 61 | 59 | 57 | 55 |
| 13°2 | 100 | 98 | 95 | 93 | 90 | 88 | 86 | 83 | 81 | 79 | 76 | 74 | 72 | 70 | 68 | 65 | 63 | 61 | 59 | 57 | 55 |
| 13°4 | 100 | 98 | 95 | 93 | 90 | 88 | 86 | 83 | 81 | 79 | 77 | 75 | 72 | 70 | 68 | 66 | 64 | 61 | 59 | 57 | 55 |
| 13°6 | 100 | 98 | 95 | 93 | 90 | 88 | 86 | 84 | 81 | 79 | 77 | 75 | 72 | 70 | 68 | 66 | 64 | 62 | 60 | 58 | 55 |
| 13°8 | 100 | 98 | 95 | 93 | 90 | 88 | 86 | 84 | 81 | 79 | 77 | 75 | 73 | 70 | 68 | 66 | 64 | 62 | 60 | 58 | 56 |
| 14°0 | 100 | 98 | 95 | 93 | 91 | 88 | 86 | 84 | 82 | 79 | 77 | 75 | 73 | 71 | 68 | 66 | 64 | 62 | 60 | 58 | 56 |
| 14°2 | 100 | 98 | 95 | 93 | 91 | 88 | 86 | 84 | 82 | 79 | 77 | 75 | 73 | 71 | 69 | 67 | 64 | 62 | 60 | 58 | 56 |
| 14°4 | 100 | 98 | 95 | 93 | 91 | 88 | 86 | 84 | 82 | 80 | 77 | 75 | 73 | 71 | 69 | 67 | 65 | 63 | 61 | 59 | 57 |
| 14°6 | 100 | 98 | 95 | 93 | 91 | 88 | 86 | 84 | 82 | 80 | 78 | 75 | 73 | 71 | 69 | 67 | 65 | 63 | 61 | 59 | 57 |
| 14°8 | 100 | 98 | 95 | 93 | 91 | 89 | 86 | 84 | 82 | 80 | 78 | 76 | 73 | 71 | 69 | 67 | 65 | 63 | 61 | 59 | 57 |

## PSYCHROMÈTRE
**fromages, établie pour des différences de température de 8° C. à 21°,8 C. psychrométriques pouvant s'élever jusqu'à 4° C.**

*thermomètre sec et le thermomètre mouillé.*

| TEMPÉRATURE du thermomètre sec. | 0° | 0°2 | 0°4 | 0°6 | 0°8 | 1° | 1°2 | 1°4 | 1°6 | 1°8 | 2° | 2°2 | 2°4 | 2°6 | 2°8 | 3° | 3°2 | 3°4 | 3°6 | 3°8 | 4° |
|---|---|---|---|---|---|---|---|---|---|---|---|---|---|---|---|---|---|---|---|---|---|
| 15°0 | 100 | 98 | 96 | 93 | 91 | 89 | 86 | 84 | 82 | 80 | 78 | 76 | 74 | 72 | 69 | 67 | 65 | 63 | 61 | 59 | 57 |
| 15°2 | 100 | 98 | 96 | 93 | 91 | 89 | 87 | 84 | 82 | 80 | 78 | 76 | 74 | 72 | 70 | 68 | 66 | 64 | 62 | 60 | 58 |
| 15°4 | 100 | 98 | 96 | 93 | 91 | 89 | 87 | 84 | 82 | 80 | 78 | 76 | 74 | 72 | 70 | 68 | 66 | 64 | 62 | 60 | 58 |
| 15°6 | 100 | 98 | 96 | 93 | 91 | 89 | 87 | 85 | 82 | 80 | 78 | 76 | 74 | 72 | 70 | 68 | 66 | 64 | 62 | 60 | 58 |
| 15°8 | 100 | 98 | 96 | 93 | 91 | 89 | 87 | 85 | 83 | 80 | 78 | 76 | 74 | 72 | 70 | 68 | 66 | 64 | 62 | 60 | 58 |
| 16°0 | 100 | 98 | 96 | 93 | 91 | 89 | 87 | 85 | 83 | 81 | 78 | 77 | 75 | 72 | 70 | 68 | 65 | 64 | 62 | 60 | 59 |
| 16°2 | 100 | 98 | 96 | 93 | 91 | 89 | 87 | 85 | 83 | 81 | 79 | 77 | 75 | 73 | 70 | 68 | 67 | 65 | 63 | 61 | 59 |
| 16°4 | 100 | 98 | 96 | 93 | 91 | 89 | 87 | 85 | 83 | 81 | 79 | 77 | 75 | 73 | 71 | 69 | 67 | 65 | 63 | 61 | 59 |
| 16°6 | 100 | 98 | 96 | 94 | 91 | 89 | 87 | 85 | 83 | 81 | 79 | 77 | 75 | 73 | 71 | 69 | 67 | 65 | 63 | 61 | 59 |
| 16°8 | 100 | 98 | 96 | 94 | 91 | 89 | 87 | 85 | 83 | 81 | 79 | 77 | 75 | 73 | 71 | 69 | 67 | 65 | 63 | 61 | 60 |
| 17°0 | 100 | 99 | 96 | 94 | 91 | 89 | 87 | 85 | 83 | 81 | 79 | 77 | 75 | 73 | 71 | 69 | 67 | 65 | 64 | 62 | 60 |
| 17°2 | 100 | 98 | 96 | 94 | 91 | 89 | 87 | 85 | 83 | 81 | 79 | 77 | 75 | 73 | 71 | 69 | 67 | 66 | 64 | 62 | 60 |
| 17°4 | 100 | 98 | 96 | 94 | 91 | 89 | 87 | 85 | 83 | 81 | 79 | 77 | 75 | 73 | 71 | 70 | 68 | 66 | 64 | 62 | 60 |
| 17°6 | 100 | 98 | 96 | 94 | 92 | 89 | 87 | 85 | 83 | 81 | 79 | 77 | 76 | 74 | 72 | 70 | 68 | 66 | 64 | 62 | 60 |
| 17°8 | 100 | 98 | 96 | 94 | 92 | 89 | 87 | 85 | 83 | 81 | 79 | 78 | 76 | 74 | 72 | 70 | 68 | 66 | 64 | 62 | 61 |
| 18°0 | 100 | 98 | 96 | 94 | 92 | 90 | 88 | 86 | 84 | 82 | 80 | 78 | 76 | 74 | 72 | 70 | 68 | 66 | 65 | 63 | 61 |
| 18°2 | 100 | 98 | 96 | 94 | 92 | 90 | 88 | 86 | 84 | 82 | 80 | 78 | 76 | 74 | 72 | 70 | 68 | 67 | 65 | 63 | 61 |
| 18°4 | 100 | 98 | 96 | 94 | 92 | 90 | 88 | 86 | 84 | 82 | 80 | 78 | 76 | 74 | 72 | 70 | 69 | 67 | 65 | 63 | 61 |
| 18°6 | 100 | 98 | 96 | 94 | 92 | 90 | 88 | 86 | 84 | 82 | 80 | 78 | 76 | 74 | 72 | 71 | 69 | 67 | 65 | 63 | 61 |
| 18°8 | 100 | 98 | 96 | 94 | 92 | 90 | 88 | 86 | 84 | 82 | 80 | 78 | 76 | 74 | 73 | 71 | 69 | 67 | 65 | 63 | 62 |
| 19°0 | 100 | 98 | 96 | 94 | 92 | 90 | 88 | 86 | 84 | 82 | 80 | 78 | 76 | 75 | 73 | 71 | 69 | 67 | 65 | 64 | 62 |
| 19°2 | 100 | 98 | 96 | 94 | 92 | 90 | 88 | 86 | 84 | 82 | 80 | 78 | 77 | 75 | 73 | 71 | 69 | 67 | 66 | 64 | 62 |
| 19°4 | 100 | 98 | 96 | 94 | 92 | 90 | 88 | 86 | 84 | 82 | 80 | 78 | 77 | 75 | 73 | 71 | 69 | 68 | 66 | 64 | 62 |
| 19°6 | 100 | 98 | 96 | 94 | 92 | 90 | 88 | 86 | 84 | 82 | 80 | 79 | 77 | 75 | 73 | 71 | 70 | 68 | 66 | 64 | 62 |
| 19°8 | 100 | 98 | 96 | 94 | 92 | 90 | 88 | 86 | 84 | 82 | 81 | 79 | 77 | 75 | 73 | 71 | 70 | 68 | 66 | 64 | 63 |
| 20°0 | 100 | 98 | 96 | 94 | 92 | 90 | 88 | 86 | 84 | 83 | 81 | 79 | 77 | 75 | 73 | 72 | 70 | 68 | 66 | 65 | 63 |
| 20°2 | 100 | 98 | 96 | 94 | 92 | 90 | 88 | 86 | 85 | 83 | 81 | 79 | 77 | 75 | 74 | 72 | 70 | 68 | 67 | 65 | 63 |
| 20°4 | 100 | 98 | 96 | 94 | 92 | 90 | 88 | 86 | 85 | 83 | 81 | 79 | 77 | 75 | 74 | 72 | 70 | 68 | 67 | 65 | 63 |
| 20°6 | 100 | 98 | 96 | 94 | 92 | 90 | 88 | 87 | 85 | 83 | 81 | 79 | 78 | 76 | 74 | 72 | 70 | 68 | 67 | 65 | 63 |
| 20°8 | 100 | 98 | 96 | 94 | 92 | 90 | 88 | 87 | 85 | 83 | 81 | 79 | 78 | 76 | 74 | 72 | 70 | 69 | 67 | 65 | 64 |
| 21°0 | 100 | 98 | 96 | 94 | 92 | 90 | 89 | 87 | 85 | 83 | 81 | 80 | 78 | 76 | 74 | 72 | 71 | 69 | 67 | 66 | 64 |
| 21°2 | 100 | 98 | 96 | 94 | 92 | 90 | 89 | 87 | 85 | 83 | 81 | 80 | 78 | 76 | 74 | 72 | 71 | 69 | 67 | 66 | 64 |
| 21°4 | 100 | 98 | 96 | 94 | 92 | 90 | 89 | 87 | 85 | 83 | 81 | 80 | 78 | 76 | 74 | 73 | 71 | 69 | 68 | 66 | 64 |
| 21°6 | 100 | 98 | 96 | 94 | 92 | 90 | 89 | 87 | 85 | 83 | 81 | 80 | 78 | 76 | 74 | 73 | 71 | 69 | 68 | 66 | 64 |
| 21°8 | 100 | 98 | 96 | 94 | 92 | 90 | 89 | 87 | 85 | 83 | 81 | 80 | 78 | 76 | 74 | 73 | 71 | 69 | 68 | 66 | 65 |

Nous indiquerons ensuite les modifications qu'il convient d'apporter pour obtenir les autres sortes.

*Degré d'écrémage.* — Restreint à certaines limites, l'enlèvement de la matière grasse n'empêche pas d'obtenir de bons produits. On admet généralement que la proportion de lait mis à reposer doit aller du quart au tiers. Si on fabrique un fromage par jour, les deux traites étant supposées égales, on lèvera la crème avec la poche percée pour ne pas exagérer l'écrémage. On peut aussi écrémer avec la poche ordinaire et mélanger dans la chaudière avec le lait une partie de la crème, comme nous l'indiquerons plus loin.

Mais la montée de la crème ne s'opère pas toujours de la même façon, puisqu'elle dépend de différents éléments (température, richesse plus ou moins grande du lait et durée du transport).

Il est donc utile de déterminer la richesse du lait au Gerber afin de savoir dans quelle proportion on doit écrémer. Pour obtenir un bon gruyère marchand, le lait mélangé dans la chaudière doit avoir 3 à 3,5 p. 100 de matière grasse.

*Examen du lait.* — De même que l'examen des laits livrés par les différents fournisseurs est indispensable pour obtenir de bons produits, de même il est utile au fromager de connaître la nature du lait mis en chaudière et de se baser sur l'acidité, la teneur en matière grasse, pour diriger son travail en conséquence. Ce sont ces deux éléments qui, par leur variation, doivent amener des modifications dans la fabrication.

Si le fromager n'a pas d'acidimètre à sa disposition pour se rendre compte de l'acidité, il examinera attentivement le lait de chaque rondot. Lorsque la crème est plissée, plus épaisse qu'à l'ordinaire, lorsqu'une odeur forte s'en dégage, on peut conclure à une acidité excessive, de même si, lors de l'essai avec de la présure reconnue de bonne qualité, le caillot adhère à la poche et ne se détache pas en masse. Ceci vient de ce que le caillé d'un lait acide n'a pas les mêmes propriétés, n'est pas aussi souple que celui du lait doux.

Par contre, les vieux laits, c'est-à-dire ceux qui proviennent de vaches à la fin de la période de lactation, coagulent plus difficilement, leur acidité naturelle est souvent inférieure. Si on les travaillait comme à l'ordinaire, les fromages pourraient être *éraillés*.

Le dosage de l'acidité du lait mis en chaudière est donc une opération qui peut rendre de grands services au fromager.

Si l'acidité est inférieure à 17 ou supérieure à 20, il faut modifier la fabrication.

La mise en présure constitue une des opérations les plus importantes de la fabrication. La présure la plus communément employée est obtenue par la caillette de veau macérée dans la *recuite*, celle-ci provenant de petit-lait bouilli et additionné d'aisy.

Il faut donc étudier en premier lieu les caillettes et l'aisy, puisque leur action sur la quantité de la présure est incontestable.

*Caillettes.* — La caillette est constituée par l'estomac du veau dont la muqueuse sécrète, au moyen de glandes spéciales, le principe coagulant, la *présure*. Cette sécrétion a lieu surtout pendant l'époque où le jeune animal est alimenté exclusivement au lait. Il est donc essentiel de choisir les caillettes des veaux non sevrés, afin d'obtenir le maximum de rendement.

Lorsque l'animal a ruminé, on voit souvent sur la caillette des débris de foin, ce qui doit faire éliminer de tels estomacs.

La grosseur est à envisager aussi, les caillettes trop volumineuses provenant généralement de veaux âgés, ayant absorbé d'autres aliments que du lait, donnent moins de présure.

Le choix des estomacs n'est pas indifférent pour la

réussite des fromages. Il y a à considérer non seulement la quantité de présure fournie, mais aussi la nature des ferments qui se trouvent toujours dans le tube digestif et, par conséquent, dans la caillette. Si l'estomac provient d'un veau ayant succombé à une maladie, il pourra renfermer des germes malfaisants qui détermineront dans le fromage, soit un mauvais goût, soit une ouverture exagérée ; le cas est bien connu des fromagers.

Les caillettes trop petites sont à rejeter ; elles proviennent de veaux mort-nés, ou bien ont été recueillies à la suite de l'abatage de vaches pleines tuées avant la parturition. Ces estomacs peuvent nuire considérablement à la fabrication.

Les caillettes sont jaunes, portant des veines jaunâtres ou rougeâtres.

Si le veau a ruminé, la couleur tire davantage sur le blanc. Celles qui présentent des veines trop rouges proviennent d'animaux ayant eu une indigestion, leur emploi peut déterminer le gonflement des fromages.

Les estomacs trop secs ne doivent pas être employés, on leur préfère ceux qui sont souples, moelleux au toucher, car, avec les derniers, l'expérience a montré que l'on obtenait une plus belle ouverture. Les caillettes trop fraîches n'ont généralement pas une odeur agréable, mais elles sont rarement employées à cet état. On les laisse vieillir et, alors, l'odeur désagréable disparaît. Celles qui sont employées trop tôt occasionnent le plus souvent une ouverture exagérée.

Les fromagers sont plus sûrs de leur fabrication en employant des caillettes d'un certain âge.

Il est probable que, par suite de la dessiccation, certains ferments diminuent de vitalité et périssent partiellement.

Voici le traitement auquel les estomacs sont soumis par les marchands. Immédiatement après l'abatage du veau, on les débarrasse aussi bien que possible des résidus de la digestion, mais on ne les lave pas, car le lavage diminue leur force; après les avoir gonflés, on les suspend dans un endroit aéré pour les dessécher. Si les résidus n'étaient pas enlevés rapidement, ils se décomposeraient et la caillette serait altérée.

Afin de faire vieillir les caillettes, les faire *passer*, comme disent les fromagers, on les attache par douzaines et on les place dans un tonneau ou dans une caisse. Elles sont pressées fortement avec des planches et des pierres pendant quinze jours : au bout de ce laps de temps, on les suspend dans un sac à l'air.

Remises en caisses pendant quinze jours, elles sont ensuite aérées à nouveau et de même pendant plusieurs mois.

Parfois, dans un but de conservation, on alterne les lits de présure avec des lits de sel.

On les met ensuite dans un sac, au frais et au sec : elles prennent moins facilement une mauvaise odeur.

Les caillettes sont attaquées par le *dermeste du lard* (gerce), mais seulement, paraît-il, quand elles ont un certain âge.

Les dermestes perforent les estomacs, surtout les veines; ils n'attaquent pas, dit-on, les caillettes ayant mauvaise odeur, non plus que celles provenant des veaux ayant mangé de l'herbe.

Quoi qu'il en soit, les fromagers tiennent à les rencontrer sur les caillettes qu'ils achètent, et il paraît qu'on les place quelquefois dans des peaux fraîches pour faire croire à un vieillissement qui n'existe pas.

*Aisy.* — L'aisy, disent les fruitiers, est la base de la fabrication. Aujourd'hui on peut expliquer l'action de ce liquide : c'est, en réalité, un véritable ensemencement des ferments destinés à favoriser l'ouverture et le bon goût du fromage. Comme l'aisy est ajouté au petit-lait bouilli pour obtenir la *recuite*, certains ferments qui ne sont pas détruits par la haute température, passent dans ce der-

nier liquide, s'y multiplient pendant la macération de la
caillette et pénètrent ainsi dans le lait au moment de
l'emprésurage. Sont-ils bons ? en nombre suffisant ? le
fromage fermentera régulièrement. Sont-ils mauvais ?
la fermentation pourra être exagérée, l'ouverture trop
grande, le goût moins agréable. L'opinion des fromagers
sur l'action de l'aisy au point de vue de la réussite des
fromages est donc justifiée théoriquement.

Si le fruitier débute dans une localité où il ne puisse se
procurer du bon aisy, il opérera de la façon suivante :
Il fait bouillir cent litres de petit-lait auxquels il ajoute
un demi-litre de vinaigre mélangé à cinq litres d'eau ;
la caséine soluble, le sérai se précipite, cinquante litres
de cuite sont enlevés et placés dans l'aisylière, à la température de 35°, avec deux litres de vinaigre et un litre
de bon lait. Le lendemain l'aisy peut être employé.
La cuite est alors ajoutée en quantité suffisante pour
obtenir la température de 70° et on laisse fermenter dans
les conditions indiquées plus loin.

La tenue régulière de l'aisy exige une grande habileté.
Il faut que les bons ferments puissent s'y développer,
mais jusqu'à une certaine limite, autrement dit l'aisy ne
doit être ni trop fort ni trop faible. On reconnaît un bon
aisy aux caractères suivants :

Le liquide est limpide, tirant sur le brun, plutôt que
verdâtre.

Le goût, agréable, rappelle celui du petit vin blanc ;
l'acidité ne doit jamais être aussi développée que celle
du vinaigre. On aime assez voir une pellicule à la surface
toile d'araignée. Cette pellicule n'apparaît pas, en effet,
quand l'aisy est trop faible ou trop fort.

Il est préférable que le degré d'acidité soit compris entre
55 et 70°. En temps normal, on utilise l'aisy deux ou
trois jours au plus.

Pendant l'été, surtout dans les régions où les altérations du lait sont à craindre, on n'utilise le même aisy

qu'un jour. Afin de maintenir à l'aisy une force constante, on emploie le procédé suivant : on enlève une partie du liquide d'autant plus grande que l'aisy est plus fort, du 1/3 aux 2/3. On le remplace par la cuite bouillante, sitôt le sérai enlevé, de façon à obtenir une température de 60° à 70° ; à ces températures une partie des ferments sont tués, et, d'autre part, le liquide acide étant remplacé par de la cuite douce, le mélange que l'on obtient ainsi est moins fort.

Après avoir ajouté la cuite, on ne brasse pas le mélange, on enlève seulement l'écume.

Si l'aisy est de bonne qualité, on laisse un peu refroidir la cuite, afin de ne pas trop l'affaiblir, quelquefois même on ne met la cuite que le lendemain, en prenant la partie supérieure plus claire. Il est utile d'employer deux tonneaux en cas d'accident ; celui en réserve est maintenu très faible pour pouvoir rester pendant quinze jours sans être traité.

Les ferments de l'aisy résistent bien au froid.

Ainsi, dans certains chalets de montagne, l'aisy préparé en automne, bien que gelant en hiver, conserve ses qualités jusqu'à la saison suivante, il en est qui se sont perpétués ainsi depuis nombre d'années.

L'aisy ne doit être tenu, ni trop au chaud, ni trop au froid.

En hiver, on le place plus près du feu pour qu'il acquière davantage de force ; en été, au frais. Les températures convenables pour la fermentation régulière de l'aisy sont comprises entre 15° et 22°.

Si le lait a une odeur désagréable, s'il est acide, il est prudent de ne pas utiliser la recuite qui en provient pour refaire l'aisy, afin que les mauvais ferments ne corrompent pas le liquide.

Malgré toutes les précautions, il peut arriver que l'aisy ne soit pas au point voulu. Ainsi, en été surtout, le liquide peut être trop acide, *trop fort*, et son emploi occasionne des fromages à ouverture trop développée, parfois de mauvais goût.

Pour le ramener au point voulu, on l'agite, puis on en enlève les deux tiers ainsi qu'une partie du dépôt du fond ; on verse ensuite la cuite bouillante : cette opération s'appelle *brûler l'aisy*.

D'autres fois l'aisy *cuit*, il se trouble, des flocons blancs voyagent dans le liquide, montent à la surface ; ce sont des particules de sérai en fermentation. On constate cette altération soit en hiver, soit en été, et avec des aisy forts, comme avec des aisy faibles, quand l'opération n'est pas bien conduite.

Un tel aisy peut donner des fromages multipliés ou gonflés. Si l'aisy cuit tout en étant faible, on enlève la moitié, on met un litre de lait frais pour introduire les bons ferments, puis on ajoute la cuite.

Si l'aisy cuit en étant fort, on enlève les deux tiers ainsi qu'une partie du dépôt de fond, puis on met la cuite, autrement dit, on brûle l'aisy. On brûle encore l'aisy lorsqu'il devient filant ; cette altération, qui est occasionnée par des ferments du lait visqueux, se transmet aux présures et les fromages obtenus dans ces conditions sont mauvais.

Il est bon de laver les tonneaux à aisy tous les quinze jours, afin que le liquide ne devienne pas trop rapidement acide. On agite quand le tonneau est à moitié, on met de côté 25 à 30 litres. On vide le restant, puis le tonneau est lavé à la cuite chaude d'abord, à l'eau froide ensuite. On remet les 25 à 30 litres suivant la force, puis on opère comme d'habitude : cette opération s'appelle *rechanger l'aisy*.

L'acidité habituelle de l'aisy va de 60° à 70°.

*Recuite.* — La recuite est du petit-lait débarrassé à l'ébullition du sérai par l'addition d'aisy. Les ferments contenus dans ce liquide ne sont pas tous détruits par la chaleur ; ceux qui survivent passent dans la recuite et, suivant qu'ils sont bienfaisants ou malfaisants, on voit leur influence s'exercer dans un sens différent sur le fromage, puisque cette recuite, après avoir dissout la présure, sera ajoutée au lait.

Pour préparer la recuite, on emploie généralement 5 à 8 litres d'aisy suivant sa force, pour 100 litres de petit-lait; toute la quantité est versée d'une seule fois.

Si l'aisy est trop fort, on ajoute de l'eau au moment de s'en servir et l'on retire la chaudière du foyer, on *tranche*, comme on dit, au bas du feu. Si l'aisy est trop faible, il est préférable de trancher sur le feu. Si on tranche au bas du feu, il faut remettre la chaudière en place pendant que le sérai vient à la surface; la cuite est mieux dépouillée.

Le sérai doit apparaître lentement, le liquide s'éclaircir peu à peu. Il faut que le sérai baigne dans la cuite, ne monte pas immédiatement à la surface.

Quelquefois le sérai monte difficilement, par exemple s'il y a une trop petite quantité de petit-lait; on place alors sur le liquide, un rondot renversé qui détermine l'ascension du sérai.

En général, plus la quantité de petit-lait est considérable dans une grande chaudière, mieux la montée s'opère. Toutefois, on peut très bien obtenir la recuite dans une petite chaudière. C'est même une méthode à recommander lorsqu'on ne désire pas fabriquer en grand du sérai; dans ce cas, on a deux tonneaux à aisy, un de 25 litres, un autre de la contenance habituelle.

Il est essentiel d'employer du bois sec pour pouvoir pousser le feu comme il convient.

Si le petit-lait a bouilli trop lentement, l'aisy parfois ne produit pas son effet ou donne un sérai émietté, divisé, qui ne se rassemble pas. Il en est de même si le petit-lait est trop acide ou que l'on emploie trop d'aisy. De même si le lait est trop gras, l'opération est plus difficile; il serait bon d'ajouter de l'eau.

La recuite de bonne qualité est claire, brune plutôt que verte : la couleur verdâtre indique qu'elle est moins bien dépouillée et plus acide, le goût de la recuite est légèrement sucré.

Une recuite louche, épaisse, doit absolument être rejetée : elle contient des particules de sérai qui fermenteront pendant la macération, la présure pourra devenir trop acide ou faire gonfler les fromages.

Si la recuite n'a pas toutes les qualités voulues, il faut absolument ne pas s'en servir, ni pour les présures, ni pour l'aisy, non plus que pour le lavage des ustensiles. Aussi est-il prudent de toujours conserver en réserve un rondot de cuite du jour précédent. On n'est pas obligé de recuire si on a du mauvais lait, et on ménage l'aisy.

*Préparation de la présure*. — Les fromagers s'attachent avec le plus grand soin à choisir des caillettes en se basant sur l'âge.

Il y a dans le commerce trois numéros :

Les *fraîches* n'ayant pas plus de trois mois, les *mi-vieilles*, six mois à un an, les *vieilles* ayant plus d'un an.

Les caillettes fraîches favorisent le développement de l'ouverture. On les emploie surtout à l'automne et en hiver, et principalement quand les caves sont à une basse température. Beaucoup de fromagers, cependant, donnent la préférence aux caillettes mi-vieilles et même vieilles un à trois ans, prétendant que par leur usage on obtient des fromages ayant plus de pâte et meilleur goût. Pour être certain de ne pas employer des caillettes trop fraîches, ils font une provision plusieurs mois à l'avance ; mais il faut alors bien veiller à les conserver dans un endroit sec, car, à l'humidité, la présure s'affaiblit et s'altère.

Avant d'employer une caillette, on enlève les veines, les impuretés, les morceaux de graisse qui entraîneraient la peau à la surface du liquide, les extrémités.

Au lieu d'utiliser chaque caillette isolément, il est

préférable d'adopter une autre méthode. Les caillettes, en effet, ne possèdent pas toutes une force identique et le même estomac contient généralement plus de présure à la partie inférieure qu'à la partie supérieure. Pour augmenter l'homogénéité des solutions successives, on opère de la façon suivante :

Les caillettes, débarrassées soigneusement comme il a été dit, sont coupées dans le sens de la longueur, placées l'une sur l'autre, de façon que le bord supérieur de l'une coïncide avec le bord inférieur de la suivante ; on en juxtapose ainsi une douzaine ; elles sont ainsi roulées en forme de boudin, liées solidement et chaque jour on découpe de l'ensemble la quantité nécessaire. Ce système est à conseiller, mais, lors de l'enroulement des caillettes, il faut bien veiller à ce qu'il ne s'en trouve point de mauvaise, puisque son action nuisible s'exercerait non seulement sur un ou deux fromages, mais sur tous ceux fabriqués avec le rouleau des douze.

On laisse refroidir la cuite à 30°-35° dans des pots en verre ou en terre cuite, dont le nombre varie suivant la quantité de fromages que l'on doit fabriquer. On s'arrange de façon à faire une présure tous les jours, mais aussi à ne pas en conserver ayant plus de trois jours.

Si la fabrication porte sur un fromage par jour, on emploie généralement trois pots, pour deux fromages, quatre pots.

Le premier jour on place une caillette ou une demi-caillette ou les trois quarts, suivant la force, dans la cuite à 35°, le vase n'étant rempli qu'à moitié. Si on emploie les estomacs roulés, on calcule la proportion à raison de 12 à 15 grammes par fromage, la quantité étant plus élevée en hiver qu'en été.

Après vingt-quatre heures de macération, la présure ne peut encore être utilisée, elle n'est pas assez forte. Il faut, en effet, que les ferments en se développant puissent transformer une partie du sucre en acide lactique, cet acide activant beaucoup la dissolution du principe coagulant de l'estomac. Après un jour on remplit le pot, on *renfonce*, suivant le terme usité, avec de la cuite bouillante, de façon que la température du mélange arrive à 35°-40°. Le lendemain, le fromager emploie la moitié et remet de la cuite bouillante; si la présure est forte, il met davantage de cuite; le troisième jour, il s'en sert à nouveau et il jette le liquide restant.

Cette méthode est employée presque partout, elle présente l'inconvénient que la présure vieille peut devenir quelquefois trop acide et faire brécher; si l'on fait durer trop longtemps la même présure, on obtient un fromage à petits yeux multipliés.

La méthode de macération suivante me parait préférable. Les pots sont placés à une température de 25 à 30° pendant trente à trente-six heures, la présure se dissout, le fruitier emploie le liquide en une seule fois et ne renfonce pas; si la présure a atteint toute sa force, avant le moment de l'emploi pour éviter qu'elle ne devienne acide, on la place au frais pendant quelques heures.

Pour favoriser la dissolution du principe coagulant et éviter l'excès d'acidité, on peut ajouter en été une pincée de sel.

Pour que la présure donne toute sa force, il faut que la macération soit maintenue à une température assez élevée, mais qui ne doit pas être excessive, sous peine d'altération du produit, il ne faut pas descendre au-dessous de 22° et ne pas dépasser 35°.

On obtient très facilement cette température régulière par l'emploi d'une *caisse-étuve* et c'est là un avantage certain, puisqu'on arrive ainsi à préparer des présures de force constante dont l'emploi évite au fromager la nécessité de varier sa fabrication.

Si la macération est à une température assez élevée,

il peut arriver que la peau monte légèrement à la surface, mais elle doit redescendre quand le liquide est au
frais. Lorsque la peau monte complètement c'est qu'elle
provenait d'un veau malade; il faut rejeter de telles
présures, car elles feraient gonfler le fromage déjà sous
presse. La présure ne doit pas être trop blanche, car
c'est l'indice qu'elle est restée à une température trop
élevée; si elle a le goût de cuite, elle n'est pas assez forte.

*Extrait de présure.* — Les extraits de présure employés pour la fabrication des pâtes molles ont été préco-
nisés pour le gruyère. A la suite de très nombreux essais
que nous avons effectués à l'École de Mamirolle, nous
concluons que ces extraits bien préparés, rationnellement
employés, permettent, avec du lait sain, d'obtenir des
gruyères dont l'ouverture est aussi franche, aussi régulière que celle des gruyères préparés avec la présure
ordinaire; au point de vue du goût, il est rare que l'on
ne perçoive pas une différence plus ou moins accentuée;
le goût du fromage fabriqué à l'extrait de présure est
généralement moins fin, sans être désagréable. Si l'on
opère avec du lait tant soit peu altéré, acide, les résultats
sont souvent mauvais et sous le rapport du goût et sous
celui de l'ouverture. Il semble que les ferments de l'aisy
et de la caillette, en disputant le terrain aux êtres malfaisants, jouent un rôle utile.

Nous avons expérimenté, en effet, des présures en
poudre qui étaient dissoutes, au moment de l'emploi,
dans la recuite fermentée pendant trente-six heures : le
résultat a été excellent et les fromages ainsi obtenus ne
se sont distingués ni sous le rapport du goût, ni sous
celui de l'ouverture des meilleurs obtenus par la méthode
habituelle. Mais, dès lors que l'on est obligé d'employer
la recuite, le principal avantage des extraits de présure
disparaît. D'autre part, si la présure est altérée, si elle
n'est pas employée judicieusement, ce qui arrive souvent,
les résultats sont franchement mauvais.

Ainsi, la présure en poudre doit être dissoute pendant un quart d'heure au moins avant l'emploi et à une température assez élevée, sinon on n'obtiendrait pas un caillé homogène et le fromage serait chargé, éraillé ou mille trous.

Il faut la conserver au sec, car, à l'humidité, elle s'altère rapidement.

Les fromages fabriqués avec les extraits de présure doivent, en général, être chauffés davantage (1° à 2°) et brassés plus longtemps, sinon ils sont multipliés.

En résumé, il semble que l'emploi des extraits, tout en permettant d'obtenir, dans des cas déterminés, des produits marchands, ne puisse pas toujours garantir la même régularité que si l'on fait usage des présures de caillettes.

En tout cas, il est toujours utile pour le fromager d'avoir en réserve de l'extrait lorsque les présures ordinaires se trouvent manquées.

*Emprésurage.* — La présure ajoutée au lait détermine la formation d'une masse demi-fluide d'abord qui durcit peu à peu. A mesure que cette masse devient plus ferme, elle laisse expulser, en se contractant, le petit-lait. Si l'acidité du lait est supérieure à la moyenne, le caillé est plus dur. Si l'acidité est inférieure au chiffre normal, ce qui a lieu surtout avec le lait des vaches près de tarir, le lait coagule moins facilement et le caillot, dans les mêmes conditions, est plus mou.

La nature et la proportion des sels influent en divers sens sur la coagulation.

Un lait gras donnera aussi un caillé plus mou que le même lait écrémé.

Toutes ces influences expliquent pourquoi on n'obtient pas toujours le même caillé suivant les saisons, suivant les régions. Tous les fromagers qui ont fabriqué dans diverses localités savent que le grain ne s'essuie pas partout de la même façon : c'est ce qui rend, dans bien

des cas, la fabrication aléatoire. Si, au contraire, on peut
doser l'acidité, apprécier la richesse du lait en matière
grasse, on se rend maître du phénomène de la coagulation.

Il y a, en effet, différents moyens qui permettent d'éliminer les influences dues à la nature du lait.

La contraction du caillé, la dureté, augmentent jusqu'à
41° avec la température de l'emprésurage. La durée de la
coagulation diminue la dureté du caillé. Enfin, la force
de la présure, dans les mêmes conditions, donne des
caillés différents, les présures les plus fortes forment les
caillés les plus durs.

Tous ces moyens peuvent, dans des circonstances
données, être utilisés par le fromager. Mais une règle
qu'il ne doit jamais perdre de vue, c'est d'obtenir dans
toute la masse un caillé homogène.

Le fromager, après avoir écrémé, verse le lait frais
dans la chaudière et chauffe au degré qu'il a adopté, le
lait chaud est mélangé ensuite.

Si on suppose que le lait écrémé est plus acide qu'à
l'ordinaire, il est préférable, pour ne pas accentuer cette
acidification, de verser tout le lait chaud et refroidir avec
le lait écrémé. En tout cas, il ne faut jamais laisser
longtemps le lait sur le feu, c'est pourquoi le pesage du
lait doit être rapide.

On mélange bien toute la masse.

Si le fruitier veut obtenir des produits plus gras, alors
qu'il fabrique seulement un fromage par jour, c'est-à-dire
quand le produit d'une traite entière séjourne deux heures
dans les rondots, il peut opérer de deux façons. Si l'écrémage a lieu avec la poche ordinaire, il met une partie de
la crème dans la chaudière avec un peu de lait, il chauffe
jusqu'à 44° pour faire fondre les grumeaux; le lait
froid est ensuite versé dans la chaudière pour ramener
la masse au degré voulu, ou bien il opère avec la poche
percée qui retient la crème la plus épaisse. Ce dernier

procédé est plus recommandable, surtout si la crème est plus acide qu'à l'ordinaire.

Il faut avoir soin de s'assurer de l'exactitude du thermomètre employé, cet instrument étant souvent mal gradué et sujet à des variations.

Il doit marquer 0° dans la glace fondante. Bien que l'usage exclusif du bras pour apprécier la température soit, avec raison, à peu près banni de toutes les fruitières, il est utile, pour le fromager, de conserver cette habitude parallèlement avec celle du thermomètre. En effet, cet instrument peut être cassé, mais surtout donner des indications inexactes auxquelles on se fiera si le sens du toucher ne vient pas indiquer une erreur.

La température de coagulation va de 30° à 34° pour les laits normaux. Ce choix de la température est déterminé par la nature du lait, mais le plus souvent par les habitudes du fruitier. Il est à remarquer que plusieurs fromagers obtiennent tous de bons produits en caillant le même lait à des températures variables. Mais ils modifient la durée de la coagulation, la force des présures et les opérations successives et ils égalisent ainsi les variations produites par l'action des diverses températures.

En règle générale, plus on caille à une température élevée, mieux l'ouverture se manifeste ; on évite donc ainsi les fromages lainés unis et à petite ouverture, ceux aussi dont la croûte est mince et gerce facilement. Mais, la fermentation étant active, on peut aussi obtenir, si le grain n'est pas très travaillé, des lainés ouverts, des gonflés.

En caillant trop chaud, le fromager est souvent obligé de travailler beaucoup le grain et la pâte devient plus dure.

Les deux éléments qui déterminent la température de coagulation sont la matière grasse et l'acidité ; plus le lait est gras, plus il faut cailler chaud, plus le lait est acide, plus la température d'emprésurage doit être basse.

En hiver, alors que les laits se refroidissent davantage pendant la coagulation, on [élève de 1° la température. De même, en employant la chaudière fixe à foyer mobile dans laquelle le lait se refroidit moins, on abaisse la température de 1/2°.

La température adoptée doit être telle que le caillé obtenu puisse être travaillé doucement, sans se briser, et facilement sans trop durcir.

Le degré de coagulation étant choisi, il faut déterminer la durée, afin de savoir la quantité de présure à ajouter.

La durée de la coagulation doit être comprise entre certaines limites, vingt-cinq à quarante-cinq minutes. Si on caille trop promptement, on a moins de rendement et le caillé durcissant rapidement est plus difficile à diviser, à amener au point voulu ; les fromages montés, éraillés, chargés sont à craindre.

Si on caille trop longtemps, la matière grasse monte à la surface ; c'est une première cause qui empêche l'homogénéité du caillé et, d'autre part, les variations de température dans toute la masse s'accentuent.

Les coagulations trop longues peuvent occasionner des fromages lainés ou des multipliés ; il se forme davantage de poussière.

La durée habituelle va de vingt-cinq à trente-cinq minutes ; mais il est certain qu'en caillant chaud et plus longtemps, on pourra obtenir un caillé analogue à celui formé en caillant froid et plus rapidement.

Les présures préparées comme on le fait habituellement, c'est-à-dire sans maintenir la macération à une température régulière, n'ont pas toujours la même force.

En général, il ne faut obtenir des présures ni trop faibles, ni trop fortes.

Les présures fortes, employées sans être étendues d'eau, peuvent saisir brusquement la masse et donner lieu à des fromages trop ouverts qui ne seront jamais fins de pâte.

Les présures très acides font brécher. L'acidité de la présure normale va de 40° à 50°.

Une présure trop faible ne donne pas assez de contraction au caillé, celui-ci reste mou, ne se soutient pas, produit des fromages éraillés ou multipliés. Ou bien, si le fromager veut faire convenablement le grain, il est obligé de chauffer beaucoup et obtient un fromage serré et à petits yeux, ou même lainé.

Enfin si, avec des présures faibles, on veut cailler dans le temps habituel, il est indispensable d'employer de grandes masses de liquide et, si cette recuite est très peuplée de germes, les fromages peuvent être éraillés, multipliés, ou trop ouverts, avoir un goût peu fin.

En général, pour les gruyères de Comté, on cherche à obtenir des présures dont la force correspond à un litre par cent litres. Si la présure est trop forte, on l'affaiblit avec de l'eau ou de la recuite douce; si elle est trop faible, on ajoute davantage de présure plus ancienne.

Le fromager calcule la force de la présure de la façon suivante :

Au moyen de la petite mesure, il prend 5 parties de lait et une de présure et mélange bien dans la poche en agitant, en tenant la poche à la surface du lait pour éviter le refroidissement. Si la coagulation s'opère en quarante secondes, il faudra un litre pour 100 litres. Si la durée de la coagulation s'écarte de quarante secondes, on calcule ce qu'il faut de présure en plus ou en moins de la dose habituelle.

Cet essai dans la poche permet de juger de l'acidité du lait quand il n'y a pas d'acidimètre. Le caillot obtenu doit être élastique, s'il durcit ou reste adhérent par grumeaux, si le petit-lait se sépare trop vite, c'est qu'il y a excès d'acidité.

La présure filtrée sur une toile est versée dans la chaudière lentement et le lait remué constamment au moyen de la poche, afin que le mélange s'opère convenablement.

Il faut ensuite arrêter le courant, car si la coagulation a lieu pendant que la masse est en mouvement rapide, le caillé se trouve fendillé.

Pour suivre la règle déjà indiquée, qu'il faut toujours viser à obtenir un caillé homogène, on place, en hiver, sur la chaudière un couvercle et on évite absolument les courants d'air qui refroidissent les parois. Ce sont là des points trop souvent négligés et qui ont cependant une réelle importance.

*Travail du caillé avant le chauffage.* — Pour obtenir un gruyère marchand, on doit enlever au caillé une certaine quantité de petit-lait afin que la maturation se fasse lentement, ce qui permet au fromage de se conserver.

Le caillé se rétracte naturellement et laisse sortir une partie du petit-lait. Pour activer cette séparation, le fromager divise la masse en petits fragments.

Quand la coagulation commence à s'opérer, il enlève avec la poche la légère couche de crème qui a pu monter à la partie supérieure, car elle ne se mélange pas bien avec le caillé. On peut en faire des petits fromages. Lorsque le caillé n'adhère plus à la poche et que celle-ci laisse son empreinte en creux, le fruitier lève délicatement les couches supérieures du milieu sur une hauteur de 2 à 3 centimètres, en ayant soin de ne pas les briser et il les place sur les couches plus froides situées aux bords : cette opération est nécessaire car les parties extérieures s'étant plus refroidies, le caillé qui en provient est plus mou, donne des grains plus petits, de la poussière et, comme conséquence, des fromages à petits yeux par endroits et à faux grains. Le moment où il faut commencer à décailler est excessivement important. Si l'opération a lieu trop tôt ou trop vite, le grain est irrégulier, il y a de la poussière et une perte de poids.

Si le caillé est trop ferme, il devient difficile à découper au point voulu malgré tous les efforts du fromager.

Si l'on a caillé froid, lentement ou avec des présures

faibles dans la chaudière mobile, on pourra laisser le caillé se raffermir un peu plus qu'à l'ordinaire. Si, au contraire, on a caillé chaud ou avec des présures fortes, ou rapidement, ou s'il y a grande masse de lait dans la chaudière fixe, il ne faut pas laisser le caillé trop durcir.

En somme, il faut prendre le caillé à point suivant les circonstances indiquées.

Quand le caillé se fend nettement sur le doigt en donnant des morceaux à arêtes vives, lorsque la poche se tient droite dans les deux sens sans revenir sur le dos, le fruitier prend le tranche-caillé et découpe avec précaution, en partant du milieu de la chaudière, dans un sens d'abord, puis dans une direction perpendiculaire à la première. Il faut avoir soin que le tranche-caillé touche le fond de la chaudière afin qu'aucune partie du caillé n'échappe à l'action de l'instrument. On obtient ainsi des cubes qui ont de $2^{cm}.5$ à 3 centimètres de côté.

Au moyen de deux poches en bois, le fruitier fait tourner la masse du caillé de telle sorte que les parties inférieures viennent à la surface. Il coupe en même temps avec le bord tranchant de la poche les morceaux de caillé qui se présentent.

Cette opération établit l'équilibre de température constante de la masse et rend par suite le caillot plus homogène. De plus, s'il y avait au fond de la chaudière des impuretés, on les ramène à la surface par le mouvement en question et il est facile de les enlever.

Si le caillé commençait à trop durcir, il est préférable de supprimer le travail avec la poche, de diviser de suite avec le tranche-caillé. Dès ce moment, le fruitier doit observer attentivement l'aspect du caillé, la rapidité de sortie du petit-lait, etc.

Nous insistons d'ailleurs sur la nécessité de répéter cet examen du caillot jusqu'à la fin du travail et de diriger les manipulations successives d'après les indications que cet examen fournit.

Après avoir employé la poche, le fromager se sert du tranche-caillé qu'il fait tourner dans la masse en l'allongeant du côté opposé à celui où il se trouve et en le ramenant perpendiculairement à lui, de façon à mieux diviser les gros fragments. Au bout d'un certain temps, il met le disque qui brise le courant et ramène les gros grains au centre. La palette est souvent remplacée par la poche. Au début on tourne lentement avec le tranche-caillé.

Comme le courant n'est pas très rapide, il faut veiller à incliner le disque de telle façon que les grains ne soient pas immobiles derrière lui. On le place au début dans la direction du centre, puis, quand le courant est plus rapide, on l'incline davantage. La rapidité du décaillage varie naturellement suivant la nature du caillot; il ne faut pas aller ni trop vite ni trop lentement.

A ce sujet nous devons mettre en garde les fromagers qui se servent du tranche-caillé contre la tendance à décailler trop vite; en opérant ainsi, le caillé est brisé, la matière grasse s'échappe en quantité, les grumeaux sans consistance, comme en bouillie, se contractent difficilement et s'agglomèrent entre eux. Le grain est alors très difficile à essuyer. S'il n'est pas assez fait, les produits sont multipliés, gonflés ou à faux grains. S'il est travaillé et chauffé suffisamment, on court le risque d'avoir des fromages unis ou lainés.

Un principe que le fromager devrait toujours avoir présent à l'esprit quand il décaille est le suivant : bien faire le grain avant d'aller sur le feu, mais sans briser le caillé.

Si, après quelques minutes, il s'aperçoit que le caillé est trop tendre et risque de se briser, il doit laisser reposer la masse puis, quand les grains sont assez raffermis, il les remet en mouvement avec le bras, pour mieux les séparer, et reprend le tranche-caillé. Mais généralement, quand le caillé se soutient suffisamment, le fruitier n'arrête que lorsque le travail du tranche-caillé est achevé, c'est-à-dire après dix ou quinze minutes. Ce repos dure de quatre à dix minutes, suivant la nature du caillot, davantage pour les caillots mous. On enlève généralement pendant le repos une certaine quantité de petit-lait au moyen d'une poche à puiser (fig. 109) et on le passe à travers une toile pour ne pas entraîner de grains. Mais ceci n'est utile que si la chaudière est remplie jusqu'au bord. Il faut alors enlever une certaine quantité de liquide pour éviter le débordement pendant le brassage, toujours violent sur le feu. Si la quantité de liquide est trop réduite, les grains en contact avec la paroi chaude se dessèchent davantage et donnent une pâte plus dure.

Fig. 109. — Poche à puiser (Jeantin).

Le fromager prend ensuite le brassoir après avoir remis en mouvement les grains avec la main, tourne lentement d'abord, puis un peu plus fort. Si on chauffe promptement en abrégeant la durée du décaillage, le feu saisit trop vite les grains qui se recouvrent d'une pellicule s'opposant à la sortie du petit-lait, le fromage peut être multiplié. Mais il est clair qu'il n'y a pas de règle absolue et c'est la nature du grain qui doit guider le fromager. Si le caillé est mou, il chauffera plus tôt, mais doucement, à petit feu ; si le caillé est dur, il débattera plus longtemps et plus violemment. Quant à la grosseur du grain, elle doit varier suivant les saisons, la nature du lait, le poids des fromages, la température de la cave. Les petits grains peuvent donner des lainés ou des mille trous, il y a moins de pâte et moins de rendement. Les trop gros produisent des gonflés, des cuites au milieu ou en talon ou des fromages à bords soufflés.

En hiver, on coupe généralement plus gros qu'en été, surtout si les caves sont à une température peu élevée.

Il faut autant que possible que les grains soient réguliers, non d'une symétrie absolue impossible à réaliser, mais qu'ils ne présentent pas entre eux des écarts trop disproportionnés. C'est un point important pour l'ouverture.

Au moment où l'on chauffe, le grain a généralement la grosseur d'un pois.

On brasse quelques minutes et, quand le grain n'est plus brillant, que le bras plongé dans la chaudière reçoit un choc sec, la première manipulation est terminée. Le travail trop prolongé avant le feu dessèche la pâte mais favorise l'ouverture régulière.

Un travail écourté amène souvent des multipliés, à moins que, pour prévenir cet inconvénient, on ne fasse davantage le grain, mais, dans ce cas, il est à craindre que le fromage, tout en étant fin de pâte, soit peu ouvert.

La durée du travail avant le feu, en comprenant le décaillage, le repos, le brassage, est généralement de vingt à trente minutes.

*Chauffage.* — La contraction du grain est activée par une haute température ; c'est cette propriété que l'on utilise pour favoriser la sortie du petit-lait dans la fabrication du gruyère.

Il faut chauffer lentement jusqu'à 44° et, après, plus rapidement. On chauffe le gruyère de 52° à 60° suivant la nature du lait, mais aussi suivant la méthode de travail du fruitier. Plus le lait est gras dans les mêmes circonstances, plus il doit être chauffé ; plus il est acide, moins il doit être chauffé. Si le caillot est dur, il sera ressuyé avec le brassoir plutôt qu'avec le feu.

Si le caillot est mou, on le chauffera au contraire davantage. Le degré de chauffage est déterminé par le fait que les grains doivent pouvoir être travaillés au moins vingt minutes, mais pas plus de trente après le chauffage. On se base, bien entendu, sur l'état du grain, pour déterminer la température de cuisson. Lorsque le chauffage est achevé, les grains doivent avoir déjà une certaine élasticité, mais ne pas encore craquer sous la dent.

Il faut brasser constamment sur le feu pour éviter que les grains ne collent ensemble ; ils tomberaient alors au fond de la chaudière, durciraient extérieurement et le petit-lait ne pourrait plus sortir, ce qui amènerait dans le fromage des bords soufflés, des cuites, ou des faux grains. Si le fromager a peu travaillé avant d'aller sur le feu, il pourra chauffer plus lentement, plus vite dans le cas contraire. La durée du travail sur le feu est comprise entre 25 et 35 minutes, et il est nécessaire d'avoir du bois suffisamment sec pour que le chauffage ne soit pas prolongé au delà de la limite indiquée.

En faisant les fromages avec le feu, plutôt qu'avec le brassoir, c'est-à-dire en adoptant un degré de cuisson trop élevé qui ne permette pas un travail ultérieur de 20 minutes, le fromager obtient moins de pâte (le beurre s'échappe par la cheminée) et il est encore moins sûr de la fabrication, car le fromage fait par le feu ouvre davantage, quelquefois trop ; il peut aussi coller à la toile.

*Brassage après la cuisson.* — Après dix minutes de brassage hors du feu, le fruitier observe si le grain est assez fait et, pour cela, opère de la façon suivante :

Il prend une poignée de grains qu'il laisse épurer avant de la serrer contre la paroi de la chaudière. La masse placée sur l'extrémité des doigts se rompt plus ou moins rapidement suivant que le grain est plus ou moins fait. Si les grains ne sont pas assez faits, ils s'agglomèrent par la pression et la masse se désagrège difficilement. Les grains doivent pouvoir se laisser séparer une fois qu'ils ont été comprimés et crier légèrement sous la dent.

Si l'on refroidit avec le petit-lait, il faut toujours verser avec précaution, lentement et en brassant constamment, sinon les grains qui sont saisis trop brusquement par le froid se contractent, durcissent et, plus tard, le fromage devient lainé.

Il est préférable d'enlever une partie du petit-lait chaud et de s'habituer à sortir le fromage sans le refroidir.

*Sortie du fromage.* — Quand le fromager reconnaît que le grain est fait, desséché au point voulu, il *donne le tour,* c'est-à-dire qu'il brasse plus vivement, de façon que les grains puissent mieux se rassembler au centre de la chaudière, ce qui facilite la sortie. Il ne faut toutefois pas donner le tour trop violemment, car tous les gros grains se trouveraient réunis au bord et dans le fond de la chaudière, le fromage mûr présenterait des sondes différentes.

Quand le grain est irrégulier, certains fromagers, après avoir tourné avec le brassoir, arrètent le courant avec la poche afin que les gros grains et les petits grains se répartissent mieux.

On laisse reposer cinq à dix minutes pour que tous les grains se déposent, le fromage est mieux aggloméré. Il ne faut pas attendre trop longtemps, car le grain continuerait à se ressuyer davantage sous l'action de la chaleur et pourrait être trop fait. Pendant ce temps, le fromager prépare un cercle (fig. 110), qu'il place sur un *foncet de presse,* planche circulaire suffisamment épaisse avec de fortes éparres chevillées.

Pour sortir le fromage, il se sert de la baguette en acier, il en-

Fig. 110. — Cercle à fromage (Jeantin).

roule une fois l'extrémité de la toile, après l'avoir mouillée, autour de cette tige métallique. Si le fruitier n'a point d'aide, il noue l'autre extrémité de la toile autour de son cou, plonge la tige pour aller au côté opposé en suivant aussi bien que possible les parois et le fond.

S'il y a un aide, le fruitier part du côté opposé et fait glisser avec précaution la baguette très doucement afin de ne pas déranger les grains légers qui remonteraient dans le petit-lait, ramène contre lui la toile contenant la masse, l'aide tenant l'autre extrémité qu'il laisse descendre peu à peu. La baguette est ensuite enlevée, les quatre coins de la toile rapprochés ; les parties libres plongées dans le petit-lait pour enlever les grains adhérents et la masse est portée à la presse. Pour des fromages un peu volumineux, la moufle rend la manœuvre beaucoup plus aisée.

Afin d'éviter la sensation chaude, le fromager plonge préalablement ses bras dans l'eau froide.

La sortie du fromage est une opération délicate Il faut employer des toiles suffisamment larges pour laisser le moins de grains possible dans la chaudière et pour que la masse, une fois levée, ne s'écarte pas. Si la toile n'étant pas convenablement tendue, le fromage tournait sur lui-même, on risquerait fort d'obtenir un produit mille trous ou à faux grains d'un côté.

On recommence l'opération avec une autre toile pour ramasser les grains qui ont pu échapper la première fois. Ces caillots plus petits, accompagnés aussi de la poussière, donnent généralement des mille trous ou des faux grains, ou des yeux plus petits et une pâte plus sèche ; c'est ce qu'on appelle le *recherchon*. L'habileté du fabricant dans la sortie du fromage doit tendre à ce que le recherchon soit réduit au minimum, il ne devrait pas dépasser la grosseur du poing.

Si le recherchon est volumineux, tout un côté de la pièce peut parfois être mille trous. On place généralement le recherchon au centre ; il serait encore préférable de l'éliminer complètement.

*Pression.* — Pour appliquer la pression convenable, il y a lieu de considérer le poids du fromage et son aptitude à se ressuyer plus ou moins vite suivant la nature du lait dont il provient, suivant aussi la manière dont il a a été fabriqué.

Trois choses sont à envisager, la force de la pression, sa durée, le nombre des retournements.

Le fromage étant placé dans le cercle, le fruitier tire les bords de la toile, il les rabat sur la face supérieure, vers le centre de la meule. Il presse les bords contre l'intérieur pour que la masse soit unie, qu'elle ne s'échappe pas, place le second foncet et donne la pression.

Au début, il ne faut pas presser fortement, ni trop serrer le fromage dans le cercle, sinon la toile collerait et, d'autre part, la surface se desséchant trop rapidement mettrait obstacle à la sortie du petit-lait intérieur. Le fromage doit pourtant être suffisamment serré dans le cercle, pour que le foncet appuie sur sa surface et non sur les bords, mais il faut veiller en même temps à ce qu'il ne déborde pas trop, car la pression, en écrasant la pâte, déterminerait autour un cordon qu'il faudrait ensuite enlever. La pression initiale est de 3 à 5 kilog. par kilog. de fromage, suivant le poids de celui-ci.

Un point très important, c'est de retourner la pièce un nombre de fois suffisant. Il faut mettre souvent des toiles, mais éviter de le faire trop tôt à sec. C'est là un détail qui a sa grande utilité au point de vue de la formation d'une bonne croûte et de l'épuration convenable du fromage. Si on met trop tôt des toiles sèches, l'humidité extérieure s'écoule, mais par suite de la dessiccation rapide de la surface, le liquide intérieur sort difficilement. Les gruyères ainsi traités gercent souvent et fermentent d'une façon exagérée. Le fromager change sept fois de toile; une première fois après quinze minutes, il enlève la pression, écarte le foncet, retire la toile, déplace le cercle, met une toile humide en évitant soigneusement les plis. Le cercle et le foncet sont remis en place. Le fromage est tourné sens dessus dessous. On enlève le foncet. la première toile ; l'autre est rabattue vers le centre. le fromage se sèche mieux. Lors du premier retournement, comme d'ailleurs à tous les autres, il faut examiner comment le fromage se ressuie en le comprimant avec la main. Cette observation permet de diriger l'opération d'une façon rationnelle. On voit s'il faut augmenter la pression et plus ou moins fréquemment.

Nous appelons tout spécialement sur ce point l'attention des fromagers. Lorsqu'on change pour la première fois de toile, le fromage doit se laisser égrener et fendre facilement quand on le comprime.

Le fruitier retourne pour la seconde fois une demi-heure après la première, le fromage est alors mieux rassemblé. Il met ensuite un intervalle d'une heure. Dans l'après-midi, il y a trois retournements jusqu'au soir, puis un le lendemain matin.

Une toile sèche est mise pour la première fois lors du troisième retournement et souvent aussi une seconde toile à ce moment.

Tout en augmentant progressivement la pression, on ne donne la force maxima qu'après six à sept heures, quand le fromage a déjà laissé sortir la plus grande partie du petit-lait ; les foncets sont secs. Cette pression est de 8 à 10 kilog. par kilogramme de fromage pour les pièces pesant fraîches de 30 à 40 kilog. et 10 à 13 pour les pièces pesant 40 à 50 kilog.

Plus le gruyère est épais. plus proportionnellement il doit recevoir de pression par unité de poids, car le petit-lait a une plus grande distance à parcourir pour être évacué : il en est de même pour le fromage gras qui retient plus énergiquement le liquide.

Si le pain est mou, on peut mettre plus tôt des toiles sèches. de même pour les produits fabriqués le soir qui ne peuvent être retournés aussi souvent. il est utile de mettre deux toiles sèches. La presse doit être suffisamment inclinée pour que le petit-lait puisse s'écouler, sinon il reste en contact avec la partie inférieure du fromage et celui-ci *sonnera* promptement sur cette face. Les foncets qui ne sont pas parfaitement unis peuvent occasionner la gerçure ; de même, des plis de toile sur la croûte déjà formée.

Il ne faut pas presser le fromage dans un local trop chaud, où il pourrait fermenter. On doit aussi absolument éviter les courants d'air sur la presse, principalement quand on change de toile, sinon la partie extérieure se dessèche et le petit-lait sort difficilement.

Si la pression s'opère dans un local trop froid, il y a également un inconvénient. La surface exposée à l'air se contracte sous l'influence d'une température basse et, dans ce cas encore, le petit-lait ne sort pas. Nous avons vu des fromages éraillés qui n'avaient pas d'autre origine. C'est pourquoi il faut alors accélérer le travail, changer plus souvent de toiles tout en activant cette manœuvre, afin que le gruyère se refroidisse le moins possible.

Le fromage peut coller à la toile s'il est trop chauffé ou trop fait, s'il provient de mauvais lait ou si l'on n'a pas retourné assez souvent : la toile se dessèche et adhère à la pièce. Dans ce cas, il faut employer certaines précautions pour ne pas soulever la croûte en enlevant la toile. La surface est lavée avec du petit-lait tiède, frottée avec une brosse de racine : on tire ensuite la toile avec précaution.

Quand le fromage a été sorti de la presse, on peut juger déjà s'il a été bien fabriqué. La croûte a un fond jaune, parsemé de nombreuses taches blanches, aussi bien sur les faces planes que sur les côtés : la masse élastique et homogène doit rendre un son clair. S'il a été trop fait ou trop pressé, il est jaune sur toute la surface et colle à la toile. S'il n'a pas été assez fait, ou pas assez pressé, il est blanc, surtout aux bords : la pâte est molle et on perçoit déjà parfois un son creux en frappant avec le doigt. Les fromages qui sonnent sous presse reçoivent en cave un traitement particulier.

La pression, exécutée suivant les conditions indiquées, est indispensable pour qu'un produit bien fabriqué reste sain. Mais cette opération ne suffit pas à corriger les défauts d'un fromage qui aura manqué de feu ou de brassoir.

C'est, en effet, le petit-lait interposé entre les grains qui sort seul, et, si les grains ne sont pas assez ressuyés, la pression ne peut enlever cet excès d'humidité. Toutefois, en augmentant l'intensité et la durée, en changeant plus souvent de toiles, on arrivera à obtenir un fromage moins déprécié que s'il avait subi le traitement habituel.

*Fermentation.* — Le gruyère, au sortir de la presse, n'a aucun goût, il n'est pas comestible. Pour devenir marchand, il doit séjourner pendant un certain temps dans des locaux appropriés et subir une maturation. Cette transformation s'exerce par l'intermédiaire de ferments particuliers qui modifient la pâte et lui font acquérir les qualités diverses désirées par les consommateurs.

Les êtres qui président à la maturation du gruyère peuvent être rangés en deux catégories : ceux du sucre et ceux de la caséine. Les premiers décomposent le lactose en produisant des dégagements gazeux qui provoquent dans la pâte la formation des yeux, de l'ouverture, les autres transforment la caséine en une substance plus digestible et d'un goût plus agréable.

La fermentation du gruyère se fait dans toute la masse à la fois et non progressivement de l'extérieur à l'intérieur, comme pour d'autres fromages. Les microbes qui interviennent sont donc apportés par le lait ou les présures. C'est pourquoi nous avons insisté sur la nécessité pour le fruitier de contrôler la qualité de ces deux éléments.

Pour que la fermentation puisse s'effectuer normalement, il est nécessaire que les fromages soient placés à une certaine température favorable au développement des microbes. L'humidité du local doit également être suffisante, sinon la pâte se dessèche trop et les ferments ont peine à y vivre.

Le sel intervient aussi dans la maturation. Il appartient à la catégorie des substances que l'on nomme antiseptiques, c'est-à-dire qui ont la propriété de ralentir et même, à certaines doses, d'arrêter le développement des microbes. Il peut servir à régulariser la fermentation. Son emploi doit donc être judicieux.

Si le fromage a été bien fabriqué et qu'on le place dans des conditions normales de température, d'humidité et de salage, après un certain temps le produit est parfait.

D'autre part, lors même que la préparation du produit aura été effectuée avec toutes les règles, il n'acquerra les qualités voulues que si l'on fait intervenir, comme il convient, les trois éléments agissant sur la fermentation.

Supposons un fromage bien réussi, séjournant dans une cave froide; les ferments se développant mal, à basse température, le produit n'ouvrira pas. Il en sera de même si, dans un local à température plus élevée, le salage a lieu d'une façon exagérée au début.

Place-t-on, au contraire, le fromage bien fabriqué dans une cave trop chaude, ou bien le sale-t-on insuffisamment, la fermentation sera exagérée, l'ouverture trop développée.

Si le fromage a manqué de feu, de brassoir ou de pression, si, en un mot, il n'est pas assez ressuyé, on pourra remédier à ce défaut en forçant le salage au début et en plaçant le produit dans un local froid et sec.

On enlèvera de cette façon l'excès d'humidité; le sel et la basse température retarderont la fermentation.

Le même traitement sera appliqué aux fromages qui auraient tendance à trop fermenter, parce qu'ils sont ense mencés de germes malfaisants, provenant de laits altérés, de mauvaises présures, etc.

Par contre, si le fromage a été trop fait ou trop pressé, il faut le placer dans une cave chaude et humide, le saler très peu, quelquefois même pas du tout, avant que les yeux aient commencé à se montrer; les quelques ferments restant dans la pâte, maintenus dans les conditions les plus favorables, pourront alors se développer.

Des indications précédentes on peut conclure que :

1° Un fromage bien fabriqué devient un rebut si la fermentation ne s'effectue pas dans les conditions voulues;

2° Un fromage mal fabriqué ou ensemencé de germes nuisibles peut être amélioré sensiblement si la fermentation est rationnellement conduite.

Voilà deux principes qui sont trop souvent négligés et dont l'application éviterait cependant bien des mécomptes.

*Séjour des fromages en cave et Salage.* — On sort le fromage de la presse au bout de vingt-deux à vingt-quatre heures. Après avoir enlevé le cercle et les toiles, on le pèse et on le porte sur un foncet dans la cave fraîche.

Le fromage doit être marqué immédiatement à son numéro d'ordre. Il faut avoir soin d'employer de l'encre qui imprime bien, car, si elle se laisse délayer, les numéros s'effacent et les torchons se salissent, ce qui rend la croûte grise. En hiver, on laisse les fromages huit à dix jours dans la cave fraîche dont la température est de 10° et le degré hygrométrique de 80 à 85.

Le séjour dans la cave fraîche et sèche favorise la formation de la croûte. Il est plus facile ensuite de soigner le fromage convenablement. D'autre part, la fermentation ne commençant pas trop tôt, on a moins à craindre les éraillés, les multipliés, les cuiteux; le goût est aussi meilleur.

En été, il est souvent difficile d'obtenir une aussi basse température. Quelquefois, on place le fromage dans la chambre à lait pendant douze ou vingt-quatre heures ; la surface se dessèche. Mais la gerçure est à craindre.

Le salage a pour but de former la croûte, en attirant au dehors l'humidité des couches superficielles. Comme cette eau salée répandue à la surface pénètre ensuite dans l'intérieur du fromage, le goût est rendu plus agréable. Enfin le sel agit, comme je l'ai indiqué, par ses propriétés antiseptiques pour modérer la fermentation.

Le sel employé doit être bien sec, ni trop gros, ni trop petit, plutôt grossièrement divisé. Les grains petits fondent rapidement, forment une couche boueuse à la surface ; les gros grains n'étant pas toujours complètement fondus au moment où l'on frotte, rayent le fromage. Le salage, qui est une opération très importante, s'exécute généralement pour les gruyères de la façon suivante : On sale le lendemain du jour où le fromage a été apporté à la cave, en répandant aussi exactement que possible le sel avec la main sur toute la surface. Après quelques heures, le sel est fondu ; à la place des grains il s'est formé de petites gouttelettes par suite de l'humidité intérieure du fromage et aussi de l'humidité de la cave. La dissolution du sel est d'autant plus rapide que l'état hygrométrique de l'air dans le local est plus élevé. C'est même à ce signe que les fromagers reconnaissent si la cave est sèche ou humide. Mais un psychromètre qui donne le degré exact est toujours indispensable.

Dans les caves suffisamment humides, le sel est généralement fondu après six heures. On frotte alors vivement avec un torchon de laine sur la face et le pourtour, pour faire pénétrer l'eau salée à l'intérieur. Si on laisse trop fondre le sel, le liquide coule le long des parois et tache les fromages, on n'obtient pas non plus une aussi belle croûte. Si on frotte quand les grains sont peu fondus, le fromage est rayé. La surface frottée se sèche peu à peu ; le surlendemain au matin, le fruitier tourne le fromage, répète le salage sur l'autre face et ainsi de suite.

La dessiccation s'effectue moins vite dans les caves humides.

Il ne faut jamais tourner un fromage que lorsqu'il est complètement sec, sinon il pourrait devenir chancreux.

C'est pour la même raison que la place où on le dépose ne doit être non plus jamais humide ; il n'est pas inutile de l'essuyer avec un linge sec, lors du retournement.

Les gruyères qui ont été bien soignés se reconnaissent à leur croûte propre, jaune, grenée, c'est-à-dire laissant voir l'empreinte quadrillée formée par les fils de la toile.

Si les fromages frais (blancs) ont été mal soignés, frottés insuffisamment ou tournés sans être complètement essuyés, la croûte devient grise, livide avec des taches blanches ou noires par endroits, d'autres fois des chancres. Il est très difficile de remettre en état des fromages qui ont été négligés étant blancs ; il faut, dans ce cas, frotter quand le sel n'est pas fondu.

Lorsque les gruyères s'étendent, il faut les laisser dans le cercle pendant cinq à six jours et les saler fortement sur les faces et le pourtour afin de former la croûte.

Les fromages sont placés après huit ou dix jours dans la cave chaude où les soins sont continués comme il a été dit.

La température doit être comprise entre 16° et 18°. L'état hygrométrique est maintenu entre 90 et 92. Ce point a une très grande importance, souvent trop négligée. Si la température est élevée, sans humidité suffisante, la pâte se dessèche, devient farineuse, le goût est moins fin, le fromage perd beaucoup plus de poids. La sécheresse est-elle excessive, la lainure peut parfaitement se produire, la pâte étant devenue dure et cassante.

Mais, si la cave est humide et froide en même temps, il se forme une couche épaisse sur la croûte, le sel pénètre difficilement et la pâte prend un mauvais goût. Dans ce cas, il faut nettoyer les gruyères avec un racloir (fig. 102, 16) en ayant soin toutefois de ne pas enlever la fleur.

Moins il y a de gruyères dans la cave, plus l'air y est sec, car la vapeur se dégage des produits pendant la fermentation.

Les variations brusques de température sont excessivement préjudiciables à une bonne fermentation ; dans une masse qui subit des dilatations et des contractions successives, la lainure apparaît très facilement.

C'est donc une mauvaise coutume de chauffer la cave seulement tous les deux ou trois jours, comme le font certains fromagers.

Le gruyère, traité d'après les indications précédentes, est suffisamment ouvert et salé pour être livré à la consommation après trois mois. Durant cette période, il a absorbé environ 2 p. 100 de sel. Mais, par suite de l'évaporation, il a subi un certain déchet. Cette perte nette va généralement à 6 p. 100 dans les conditions normales, les fromages mieux ressuyés faisant moins de déchet. Si la cave de fermentation est trop sèche, la perte peut aller à 10 p. 100 et plus. Une fromagerie qui produirait 20000 kilos, en supposant que la cave soit trop sèche, perdrait de ce chef, à raison de 3 p. 100 en plus du chiffre normal, 600 kilos. Ce point, qui n'a pas été suffisamment mis en lumière jusqu'ici, démontre la nécessité d'établir les caves en sous-sol, comme je le propose, ou, lorsque cette disposition n'est pas possible, d'abriter les locaux de maturation contre le contact de l'air extérieur, en restreignant le nombre des ouvertures au strict nécessaire.

Il faut surveiller attentivement les fromages placés dans la cave chaude. On met dans les étages supérieurs ceux qui ouvrent le moins, car la température y est toujours un peu plus élevée. Si certaines pièces manifestaient une fermentation exagérée, il faudrait les rentrer dans la cave fraîche, les saler plus fort, de même les fromages suffisamment ouverts, ce qui arrive pour certains après deux mois. Le chauffage des caves ne peut être réellement bien conduit que si l'on possède deux locaux.

Si, après quatre mois, les fromages ne sont pas expédiés, on se contente de les saler deux fois par semaine.

Un fromage de gruyère mûr et de bonne qualité présente les caractères suivants : Les bords sont légèrement convexes tout en laissant voir un sillon médian, le nerf. Pressé avec le doigt, il revient sur lui-même, ce qui montre son élasticité. Le son est creux, mais égal dans toutes les parties. La sonde (fig. 102, 8) ramène trois yeux développés et bien détachés. La pâte est fine, fondante, avec un goût de noisette.

Les tablars, qui doivent toujours être assez larges pour que la pièce ne déborde pas, sont sortis deux fois par an, lavés à fond, s'il est nécessaire avec de l'eau de soude et séchés entièrement avant d'être réemployés.

La cave ne doit jamais contenir de matières autres que les fromages. Si, en raison des mouches, ou des mauvaises odeurs, il était nécessaire de purifier la cave, on ferait brûler du soufre après avoir fortement humecté l'air et fermé hermétiquement toutes les issues; l'acide sulfureux, dans l'air humide, détruisant comme on sait les germes de décomposition. Ce gaz est maintenu vingt-quatre heures. On aère ensuite fortement avant d'introduire à nouveau les tablars et les fromages. Il est utile aussi, dans ce cas, de blanchir les parois et le plafond à la chaux et de laver le sol avec une solution de lysol. La cave doit être disposée de telle sorte que l'entrée des souris soit impossible, ces rongeurs causant les plus grands dégâts aux fromages.

**Travail du lait acide.** — D'après ce qui a été dit au sujet de la coagulation, le lait acide ne donne pas un caillé de même nature que le lait normal. Si donc on le travaillait de la même façon, on aurait un rebut, mille trous, lainé cassant, peu de pâte et un faible rendement.

Or, ces laits se rencontrent fréquemment en été. Le fromager les reconnaît généralement trop tard. Ainsi, lorsque le petit-lait chauffé après la sortie du fromage laisse monter quelque peu de crème, c'est l'indice d'une acidité plus élevée qu'à l'ordinaire, on *grasseye*. Si la crème monte complètement, on *brèche*, suivant l'expression consacrée, l'acidité est plus grande encore. Dans ce cas le sérai ne se précipite pas en masse, mais reste en poussière, on conclut évidemment à l'altération prononcée du lait. C'est un peu tard, parce que le fromage est déjà sous presse.

L'acidimètre permet au fromager de connaître l'acidité du lait mis en chaudière. Si l'acidité dépasse la limite indiquée ou plutôt la moyenne habituelle pour les laits de la fromagerie dans la saison, le fruitier modifiera son travail d'après les indications suivantes.

Il faut, pour mettre en présure, chauffer le lait 1° à 3° de moins que le lait reconnu bon, suivant le degré d'altération, ajouter moins de présure qu'à l'ordinaire, décailler mou, c'est-à-dire ne pas laisser durcir le caillé, couper le grain un peu fin et régulier, chauffer 1° à 4° de moins que de coutume, de façon à brasser dehors du feu environ trois quarts d'heure, ne pas trop faire le grain, c'est là le point essentiel, car si le grain, au sortir de la chaudière, est trop fait, le fromage *colle à la toile* et, généralement, il ne se soude pas et peut gercer soit en planches, soit en talon. Étant fait et rassemblé dans la chaudière, il est utile de ne pas le laisser longtemps dans le petit-lait, il faut le sortir rapidement.

Un fromage bréché exige une forte pression, car le petit-lait acide est retenu beaucoup plus énergiquement.

C'est pourquoi il faut retourner la pièce 5 ou 6 fois pendant les premières heures, en ayant soin de changer la toile à chaque fois. Si le fromage est trop fait, il faut relever les quatre coins de la toile sur la surface supérieure, jusqu'à ce que la croûte qui se forme soit bien unie et ressuyée. Dans le cas contraire, on ne doit jamais replier les coins.

**Défauts du fromage de gruyère et moyens de**

**les éviter**. — La formation des yeux d'un diamètre suffisant en quantité déterminée joue aujourd'hui le rôle principal sur le marché pour l'appréciation du gruyère. Ces yeux étant le produit d'une fermentation ne peuvent se développer normalement que si toutes les conditions exigées sont remplies. Dans le cas contraire, l'ouverture n'a plus l'aspect désiré et le fromage devient un rebut.

*Lainés*. — Les fromages lainés sont caractérisés par des fentes, des déchirures qui se produisent à l'intérieur de la pâte.

On distingue les *lainés unis* dans lesquels ces fentes existent seules, et les *lainés ouverts* qui montrent en même temps des yeux.

*Lainés unis*. — Ces fromages se reconnaissent parce que la forme du talon est restée concave et qu'ils donnent un son creux à la percussion.

Bien que généralement fins de pâte, ils sont très dépréciés. Les lainés unis se rencontrent surtout parmi les produits d'automne et d'hiver, et on est porté à accuser la richesse du lait en matière grasse de provoquer ce défaut. Il est certain que le lait gras, si la fabrication n'est pas conduite spécialement, donnera des fromages qui auront plus de tendance à lainer. Mais, d'autre part, on peut, avec des laits gras, fabriquer des gruyères à ouverture parfaite ; c'est une question de technique et c'est ainsi que se justifie le conseil que nous donnons au fruitier de reconnaître la richesse en matière grasse du lait mis en chaudière, afin de régler la coagulation et les opérations ultérieures en conséquence.

On peut rattacher à trois origines les lainés unis.

1º Laits altérés. — Le lait qui dépasse un certain degré d'acidité demande des modifications dans le travail, ainsi que je l'ai indiqué ; s'il est chauffé et brassé comme d'habitude, le fromage devient lainé uni.

2º Travail défectueux. — Même avec du bon lait, on

peut avoir des fromages lainés, si la manipulation est mal conduite et ne permet pas d'obtenir les conditions nécessaires à une bonne fermentation. Si on caille trop froid, si les présures sont faibles, si on décaille trop tôt ou trop promptement un caillé mou, si on divise trop finement le grain, il arrive dans certains cas que l'on obtient un caillé sans résistance qui ne se soutient pas. Afin d'enlever le petit-lait, il faut chauffer à un degré élevé et brasser beaucoup, ce qui donne inévitablement une pâte dure, favorable par suite de son manque de souplesse au développement de la lainure, d'autant plus que les ferments éprouvant une difficulté à se développer dans cette masse sèche, pauvre en sucre, dégagent des gaz en faible quantité. D'une façon générale, les fromages trop faits, trop pressés sont sujets à lainer. Quand le chauffage a duré longtemps, les grains trop divisés peuvent former un fromage lainé. Si le caillé n'est pas obtenu d'une façon homogène, il pourra y avoir des lainures par endroits.

Ainsi, lorsque la surface du lait et les parois de la chaudière se refroidissent, le caillé en contact est plus mou. Il faut absolument éviter les courants d'air froid sur la chaudière, non seulement pendant la coagulation, mais pendant toute la durée du travail. Éviter aussi de refroidir trop brusquement et trop profondément le caillé au moment de sortir le fromage, comme je l'ai dit déjà.

3° Mauvais soins en cave. — Mais un fromage bien préparé peut lainer à la cave, s'il n'est pas placé dans de bonnes conditions. Et c'est là une cause fréquente de ce défaut. Si les fromages restent deux à trois mois dans des caves froides, ils se salent, mais ne fermentent pas. Lorsque la température sera assez élevée pour provoquer l'action des ferments, ceux-ci auront été annihilés en partie par le sel; ils dégagent alors une faible quantité de gaz et ces gaz forment des déchirures dans la pâte qui a perdu sa souplesse par suite du salage.

Il est donc indispensable de mettre les fromages quelques jours seulement dans une cave froide, puis de les laisser dans la cave chaude, jusqu'à ce que l'ouverture soit développée. Les variations brusques de température, en faisant contracter et dilater la masse, provoquent aussi la lainure et même le salage à haute dose au début. Pour éviter la lainure, il faut cailler plus chaud, sauf s'il s'agit de laits acides, couper plus gros, chauffer moins et surtout placer les gruyères dans une cave chaude à température constante en salant peu au début.

*Lainés ouverts.* — Dans les lainés ouverts, l'ouverture apparaît d'abord régulière, puis, la fermentation se prolongeant quand le produit est salé, la pâte se déchire, principalement au voisinage des yeux. Ces fromages, pour être moins dépréciés que les lainés unis, sont également rebutés par le commerce.

Toutes les causes qui développent l'ouverture peuvent, si on opère mal, provoquer ce défaut.

Ainsi, un caillage prompt, l'emploi de présures fortes, une haute température pour la coagulation, un grain trop gros, un travail prolongé avant le feu, un chauffage élevé qui empêche de brasser suffisamment après (dans ce cas le fromage est fait avec le feu, et non avec le brassoir).

D'autre part, si la cave chaude est trop sèche, la pâte en se resserrant, peut fendre quoique ayant des yeux, de même s'il y a des courants d'air, si on place brusquement les fromages ouverts sortant de la cave de maturation dans une cave trop froide, si, quand l'ouverture est formée, on chauffe trop le local.

Enfin, si on a salé fortement et maintenu pendant assez longtemps les fromages à une température relativement basse, le sel pénètre jusqu'à une certaine profondeur; cette couche pourra lainer quand viendra la fermentation, alors que le milieu sera bien ouvert. Dans ce cas, on dit que le fromage a un fil de lainure.

Lorsqu'on constate le défaut en question, il faut chercher, parmi les manipulations précédentes, celle qui a pu provoquer la lainure et modifier le travail en conséquence.

Les laits acides mal travaillés provoquent parfois cette seconde fermentation, le fromage ouvre d'abord régulièrement, puis éclate : on dit qu'il recuit.

*Gonflés.* — Ces fromages ont un aspect boursouflé, les talons, les surfaces sont plus ou moins bombés ; si l'altération est très prononcée, le fromage peut éclater ; le goût est piquant et désagréable, les yeux sont grands, soit francs et réguliers, ou bien très allongés, nombreux, irréguliers, déchirés. Les fromages qui présentent ce dernier caractère ont une valeur inférieure aux premiers. Le boursouflement des fromages, qui est dû à une fermentation exagérée, peut avoir deux origines : il est occasionné soit par des microbes anormaux, très énergiques producteurs du gaz qui se trouvent accidentellement dans le fromage ; soit par des ferments habituels répandus en très grand nombre ou trouvant des conditions plus favorables qu'à l'ordinaire et, par suite, manifestant leur action avec une intensité supérieure.

Dans le premier cas, les ferments malfaisants peuvent être apportés par le lait, c'est le cas le plus fréquent. Le lait des vaches atteintes de certaines affections, notamment de mammite sèche, occasionne le boursouflement ; il en est de même du colostrum. L'alimentation avec des fourrages fermentés, de l'herbe échauffée, des tourteaux altérés, le manque de propreté dans les étables et dans les bidons peuvent aussi déterminer l'ensemencement du lait en microbes dangereux.

Ces êtres sont d'ailleurs apportés quelquefois par les présures.

Certaines caillettes, provenant de veaux qui ont succombé à des maladies, contiennent des germes nuisibles, de même l'aisy trop fort qui cuit peut les transmettre à la présure. Quelques extraits préparés avec des estomacs mal desséchés renferment des ferments qui font gonfler les gruyères.

Dans la fromagerie, parfois, c'est l'eau employée qui, étant impure, occasionne cette malformation, sans que l'on s'en doute, soit que cette eau ait servi à nettoyer les ustensiles, à délayer les présures, soit qu'elle ait été ajoutée au lait avant la coagulation ou au petit-lait pour refroidir. Si l'on recuit dans ce dernier cas, les germes malfaisants peuvent passer dans la recuite.

D'autres fois, mais rarement, les germes sont apportés par l'air, s'il y a dans la fromagerie ou dans les abords immédiats des matières en décomposition. En dehors des cas où le boursouflement est produit par des ferments anormaux, les ferments habituels peuvent le provoquer, comme il a été dit, lorsque leur action se trouve accrue par des circonstances diverses. Par exemple, l'emploi de présures concentrées obtenues avec des aisy forts, la coagulation rapide ou à une température élevée, le découpage du caillé, quand il a déjà durci, les trop gros grains ou le manque de feu ou de brassage, l'insuffisance d'pression, le séjour des fromages dans une cave trop chaude dès le début, voilà autant d'éléments qui déterminent avec plus ou moins d'intensité le boursouflement des fromages.

Si on opère très rapidement avec le tranche-caillé, a'ors que le caillé est mou, celui-ci n'a pas le temps de se raffermir, il se met en bouillie, les grumeaux s'agglomèrent et, si le grain n'est pas très fait, il peut parfaitement arriver que le fromage devienne boursouflé.

Souvent le gruyère qui doit gonfler sonne déjà sous la presse. Il faut, quand on constate cette anomalie, s'assurer immédiatement si elle ne provient pas d'un lait altéré. On emploie le lacto-fermentateur, les laits qui peuvent provoquer le boursouflement montrent dans l'appareil la couche de crème fortement soulevée à la partie supérieure, quelquefois sortant de l'éprouvette. Les laits qui se coagulent lentement sont également dangereux car, mélangés dans la chaudière, ils empêchent les grumeaux de caillé de se ressuyer suffisamment et provoquent indirectement le boursouflement.

Si tous les laits sont sains et qu'on ne puisse attribuer le dommage ni à l'eau, ni à l'air, ni aux caillettes, on doit modifier le travail; maintenir l'aisy plus doux, employer des présures faibles, cailler plus froid, faire le grain fin, le ressuyer suffisamment avant le feu sans le briser, chauffer et brasser pour que le grain soit bien fait, presser davantage en changeant souvent de toiles. De plus, les fromages qui sonnent sous presse et ont tendance à gonfler sont améliorés par le mode de salage suivant (salage dans la saumure). On prépare dans un cuveau une solution composée de 36 parties de sel p. 100 d'eau. Le fromage, au sortir de la presse, est placé dans ce bain pendant quarante-huit heures; le sel qui pénètre bien à l'intérieur de la pâte agit comme antiseptique et la fermentation est retardée. Il faut toujours avoir soin que la solution soit saturée, c'est-à-dire qu'il y ait un excès de sel au fond du cuveau.

Les fromages qui commencent à gonfler sont également placés dans le local le plus frais, une température basse arrêtant le développement des ferments.

*Mille-trous.* — Les mille-trous sont caractérisés par la présence dans la pâte d'une infinité d'yeux dont la grosseur va depuis celle d'une tête d'épingle jusqu'à celle d'un œil de pigeon. Le goût est généralement peu agréable. Ces fromages ont une moindre valeur.

Les mille-trous peuvent provenir d'un travail défectueux. Si on divise très finement un caillé mou et que l'on chauffe brusquement, le petit-lait reste emprisonné et occasionne ce défaut. Mais, le plus souvent, c'est dans un lait acide, altéré, qu'il faut chercher la cause du mal; le colostrum, le lait de vaches soumises à un travail excessif, quelquefois des présures altérées, notamment la présure en poudre décomposée, occasionnent aussi des mille-trous.

On a signalé des cas où des laits pauvres en phosphate déterminent ce défaut.

*Faux grains.* — Les faux grains sont constitués par des yeux de grosseur inégale, plutôt petits, rapprochés les uns des autres et déchirés qui, au lieu d'être répandus dans toute la masse, n'apparaissent que par endroits en couches plus ou moins étendues. Ce défaut se manifeste quand il y a beaucoup de poussière ou des grains irréguliers.

Il peut être aussi occasionné par la sortie défectueuse du fromage, et par un trop gros recherchon.

*Éraillés.* — Ces fromages présentent des yeux irréguliers, nombreux, déchirés comme ceux d'une éponge ; suivant leur diamètre, on distingue la fine éraillure et la grosse éraillure.

Ce défaut se manifeste surtout sur les bords du fromage, plus rarement au milieu.

L'éraillure apparaît principalement quand on traite les vieux laits moins facilement coagulables. Nous avons constaté d'autres causes généralement moins connues. Si le caillé se refroidit pendant la coagulation et le travail, le petit-lait sort plus difficilement ; de même si le fromage se refroidit brusquement sous la presse, les couches extérieures se contractent et mettent obstacle à l'écoulement du liquide.

La présure en poudre employée sans avoir été dissoute complètement, suivant les prescriptions indiquées, peut occasionner l'éraillure par la formation d'un caillé qui n'est pas homogène. Les laits gelés déterminent aussi ce défaut.

Pour combattre l'éraillure, il faut couper plus fin, chauffer plus tôt, mais à petit feu, de façon à augmenter la contraction du caillé sans le saisir brusquement,

chauffer et presser davantage ; maintenir, s'il est possible,
une température modérée dans la salle où se fait l'égouttage ; laisser les fromages au moins treize jours dans la
cave fraîche.

Si, dans la cave chaude, l'éraillure se manifeste, il faut
bien se garder de les remettre au froid ; ils resteraient
éraillés. En les laissant au chaud, si ce n'est pas de la
fine éraillure, si elle n'est pas développée dans toute la
masse, mais seulement en talon, elle peut se refaire, les
yeux primitivement déchirés se réunissent et l'ouverture
est considérablement améliorée.

*Chargés ou multipliés.* — Ces fromages sont caractérisés par des yeux trop nombreux. Sans constituer des
rebuts proprement dits, ils ne sont pas classés dans les
premières qualités. Les fromages chargés sont occasionnés la plupart du temps par un travail insuffisant
avant le feu, l'emploi de présures trop vieilles, acides. Le
lait de vaches soumises à un travail excessif peut également déterminer ce défaut.

*Fromages à bords soufflés.* — Ces fromages portent
des trous nombreux sur les bords qui sont soulevés ; le
goût dans ces parties n'est jamais fin et, si le fromage
est entamé, il se décompose rapidement.

Les laits et les présures altérés peuvent amener des
bords soufflés. Mais, le plus souvent, la cause réside
dans la fabrication. Si l'on coupe trop gros, les grains les
plus volumineux se trouvent à la circonférence et déterminent une fermentation exagérée. Pour remédier à cet
inconvénient, il faut, lors du décaillage, bien retourner
toute la masse avec les deux poches, comme il a été dit,
de façon à rendre le caillé homogène, puis couper plus
fin.

On reconnaît ces fromages à ce que, au sortir de la
presse, les bords sont blanchâtres, ce qui indique qu'ils
ne sont pas suffisamment ressuyés, au lieu d'être jaunâtres comme en surface. En maintenant pendant deux

jours le fromage dans un cercle en contact avec une couche de sel, les bords de la surface étant également recouverts, vingt-quatre heures pour la face supérieure, vingt-quatre heures pour la face inférieure, on peut prévenir les bords soufflés.

Ces fromages doivent rester un peu plus longtemps dans la cave froide.

*Cuiteux.* — Les cuiteux présentent des boursouflements partiels de la croûte, soit sur les bords, soit au milieu. Dans le premier cas, il faut accuser les gros grains ; dans le second, un travail précipité avant le feu. Il faut éviter également de placer les fromages trop tôt dans la cave chaude.

Lorsque, pendant le travail, on examine l'état des grains en les comprimant dans la main, si on remet le pâton tel quel dans la chaudière sans l'égrener complètement on obtient des cuites. On peut percer les cuites avec la rainette (fig. 102, 17), mais il faut opérer avec précaution.

*Gercés.* — Les fromages gercés montrent, comme le nom l'indique, des fentes extérieures. Ils reconnaissent plusieurs causes : le lait acide d'abord, mais le plus souvent une mauvaise fabrication ou des soins défectueux en cave. Ainsi, le caillé mou, trop essuyé, provoque la gerçure, de même si le gruyère n'est pas suffisamment serré dans le cercle, s'il n'est pas retourné assez souvent, si la toile fait des plis, ce défaut apparaît. En appuyant le fromage sur l'épaule pour le porter à la cave, il peut gercer du côté opposé : les croûtes minces exposées au courant d'air, placées trop au chaud ou trop au froid, fendent facilement. Le manque de soins en tournant le fromage, en le frottant, par exemple, si on n'a pas soin de le soutenir lorsqu'il est tiré en dehors du tablar, en le changeant de cave, amène le défaut signalé.

On remarque quelquefois que les gruyères fabriqués le soir sont plus sujets à la gerçure. Cela provient de ce qu'ils ne sont pas assez retournés ; à la place du recherchon qui se soude mal, des fentes apparaissent. La gerçure est un défaut grave, car l'altération s'agrandit toujours et le fromage se décompose. Un fruitier soigneux pourra se prémunir contre cet accident et surtout ne pas le laisser s'aggraver. En premier lieu, il ne faut jamais saler sur une gerçure car le sel l'agrandirait. La fente sèche peu à peu.

On peut aussi brûler avec un fer rouge toute la partie entamée, afin de prévenir le contact de l'air. Certains fruitiers opèrent de la façon suivante : ils évident complètement la gerçure, y versent de l'eau bouillante et, quand la pâte s'est ramollie, remplissent avec des grains de fromage frais ; une toile est placée à la surface et on presse légèrement pendant quelques heures ; la soudure s'opère généralement bien.

*Chancreux.* — Les fromages chancreux proviennent de mauvais soins en cave : ils ont été retournés sans être secs ou sur des planches humides. La croûte se détache par endroits et la pièce est altérée. Il faut placer les fromages dans un endroit sec pour que la croûte se reforme ; on a, au préalable, enlevé la partie abîmée.

*Fromages à croûte rouge.* — On voit parfois la croûte du fromage devenir rougeâtre et le goût est amer. Ce défaut se remarque dans des gruyères reposant sur des tablars ayant longtemps servi sans être nettoyés ; le défaut est occasionné par un microbe.

Il faut nettoyer soigneusement les planches à l'eau de soude, les aérer pendant plusieurs jours et désinfecter le local en faisant brûler du soufre. Si les tablars sont trop imprégnés, il est préférable de ne plus les employer.

*Fromages à croûte blanche.* — Dans d'autres cas, des efflorescences blanches apparaissent à la surface du fromage. Cela peut provenir de deux causes : si les gruyères ont déjà été fortement salés et qu'ils soient dans une cave sèche, le sel se laisse voir sur la croûte.

Parfois, ce sont des végétations de levures ou de moisissures. Dans ce cas, le moyen de s'en débarrasser consiste à désinfecter les tablars à l'eau de soude et le local en faisant brûler du soufre.

## Emmenthal.

Le fromage d'Emmenthal diffère du gruyère de Comté par son poids supérieur (70 à 100 kilog.), et par sa pâte plus grasse. L'écrémage est plus restreint ; on ne dépasse pas habituellement 400 grammes de beurre par 100 kilog. de lait.

Les détails dans lesquels nous sommes entré à propos de la préparation du gruyère nous permettront d'être bref en ce qui concerne celle de l'emmenthal.

On le fabrique, soit avec le lait d'une traite, soit, quand la quantité n'est pas suffisante, avec le lait de deux traites. Dans ce dernier cas, on réchauffe la crème comme il a été indiqué pour le gruyère.

La température de coagulation est comprise entre 28° et 35° ; mais va, le plus habituellement, de 33° à 34°. On emploie des présures très fortes, sans renfoncer (1 l. 5 à 2 litres par fromage).

Le décaillage, le repos, le brassage avant le feu sont plus prolongés que pour le gruyère, en raison de la plus grande masse à diviser. Toutes ces opérations comprennent une durée de 1/2 heure à 1 heure, en moyenne 3/4 d'heure.

Il faut chauffer très lentement jusqu'à 44° ; on peut ensuite chauffer plus rapidement sans inconvénient.

Le degré de cuisson varie entre 55° et 60° ; il va, en moyenne à 56°. La durée du brassage après le feu est de 45 à 60 minutes.

On sort le fromage avec une moufle.

La pression est de 14 à 20 kilog., en moyenne 17 kilog. par kilog. de fromage.

A la cave fraîche, les fromages sont maintenus dans un cercle pendant huit jours. Chaque pièce repose sur un foncet. Quand on veut saler le fromage, on l'amène avec son foncet sur une table à saler. Le salage se fait de la façon suivante. L'emmenthal étant dans la cave froide, on met une couche épaisse de sel légèrement humecté sur sa face supérieure, puis du sel entre les bords et le cercle. Après quarante-huit heures, on enlève le sel, on tourne le fromage et on recommence sur l'autre face et ainsi de suite pendant huit jours. On peut aussi placer le fromage pendant 2 ou 3 jours dans un bain d'eau salée; cette méthode se répand de plus en plus. On porte ensuite le fromage dans la cave chaude, la température est de 20° à 22°, l'humidité de 90 à 92°.

Il est préférable d'avoir une cave intermédiaire où l'on chauffe le fromage à 16° 18° pendant quinze jours.

On le sale en frottant la surface avec une brosse et les contours avec un torchon imbibé d'eau salée.

Les emmenthals sont très consommés en France. Depuis quinze ans nous avons insisté sur l'utilité qu'il y aurait à introduire cette industrie dans notre pays. Elle commence à s'implanter dans la région de l'Est.

## Gruyère maigre.

Dans les fruitières où la quantité de lait est réduite en hiver, on est parfois obligé de faire un fromage avec le produit de trois, quatre, cinq ou six traites.

Les modifications dans la fabrication sont les suivantes :

On caille plus froid, de 28° à 32°, assez rapidement en 20 à 25 minutes. On chauffe moins que d'habitude, sinon les grains durciraient beaucoup.

Les fromages maigres, les *séchons*, comme on les appelle, doivent, pour être consommés, avoir une pâte plus salée que les gruyères habituels.

Les fromages faits de lait reposé renferment toujours quelque peu de matière grasse.

Quant à ceux qui sont fabriqués exclusivement avec du lait centrifugé, absolument maigres, par conséquent, ils n'ont pas d'écoulement sur les marchés français.

**Rendement.** — Le rendement du lait en gruyère dépend, avant tout, de la richesse du lait en matière sèche comme l'indiquent les chiffres suivants obtenus à Mamirolle [1].

### Fromages n°ˢ 237 et 238.

*Composition du lait.*

| | |
|---|---|
| Acidité | 19 |
| Densité | 1032,2 |
| Matière grasse | 3,48 |
| Sucre | 4,60 |
| Sels | 0,73 |
| Caséine | 3,55 |
| Eau | 87,64 |
| | 100,00 |

12,36 extrait sec.

Rendements :

| | |
|---|---|
| Fromage | 8ᵏ,970 |
| Beurre fin | 0ᵏ,484 |
| Beurre de petit-lait | 0ᵏ,428 |
| Petit-lait avant l'écrémage | 81ᵏ,860 |

### Fromage n° 254.

*Composition du lait.*

| | |
|---|---|
| Acidité | 20 |
| Densité | 1032,5 |
| Eau | 87,34 |
| Matière grasse | 3,49 |
| Sucre | 4,37 |
| Cendres | 0,77 |
| Caséine | 4,03 |
| | 100,00 |

12,66 extrait sec.

<hr>

[1] Rapport sur le fonctionnement de l'École en 1894.

*Composition du petit-lait.*

| | |
|---|---|
| Acidité | 12 |
| Densité | 1028 |
| Eau | 92,50 |
| Matière grasse | 0,56 |
| Sucre | 5,00 |
| Cendres | 0,50 |
| Caséine | 1,44 |
| | 100,00 |

7,50 extrait sec.

Rendement, 9.3 p. 100.

## Fromage n° 385.

*Composition du lait.*

| | |
|---|---|
| Acidité | 19,5 |
| Densité | 1031,7 |
| Eau | 87,16 |
| Matière grasse | 3,80 |
| Sucre | 4,68 |
| Sels | 0,72 |
| Caséine | 3,64 |
| | 100,00 |

12,84 extrait sec.

*Composition du petit-lait.*

| | |
|---|---|
| Acidité | 11,5 |
| Densité | 1028,2 |
| Eau | 92,45 |
| Matière grasse | 0,58 |
| Sucre | 5,17 |
| Cendres | 0,48 |
| Caséine | 1,32 |
| | 100,00 |

7,55 extrait sec.

Rendement, 9,6 p. 100.

## Fromage n° 435.

*Composition du lait.*

| | |
|---|---|
| Acidité | 19 |
| Densité | 1032 |
| Eau | 87,05 |
| Matière grasse | 3,79 |
| Sucre | 4,68 |
| Cendres | 0,70 |
| Caséine | 3,78 |
| | 100,00 |

12,95 extrait sec.

*Composition du petit-lait.*

| | |
|---|---|
| Acidité. | 11 |
| Densité. | 1028,6 |
| Eau. | 92,79 |
| Matière grasse.. | 0,53 |
| Sucre. | 5,37 |
| Sels. | 0,49 |
| Caséine. | 1,12 |
| | 100,00 |

7,51 extrait sec

Rendement, 9,72 p. 100.

Voici le résumé de ces expériences :

| NUMÉROS des fromages. | EXTRAIT sec. | MATIÈRE grasse. | CASÉINE. | RENDEMENT. |
|---|---|---|---|---|
| 237-238 | 12,36 | 3,48 | 3,55 | 8,97 |
| 254 | 12,66 | 3,49 | 4,03 | 9,30 |
| 385 | 12,84 | 3,80 | 3,64 | 9,60 |
| 435 | 12,95 | 3,79 | 3,78 | 9,72 |

Nous savons que ce taux de matière sèche varie non seulement suivant les régions, mais aux différentes périodes de lactation ; les rendements en fromage sont donc soumis aux mêmes influences. En général, le lait obtenu sur les pâturages des hautes montagnes donne le rendement le plus élevé.

En hiver, alors que les vaches sont vieilles en lait, le rendement est également plus fort que si l'on travaille le lait des vaches fraîches. D'ailleurs, deux autres éléments influent pour modifier le poids du fromage obtenu ; d'un côté la manière dont la manipulation est conduite, de l'autre, l'état hygrométrique de la cave où mûrissent les produits.

En général, les fromagers calculent combien il a fallu de kilog. de lait mis en chaudière pour obtenir 1 kilog. de fromage mûr ; ils comptent de 11,7 à 13,8 kilog.

C'est là un système qui se prête mal à la comparaison des chiffres entre eux, puisque l'écrémage est souvent variable d'une fruitière à l'autre. Il est préférable de calculer le rendement, non pas sur le lait manipulé, mais sur le lait entré à la fromagerie et de tenir compte de la quantité de beurre obtenue avec la crème fraîche et avec la crème de petit-lait. On peut admettre comme moyennes les chiffres suivants :

*Emmenthal.*

| | |
|---|---|
| Fromage mûr. | 8,6 |
| Beurre. | 0,4 |
| Beurre de petit-lait. | 0,6 |
| Petit-lait écrémé. | 84,0 |

*Gruyère de Comté.*

| | |
|---|---|
| Fromage mûr. | 8,5 |
| Beurre. | 0,5 |
| Lait de beurre. | 1,1 |
| Beurre de petit-lait. | 0,4 |
| Petit-lait écrémé. | 83,0 |

*Gruyère maigre.*

| | |
|---|---|
| Fromage. | 6,0 |
| Beurre. | 3,2 |
| Lait de beurre. | 6,5 |
| Petit-lait écrémé. | 75,0 |

**Composition.** — Voici une analyse de gruyère faite par M. Duclaux :

| | |
|---|---|
| Eau | 36,00 |
| Matière grasse | 29,29 |
| Caséine insoluble | 24,54 |
|    — soluble | 6,30 |
| Chlorure de sodium | 0,57 |
| Sels minéraux | 3,30 |
| Total | 100,00 |
| Caséine filtrable | 4,33 |
| Rapport de maturation | 0,14 |
| Ammoniaque libre par kilogramme | 0$^{gr}$,29 |
|    — combinée | 0$^{gr}$,58 |
| Acide butyrique | 2$^{gr}$,5 |

On voit que le rapport de maturation est bien inférieur à ce qu'il est dans le fromage de Brie. Quant à l'acide butyrique, il provient surtout de la saponification de la matière grasse.

## II. — FROMAGES OBTENUS PAR LA COAGULATION SPONTANÉE

Pour la fabrication de certains fromages, on utilise le produit obtenu par la coagulation spontanée.

Dans certains cas, le caillé est consommé à l'état frais, mais, le plus habituellement, on le laisse préalablement fermenter.

C'est ainsi que l'on prépare de longue date en Franche-Comté avec du lait écrémé un fromage dit « fromagère » ou « cancoillotte ».

Voici le mode de préparation :

Le lait, écrémé aussi complètement que possible, est abandonné à la coagulation spontanée. On chauffe alors la masse à une température allant de 50° à 55° l'emploi du bain-marie est à conseiller. Le caillé, séparé du liquide, est recueilli, puis pressé, on obtient ainsi le *metton* : c'est la matière première qui sert à préparer la cancoillotte.

Le metton, divisé en menus morceaux, est mis à fermenter pendant cinq à six jours à une température assez élevée (20° à 25°). On remue la masse tous les jours. Le metton jaunit, se ramollit, on le mélange alors avec de l'eau, du sel et du poivre, souvent aussi on ajoute du beurre dans la proportion de 4 p. 100 et quelquefois du vin blanc. La masse est chauffée et agitée constamment, jusqu'à ce que tous les grumeaux aient disparu. On la laisse refroidir dans des bols de porcelaine et c'est sous cette forme que la cancoillotte est mise en vente. C'est un fromage d'une grande digestibilité.

On obtient 5 à 6 p. 100 de metton ; celui-ci donne une fois et demie son poids de cancoillotte.

Autrefois ce fromage n'était fabriqué que dans les ménages. Depuis l'introduction des laiteries centrifuges, on prépare le metton en grand et il est acheté par des fabricants spéciaux.

Accrue en Franche-Comté, la consommation de la cancoillotte s'est également développée à Paris. Il existe dans la capitale dix-huit fabriques plus ou moins importantes qui opèrent la transformation en metton. Dans de nombreux dépôts on trouve ce produit vendu sous le nom de *cancoillotte de Franche-Comté*. Cette rapide extension d'un produit local permet de croire que, s'il était plus connu, il serait plus consommé, surtout dans les régions où l'on préfère le fromage au goût accentué.

## III. — FRUITIÈRES

*Historique.* — L'industrie du gruyère est née, il y a déjà bien des siècles, sous la forme du travail en commun. Les producteurs étaient groupés en associations appelées *fruitières*.

Il est impossible de préciser à quelle date la première fruitière a été fondée. On ignore également où ce type d'association a pris naissance. L'opinion commune lui attribue, il est vrai, la Suisse comme berceau, mais l'examen de documents authentiques semble contredire cette manière de voir.

En effet, d'après des textes mis au jour par un archiviste jurassien, B. Prost, on fabriquait en 1288, à Déservillers, canton d'Amancey (Doubs), des *fromaiges de fructère*. Aucun document constatant l'existence à une date aussi ancienne de fromageries associées dans une autre région n'a été produit.

Les partisans de l'origine suisse des fruitières invoquent des arguments basés sur l'étymologie.

« *Fret*, disent-ils, est le patois fribourgeois du mot fromage et, dans le pays gruyérien, les associations fromagères sont appelées *fretières*. Nous, Franc-Comtois, en introduisant la chose, aurions tout naturellement aussi introduit le mot qui servait à la désigner, puis, par une corruption abusive de langage, cette expression se serait malencontreusement transformée en celle de fruitière actuellement en usage. » Telle était notamment l'opinion du littérateur franc-comtois Max Buchon.

« Nullement, riposte un savant bisontin, M. Castan (1). Les mots fruit, fruitière, proviennent directement du latin *fructus*. Dans un grand nombre de chartes latines ayant trait à l'amodiation des pâturages alpestres, les fromages dus par les tenanciers sont appelés *fructus*. Notre langue a donc bien forgé d'elle-même, pour ses besoins, le mot fruitière et l'importation du terme fribourgeois que l'on invoque repose sur une supposition entièrement gratuite. »

Ainsi tombe l'opinion communément adoptée que l'industrie des fruitières est d'origine étrangère. En l'absence de documents positifs, on avait admis que la Franche-Comté, dépeuplée après la guerre de Dix ans, avait fait appel à des colons fribourgeois de même langue et de même religion : ceux-ci auraient introduit chez nous leur système de travail du lait en commun.

Or, le fait est prouvé, la fruitière fonctionnait dans le Doubs bien avant cette époque.

Par contre, au moment de la Réforme, beaucoup de Franc-Comtois se réfugièrent dans le canton de Vaud, d'autres aussi plus tard, chassés par les hordes du féroce Weimar, également pendant les deux conquêtes de la province ; en un mot, durant la plus grande partie du XVII<sup>e</sup> siècle, les émigrations de nos compatriotes en Suisse se comptèrent par milliers.

Est-il invraisemblable d'admettre que les exilés, au courant de la fabrication du fromage, introduisirent ce

---

(1) *Mémoires de la Société d'Émulation du Doubs.* 1879.

mode d'exploitation dans le pays qui leur avait donné asile, absolument d'ailleurs comme des Suisses neufchâtelois réfugiés à Besançon en 1793, à la suite d'un mouvement démocratique, amenèrent dans cette ville l'industrie horlogère.

Le fromage obtenu en fruitière dès l'origine devait être d'un poids considérable : la mise en commun du lait de tout un village justifie du moins cette hypothèse puisque les habitants n'auraient pas eu grand intérêt à grouper leurs apports pour fabriquer de petites pièces faciles à obtenir dans les ménages.

Selon toute vraisemblance, le type d'alors présentait peu de différence avec le gruyère actuel. En tout cas, il était déjà expédié au loin, comme le prouve la lettre suivante que nous a obligeamment communiquée M. Castan, lettre adressée à l'évêque d'Arras par Loys Marchant, le 21 décembre 1550 :

*« Monseigneur, pour ce que j'ay veu quelquefois que Vostre Seigneurie a prins plaisir d'être servye des fromaiges de Bourgoigne, pour le goust que y ont prins aulcuns des seigneurs qui luy font compagnye à table, je me suis mis en debvoir de lui faire très humble service de quatre vachelins et trois fromaiges testes de moyne, lesquels j'envoye par le pourteur de ceste à Vostre Seigneurie, etc... »*

Le mot de gruyère n'apparaît pas : le produit est désigné sous le nom de *vachelin*. Or, c'est bien là le terme appliqué au fromage de Comté pendant fort longtemps, même jusqu'au commencement du xix° siècle. A cette époque, les entrées de fromages suisses en France étant devenues de plus en plus considérables, l'usage s'est établi de substituer à la dénomination primitive l'expression employée dans le pays importateur.

Au milieu du xiv° siècle, les fruitières sont en pleine activité dans le Haut-Jura.

Au xvn° siècle, leur nombre est considérable en Franche-Comté. Un arrêt du parlement de Dôle, du

19 décembre 1654, prétendit interdire la fabrication du fromage à partir du 1er mai 1655, sous prétexte que le nombre de ces fruitières était excessif et que la vente des fromages s'effectuait en gros en dehors de la province, *au grand préjudice du pays*. Mais les réclamations énergiques des députés des États de Franche-Comté parvinrent à faire rapporter cette mesure et à maintenir une industrie qui, en dépit des préjugés économiques du Parlement, constituait déjà une des richesses de la région [1].

M. d'Harouys, intendant de la Franche-Comté, dans un mémoire présenté en 1698 à Louis XIV, s'exprime ainsi : « Comme on y élève un grand nombre de vaches qui donnent beaucoup de lait, il y a presque partout des *grangeries*, où l'on fait du fromage et du beurre qui s'envoient dans la plus grande partie des provinces du royaume, mais pendant cette dernière guerre, les paysans ont trouvé plus de profit de les aller vendre dans les armées d'Italie et d'Allemagne. »

Dans son *Histoire de l'Abbaye de Montbenoit*, M. Barthelet mentionne une délibération prise le 21 avril 1754 à Liévremont, canton de Montbenoît (Doubs), pour réglementer la fabrication en fruitière. Cet acte mérite d'être cité.

Il y est dit : « Qu'aucun particulier ne pourra quitter l'un avant l'autre, sinon qu'il y ait cause légitime et qu'il en exposera de justes raisons aux autres associés qui les examineront et lui accorderont ou lui refuseront sa demande. Si quelque associé était reconnu en faute tant pour la netteté du lait que pour autres inconvénients nuisibles à la bonne fabrication du fromage, le maître fruitier lui en fera pour la première fois un avertissement secret; la deuxième fois, il en avertira les *préposés* institués et tous ensemble lui diront de se corriger et, la troisième fois, il sera exclu de l'association. »

[1] F. Varie. *Rapport sur la pétition des fruitières*, 1887.

C'est la première trace de contrat écrit indiquant leurs devoirs aux associés. Avant d'arriver à rédiger ces sages prescriptions, les fruitières ont fait un long stage expérimental. Nouvelle raison de croire à leur ancienneté! En Suisse, d'ailleurs, remarquons-le, les sociétés fromagères de village fonctionnant, comme à Liévremont, toute l'année, n'ont fait leur apparition que vers le commencement du XIX<sup>e</sup> siècle et c'est dans le canton de Vaud, joignant la frontière, qu'on signale tout d'abord leur apparition.

En résumé, que de chaque côté du Jura on ait depuis longtemps fabriqué du fromage, le fait est indéniable, que, dans les deux pays, les propriétaires de bétail exploitant les pâturages de montagnes, aient, pendant des siècles, mis verbalement leur lait en commun l'été, la tradition ne nous permet pas d'en douter. Mais, jusqu'à plus ample information, nous sommes en droit d'admettre que le gruyère, malgré son nom exotique, est né chez nous et que, chez nous aussi, les premières associations fromagères réglementées, — les fruitières de village, ont vu le jour.

En l'an VIII de la République (1) un de nos plus savants compatriotes, Droz aîné, dans une lettre adressée à Parmentier, traçait un tableau fort exact de notre industrie fromagère en Franche-Comté, du mode de fabrication en pratique et des meilleures méthodes à suivre.

Il émettait toutefois sur l'avenir de notre industrie et sur son développement des craintes pleinement dissipées aujourd'hui. « Vous proposez, écrivait-il à Parmentier, d'étendre la fabrication des fromages et leur débit : peut-être a-t-on déjà trop étendu la fabrication du gruyère, ce qui a augmenté les défrichements et la rareté des bois. »

On fabriquait alors 600 000 kilos de fromages. La plu-

(1) A. GAUTHIER. *Rapports de la Société d'Agriculture du Doubs.* 1880.

part des fromageries se trouvaient situées dans la haute
montagne.

A l'origine, la fruitière, basée sur la confiance et la
bonne foi réciproques, pouvait être considérée comme
l'extension de la famille, c'était une société de fait, sans
contrat, sans mise en commun de tous les produits, c'était
en réalité une société de prêts de laits mutuels. Voyons
comment fonctionnaient ces associations primitives.

Le jour où l'on commençait la fabrication, celui qui
apportait la plus grande quantité de lait devenait possesseur du fromage fabriqué, de la crème prélevée, des
résidus. Il fournissait le bois nécessaire à la fabrication
et même le local, car il n'y avait pas de chalet spécial.
Il aidait le fruitier dans son travail et le nourrissait.
Quant au mode de comptabilité, il était très simple. Le
fromager marquait sur une double taille de bois, d'un
côté les quantités livrées en avoir par le sociétaire, de
l'autre ce qu'il redevait. Les apports successifs du sociétaire qui avait eu le premier fromage servaient à éteindre
sa dette, à rendre à ses coassociés le lait qu'ils lui
avaient prêté, jusqu'au jour où, possesseur de la plus
forte quantité en avoir, il avait de nouveau « le tour »,
c'est-à-dire les produits de la journée.

*Fruitière au petit carnet.* — Peu à peu, on a compris
l'utilité d'avoir un local spécial pour la fabrication et on
a établi des chalets. Mais le même système d'exploitation
s'est perpétué beaucoup plus longtemps et ce n'est que
depuis vingt-cinq ans environ que des modifications ont
été apportées.

La première a été le remplacement de la taille par
l'inscription des quantités fournies sur des carnets individuels et sur un registre.

La taille prêtait à de nombreuses erreurs, et les droits
de chacun se trouvaient à la merci de la bonne foi et de
l'exactitude du fruitier, les irrégularités étaient, en effet,
difficiles à constater.

Mais le remplacement de la taille, qui s'est produit à peu près partout, n'a pas amené immédiatement une modification dans la répartition des produits. Chacun restait maître d'en disposer à son gré comme par le passé. Ce système d'association, dit « au *petit carnet* » ou en « *petite société* », a pourtant de nombreux inconvénients, comme le signalait déjà, en 1869, Max Buchon. Il pouvait avoir sa raison d'être quand les produits étaient consommés sur place, mais il ne saurait se perpétuer aujourd'hui.

Voici, en effet, les inconvénients qui s'attachent au système. La crème est livrée au sociétaire qui a le tour. Or, la quantité de crème est variable suivant la richesse du lait, suivant la température, suivant la manière dont le fruitier pratique l'écrémage, opération à laquelle le sociétaire qui a le tour assiste ; de ce chef déjà, des inégalités involontaires ou intentionnelles existent.

Supposons, par exemple, qu'après avoir fabriqué un fromage de trois traites (séchon) on arrive à la production d'une pièce de deux traites ; les sociétaires qui auront bénéficié de la plus grande quantité de crème, verront leurs fromages réglés au même prix, s'il n'y a qu'une seule vente pour la production de six mois, comme c'est le cas parfois, et bien que la présence de ces mêmes fromages aura forcément diminué le prix des plus gras pour arriver à donner une valeur moyenne à l'ensemble du lot.

Si le fromage brèche, ce qui arrive dans les cas de laits acides, le rendement est diminué et la qualité amoindrie. Voilà donc un sociétaire qui fera peut-être un seul fromage et qui, après avoir livré constamment du bon lait, pourra se trouver lésé par le fait de circonstances accidentelles, la faute du fruitier, etc...

Le fromager est toujours exposé a être soupçonné de partialité. Aussi que de flatteries pour attirer sa faveur ! Nourri chez le sociétaire, il est en outre comblé de cadeaux. Dans de telles circonstances, la répression de la fraude apparaîtra comme absolument illusoire.

En ce qui concerne la livraison des fromages, ceux de chaque sociétaire, marqués à son nom, sont pesés séparément et le bon poids concédé au marchand est le même, que l'on pèse dix pièces ou bien une, deux ou trois, c'est-à-dire que le système est défavorable aux plus petits fournisseurs.

Enfin le sociétaire qui n'a qu'une vache, avancera pendant longtemps son lait aux fournisseurs de quantités plus importantes et ne touchera de l'argent que plusieurs mois, quelquefois huit ou dix, après le commencement de la campagne fromagère, tandis que les sociétaires qui ont eu assez de lait pour avoir le tour en auront touché depuis longtemps la valeur.

Le système dit au petit carnet doit donc disparaître :

1° Parce que la répartition des produits n'est pas équitable ;

2° Parce que les petits sociétaires ont moins d'avantages ;

3° Parce que le contrôle du lait ne peut s'exercer d'une façon sérieuse.

Les inconvénients de ce système ont amené, il y a quelques années, une transformation qui, sans être parfaite, présente de notables perfectionnements, je veux parler du système dit *en grande société* ou *au grand carnet*.

*Fruitière au grand carnet.* — Dans ce système on conserve le *tour*, mais seulement pour la crème et les résidus. Les fromages appartiennent non plus au sociétaire, mais à la société. Ils sont vendus et pesés en bloc et leur valeur est répartie au prorata des apports. Quant à la crème dont la quantité peut varier suivant les saisons, elle est pesée et le sociétaire en est débité suivant un prix d'unité fixé par le conseil de gérance. C'est une avance en nature que lui fait la société et qui lui sera retenue lors du règlement de compte. Enfin les pesées de fromages se font par dix pièces. Ce système est, on le voit, bien plus équitable et plus avantageux que le précédent.

Quant aux résidus : cuite, sérai, petit-lait écrémé ou

non écrémé, suivant les cas, ou bien le sociétaire qui a le tour les emporte, ou bien ils sont partagés chaque jour entre les fournisseurs. Ce double mode de répartition a lieu également dans le système au petit carnet. Nous donnons la préférence à la dernière méthode, parce que les animaux ont tous les jours des résidus plus frais.

Si l'on vend du lait à la fruitière, on en répartit la valeur de différentes façons. Dans certains cas, l'argent entre dans la caisse commune, comme le prix des fromages, d'autres fois le sociétaire qui a le tour bénéficie immédiatement de cette somme qui lui est alors portée en compte, comme la crème.

Enfin, quelques fruitières ne portent pas en compte cet argent perçu par le sociétaire, mais, lors du règlement, on retranche du lait apporté le lait vendu.

Quant au bois, il est généralement fourni par le sociétaire qui a le tour.

Si le fruitier tient bien la main à ce qu'on ne livre que du bois sec, le système n'offre pas de grands inconvénients, mais il n'en est pas toujours ainsi et souvent on apporte des sarments, des épines, du bois vert.

Il est préférable, comme l'ont déjà fait quelques sociétés, d'acheter le bois en bloc, soit par soumission, soit autrement, pour qu'il soit toujours sec et pour que le fromager puisse diriger son travail en conséquence.

Dans le système précédent, le beurre n'est pas fabriqué à la fruitière et le petit-lait n'est pas écrémé au chalet.

En faisant faire le beurre à la fromagerie, on arriverait évidemment à un produit plus rémunérateur, puisqu'il serait préparé dans les meilleures conditions possibles, mais il est difficile d'introduire cette réforme, les ménagères tenant, en général, à conserver leur crème.

Dans quelques fruitières de la montagne, le sociétaire doit faire le beurre à la fruitière, mais il reste libre d'en disposer à son gré, il est débité non plus de la crème, mais du beurre. C'est déjà un perfectionnement notable

De même, dans quelques fromageries, on écrème le petit-lait par le refroidissement et on obtient de ce sous-produit le maximum de valeur.

Nous engageons vivement les sociétés de fromagerie à adopter ces deux améliorations qui ne modifient pas beaucoup leurs habitudes, mais donnent une plus grande valeur au lait.

*Fruitière complète.* — La fruitière la plus parfaite est celle où tous les produits sont en commun : c'est l'association intégrale.

Le beurre est fabriqué au chalet, le petit-lait y est écrémé et sa crème transformée en second beurre, le résidu mis en adjudication. Les dépenses sont faites en commun.

Ce système est évidemment le plus rationnel. Il peut être adopté par les fruitières ordinaires ; c'est ainsi que, sur nos indications, plusieurs ont été organisées dans le département du Doubs.

Mais il trouvera surtout son application dans les grosses fruitières centrales. Ne voyons-nous pas avec regret, dans nos montagnes, cinq à six fruitières dans la même commune. Ne serait-il pas plus rationnel de grouper ces fabriques ? On objecte que les distances sont trop grandes, les chemins trop difficiles à parcourir en hiver.

Qu'est-ce qui empêche donc d'installer des centres pour couler le lait, le transport se faisant par adjudication jusqu'au chalet central.

Déjà plusieurs fromageries sont entrées dans cette voie, au moins partiellement. Elles se réunissent pour l'hiver. Au lieu d'obtenir des séchons de 3 à 6 traites ou de gaspiller le lait dans le ménage, on fabrique une bonne pièce. C'est un grand progrès.

# CONDITIONS GÉNÉRALES
## RELATIVES A L'ORGANISATION DES FRUITIÈRES.

Les fruitières, comme nous l'avons dit, ont fonctionné pendant longtemps sans contrat écrit. Limitées d'abord aux hautes montagnes dont elles constituaient la seule ressource, elles ont traversé les siècles sans modification. Puis, peu à peu, elles descendirent dans la plaine ; la question se posa alors à plusieurs reprises de savoir comment on devait adapter leur fonctionnement aux exigences du Code civil.

Les uns, partisans convaincus de la légalité des anciens usages, affirmaient que le chalet était frappé d'une indivision permanente à titre de servitude au profit des terres de la commune, que ce chalet était ouvert à tous et qu'il n'était permis à personne d'en provoquer la licitation ou le partage.

D'autres, se refusant à admettre le principe d'une association obligatoire entre les habitants d'un même village, réclamaient pour l'industrie fromagère la liberté des conventions inscrite dans les lois.

Longtemps agitée, la question est aujourd'hui résolue. La Cour de Besançon, dit M. Péquignot (1), par un arrêt rendu en thèse, le 25 février 1875, a décidé que les membres d'une société de fromagerie ne peuvent être contraints de recevoir de nouveaux associés, s'ils sont repoussés par la majorité. Le pourvoi en cassation formé contre cette décision a été rejeté, et les fromageries restent définitivement soumises aux règles du droit commun.

*Statuts.* — C'est donc une nécessité pour une fruitière d'avoir des statuts complets qui déterminent nettement les droits et les devoirs des associés. Malheureusement, beaucoup de sociétés n'ont que des règlements très imparfaits ; plusieurs même n'en possèdent pas. C'est ce qui

(1) Péquignot. *Les fromageries franc-comtoises.* 1887.

nous a engagé à rédiger un modèle de convention qui puisse être adopté par les fromageries. Nous nous sommes inspiré pour ce travail, exécuté en 1891, des statuts existants qui nous ont paru les plus parfaits, en les complétant et en les adaptant aux exigences spéciales de l'industrie moderne.

Ces statuts sont très détaillés, il est vrai, mais il nous a paru préférable de préciser toutes les conditions du contrat : c'est le seul moyen pour prévenir les contestations qui dérivent, la plupart du temps, de l'absence de titres fixant les engagements.

D'ailleurs, si, pour des raisons locales particulières, on juge à propos de retrancher provisoirement certaines stipulations de détail, l'ensemble du règlement peut être en tout cas adopté par chaque fromagerie.

Nous avons supposé la société au grand carnet, la forme qui est actuellement la plus répandue. S'il s'agit d'autres formes d'association, on modifie le chapitre relatif au fonctionnement.

*Établissement du chalet.* — Lorsqu'une société de fromagerie se constitue, si elle achète ou si elle construit un bâtiment pour l'aménager en chalet, elle fait un emprunt dont les annuités sont payées par une retenue sur chaque kilo de lait.

Parfois, les travaux sont exécutés en partie par les sociétaires. Les uns fournissent certains matériaux, d'autres font les transports, quelques-uns donnent leur travail. On se base pour la répartition sur le nombre de vaches. En opérant ainsi, le chalet peut être construit dans des conditions très économiques.

D'autres fois, le chalet est édifié par une société d'actionnaires qui peut se composer d'un nombre quelconque de membres appartenant à la fromagerie. Les propriétaires du bâtiment le louent à l'association fruitière.

Dans les montagnes, le chalet appartient souvent à un associé auquel les autres paient une rétribution.

Enfin, les communes disposant de revenus suffisants construisent le chalet et le louent à la société de fromagerie moyennant un prix modique. C'est là une excellente utilisation des fonds communaux.

*Gérants.* — Les statuts renferment toutes les indications relatives au mode d'élection des gérants et aux obligations de leur charge. Nous devons dire à ce sujet que, souvent, les gérants se désintéressent trop de leur mission par insouciance et surtout pour éviter toute responsabilité. C'est à eux qu'incombe pourtant le soin de contrôler les laits et de surveiller l'exploitation.

Ils doivent suivre attentivement le fromager, mais aussi le soutenir dans ses justes réclamations.

D'ailleurs, là où la visite des fruitières par un agent étranger à la commune existe, comme dans le département du Doubs, la tâche des gérants est singulièrement facilitée.

*Fromager.* — Le mode d'engagement du fromager est assez variable. Tantôt il a un gage fixe, tantôt il est rétribué proportionnellement au poids fabriqué ou à la valeur en argent obtenue.

Habituellement il fournit la présure, les toiles, la rizette, les balais, l'éclairage, quelquefois en outre le sel et, plus rarement, le bois.

Ainsi, dans les fruitières de 40 à 50 mille (livres) le fromager reçoit généralement 3 fr. 50 par cent (livres) de fromage.

Il fournit tout, sauf le bois.

Le plus souvent, le fruitier prend un repas chez le sociétaire qui a le tour. Cette coutume devrait être supprimée, car elle entraîne fréquemment des abus : dépense exagérée pour le sociétaire, perte de temps pour lui et le fromager.

Il serait préférable de rétribuer davantage le fruitier et de ne pas le nourrir.

Le mode de paiement qui nous paraît le plus rationnel

est celui qui consiste à régler le fromager sur la base du chiffre d'affaires, autrement dit, à tant pour cent francs de vente. Il est intéressé, de cette façon, non seulement à obtenir le plus grand rendement, mais à fabriquer le mieux possible. La rétribution basée sur le poids seul engage parfois le fruitier à *ménager* ses fromages pour augmenter le rendement ; mais la société perd en qualité ce qu'elle a pu gagner en poids. Avec le système que nous préconisons, le fruitier est payé d'autant plus qu'il travaille davantage et que les fromages sont vendus plus cher.

Aucun métier plus que celui de fromager, ne justifie la participation dans les bénéfices. Son rôle est capital, celui des patrons secondaire ; la surveillance ne peut s'exercer d'une façon constante ; le succès dépend surtout de l'habileté professionnelle du fromager et des soins qu'il apporte à son ouvrage. Pour tous ces motifs, il faut qu'il devienne un collaborateur directement intéressé et, par conséquent, le paiement aux cents francs de vente est à recommander. Ce système, d'autre part, unit davantage le fromager à la société, leurs intérêts deviennent communs ; s'il est moins rétribué dans les années de baisse, il bénéficie par contre des hauts prix, et c'est justice.

Dans les fruitières qui débutent, là où la quantité de lait à fournir est incertaine, on peut, afin d'assurer au fromager un minimum de salaire, décomposer son gage en deux parties : l'une fixe, l'autre basée sur le chiffre d'affaires.

On a proposé souvent de retirer au fromager la fourniture des caillettes, ces présures devant alors être choisies par lui, mais sur le compte de la société. Il y a, en effet, des fromagers qui, par économie, font durer trop longtemps les caillettes ou bien utilisent celles de moindre valeur, et la qualité du fromage est diminuée. Mais si, comme nous le proposons, le fruitier est rendu responsable de son travail, il n'est nullement besoin de lui enlever la fourniture des caillettes, puisque son intérêt personnel lui fera éviter toutes les causes des malfaçons.

La rétribution établie proportionnellement au chiffre d'affaires, la responsabilité pécuniaire pour les rebuts, voilà deux moyens de stimuler le zèle des fromagers ; mais cette responsabilité ne peut être imposée au fruitier que si le bâtiment et le matériel répondent aux conditions indiquées plus loin, si, notamment, la chambre à lait est rafraîchie, s'il y a deux caves dont l'une chauffable. La garantie demandée au fabricant entraîne aussi pour celui-ci la nécessité de savoir contrôler les laits ; son droit de faire les essais doit être inscrit dans les statuts.

Le fromager qui, travaillant dans une installation convenable, étant capable d'éliminer tous les laits altérés, garantit en outre la qualité de ses produits, offre à la société de fromagerie la plus grande certitude de succès.

Souvent par une économie mal entendue, on se prive des services d'un bon fromager, et on le remplace par un incapable travaillant au rabais.

Cependant quelle prospérité ne donne pas à une fruitière un employé compétent possédant en outre les qualités d'ordre, de propreté, d'activité et de conduite nécessaires pour la réussite ?

Voici un modèle de marché conforme aux indications précédentes :

Entre la Société de fromagerie de          d'une part, représentée par les membres du Conseil d'administration        soussignés,

Et le sieur        d'autre part, il a été convenu ce qui suit :

Le sieur        est engagé comme fromager au compte de la Société de        du        au

Les obligations du fromager sont les suivantes :

Peser scrupuleusement le lait fourni par chaque associé

soir et matin, aux heures indiquées par le Conseil de
gérance, inscrire cette quantité sur le carnet individuel
et établir sur un registre spécial le compte de tous les
fournisseurs.

Fabriquer les fromages de gruyère en apportant tout
le soin voulu. La quantité de lait à écrémer sera désignée
par les gérants d'accord avec le fromager, elle sera proportionnelle à la richesse du lait, de façon à obtenir
autant que possible des produits identiques pendant la
même saison. Les gérants décideront si le fromager doit
employer la poche percée quand on ne fait qu'un fromage
par jour.

Écrémer en présence du sociétaire qui a le tour, et
peser la crème qui sera inscrite sur le livre de réception
et sur le carnet.

Saler et soigner les fromages en caves, selon l'usage,
jusqu'à l'époque des livraisons.

Distribuer le petit-lait suivant le mode adopté.

Vendre du lait aux non-sociétaires, si le Conseil l'a décidé ainsi, et éventuellement du fromage aux sociétaires.

Maintenir dans les caves la température et le degré
d'humidité nécessaires.

La Société doit lui fournir dans ce but le combustible.
Contrôler le lait, refuser celui qui serait altéré.

Saisir, suivant les règles d'usage, en présence de deux
témoins, celui qui paraîtrait falsifié pour faire exécuter
l'analyse complète par un chimiste. Dans ce cas, le
fromager devra prélever à l'étable, vingt-quatre heures
après, un échantillon qui sera envoyé de même au laboratoire.

D'une façon générale, le fromager a le droit de faire
exécuter les conditions relatives à la livraison du lait qui
sont inscrites dans les statuts. Mais, dès qu'il constate
une infraction quelconque, il doit avertir le président.

Il a encore comme obligation d'assurer le bon ordre
dans la fromagerie.

Les locaux et l'outillage doivent toujours être tenus en parfait état de propreté.

Le fromager est responsable du matériel. Un inventaire est dressé à son arrivée par les gérants en sa présence, il est signé par lui, de même à la sortie.

Il veille à ce qu'aucune personne ne pénètre dans les locaux de fabrication en dehors des sociétaires ou des acheteurs de lait, sans l'autorisation du président, ou, en son absence, du vice-président.

Le fromager ne doit pas s'absenter ni confier la fabrication à un remplaçant, sans une autorisation du président. Conformément aux statuts, il ne sera pas nourri par les sociétaires. Il lui est interdit d'accepter un cadeau ou un repas, sous peine d'une amende de dix francs pour lui et de la même somme pour le sociétaire.

Il doit rendre compte, une fois par semaine, au gérant de service, de la marche de la fabrication, du rendement et l'aviser aussitôt qu'il survient quelque chose d'anormal.

Le fromager accepte la responsabilité de son travail : les pièces laissées par le marchand comme rebuts lui seront portées en compte et il en réglera la valeur à la Société sur la même base que les pains de bonne qualité. Il fournira les caillettes, les toiles, le sel, les balais, la rizette, l'éclairage.

La Société s'engage :

1° A entretenir le chalet et l'outillage dans un état qui permette d'assurer une bonne fabrication ; la chambre à lait sera rafraîchie et on fournira le combustible nécessaire au chauffage de la cave.

2° A procurer un logement au fruitier.

3° A lui verser une somme de cinq francs par cent francs de rendement brut en fromage vendu. Il lui sera délivré tous les trois mois, un acompte de cent francs et le solde immédiatement après la dernière pesée.

La Société abandonne les cendres au fruitier ainsi qu'un litre de lait par jour, et le quart des dommages-intérêts dus par un sociétaire reconnu coupable de fraude, si la falsification a été découverte par le fromager.

Le fromager s'engage à se conformer aux statuts de la Société dont il déclare avoir pris connaissance.

Toute contestation au sujet de l'exécution du présent marché sera soumise à deux experts choisis par chacune des parties et, en cas de désaccord des experts, au juge de paix du canton qui statuera.

A l'expiration de l'année, le présent marché sera prorogé tacitement pour une nouvelle période de durée égale, si, deux mois avant la fin de l'exercice, une des parties n'a pas avisé l'autre de son intention de résilier.

Fait double à                         , le

*Achats en commun.* — Le groupement des cultivateurs pour le travail du lait peut être utilisé en vue de faire des achats collectifs de semences, tourteaux, sels, engrais chimiques. Plusieurs fromageries sont entrées dans cette voie et quelques-unes ont même installé dans le chalet un dépôt pour les marchandises ce qui permet aux sociétaires de s'approvisionner des différentes denrées seulement lorsqu'ils en ont besoin. Le système présente les avantages suivants :

Un certain délai de paiement est accordé, trois mois généralement. On obtient les prix du gros pour l'achat de la marchandise et l'application des tarifs les plus réduits pour le transport.

Le contrôle de la qualité des produits est facile et peu coûteux.

Il y a une certaine émulation pour les commandes des matières agricoles utiles à l'exploitation et l'avance faite ainsi n'est pas détournée de sa destination, elle va à la terre et revient multipliée. Si les fournisseurs peuvent consentir un plus grand délai de paiement, par exemple d'attendre l'époque des pesées de fromages, donner un an de terme pour les engrais d'automne, quitte à en faire payer l'intérêt, nous sommes convaincu que ces achats collectifs se répandront dans les fruitières : ce sera la réalisation très pratique du *crédit agricole en nature*.

Dans le cas où le nombre des sociétaires qui font ces achats n'est pas suffisant pour que la commande puisse être adressée par la Société, les intéressés peuvent demander la caution de la Société, jusqu'à concurrence d'une somme égale à la valeur du lait livré.

*Comptabilité*. — Les conditions relatives à la tenue de la comptabilité sont indiquées dans les statuts. Les registres nécessaires comprennent :

1° Un *Livre d'inventaire* où doivent figurer les outils et instruments ;

2° Un *Registre des délibérations* qui portera en tête les statuts de la Société, signés de tous les membres :

On y transcrit aussi les procès-verbaux des séances tenues par le Conseil d'administration et par l'assemblée générale ;

3° Un *Journal* où sont figurées les indications relatives aux acquisitions, dépenses, entrées et sorties ;

4° Un *Grand-livre*.— Tous les sociétaires, toutes les personnes qui achètent ou vendent à la Société (fromager, marchands) doivent avoir un compte sur ce registre ;

5° Un *Cahier de décomptes*. — Les recettes et les dépenses de l'exploitation pour une période déterminée sont indiquées pour établir le prix net du lait pendant la période considérée qui est de six mois ou d'un an ;

6° Un *Livre de caisse*. — On inscrit toutes les recettes et toutes les dépenses au fur et à mesure qu'elles sont effectuées ;

7° Un *Livre de réception du lait*. — Ce registre est tenu par le fruitier. Il affecte diverses formes. Il sert à indiquer les quantités de lait fournies par chacun, la quantité de crème si l'on est au grand carnet ; le numéro du fromage, si l'on fonctionne en petite société. Dans le premier cas, on reporte chaque mois au grand-livre l'avoir de tous les sociétaires :

8° Les *Carnets des sociétaires*, qui doivent porter une page pour les inscriptions de marchandises prélevées à la fruitière.

Il est bon que les conditions relatives à la livraison du lait soient inscrites sur le carnet, afin que le sociétaire puisse les avoir constamment sous les yeux ;

9° Un *Carnet de ventes au détail* qui devra porter sur une page les ventes au comptant, sur l'autre les ventes aux sociétaires avec signature de ceux-ci.

## STATUTS
## DE LA SOCIÉTÉ DE FROMAGERIE DE...

### TITRE I

CONSTITUTION. — DÉNOMINATION. — SIÈGE. — BUT.
DURÉE.

*Constitution.*

Article premier. — Les soussignés, propriétaires, fermiers ou locataires habitant la commune de
ont adopté les statuts suivants pour régler le fonctionnement de la Société fruitière dont ils font partie et qui existe dans la commune depuis le

*Dénomination.*

Art. 2. — Cette association prend le nom de Société de fromagerie de

*Siège.*

Art. 3. — Le siège est à

*But.*

Art. 4. — La Société a pour but la fabrication et la vente du fromage de gruyère et des produits qui en dérivent.

Elle peut également procurer à ses membres, par des achats collectifs et de la façon la plus économique, les tourteaux, sels, semences, engrais chimiques, etc., d'une façon générale tous les produits utiles à l'exploitation agricole. Elle peut aussi, dans les conditions déterminées à l'article 32, garantir auprès des tiers, sur la valeur du lait fourni par un associé, l'emprunt d'une somme que cet associé destine exclusivement à l'acquisition de vaches, de matériel agricole, d'aliments pour le bétail, d'engrais, de semences.

L'association aura la faculté de constituer entre ses membres, une caisse d'assurances mutuelles contre la mortalité du bétail.

Durée.

Art. 5. — La Société de fromagerie de            fonctionne sous l'empire des présents statuts, à partir du commencement de la campagne fromagère 190..

Elle est établie pour un temps illimité, les cas de dissolution sont prévus au titre IX.

TITRE II

CAPITAL SOCIAL.

Art. 6. — Le capital actuel de l'association est composé :

1° Des immeubles désignés aux articles            du cadastre et évalués à la somme de.... (1).

2° Du matériel d'exploitation (ustensiles, provisions), évalué à la somme de

3° Des fonds en caisse.

Art. 7. — Aucun sociétaire, non plus que les héritiers ou ayants cause n'a le droit de provoquer la licitation ou le partage du capital social pour en distraire sa part.

Art. 8. — La sortie de l'association entraine pour

______

(1) Si la Société ne possède pas de chalet, mais le loue, on mettra à la place 1° des immeubles la phrase : « du droit au bail sur les immeubles désignés, etc.. ».

l'associé sortant la perte de tous les droits en capital et jouissance de l'avoir social.

## TITRE III

### DROITS ET OBLIGATIONS DES ASSOCIÉS.

Art. 9. — Est membre de la Société :

1º Celui qui, en faisant partie actuellement, a signé les statuts. Si le sociétaire ne sait pas signer, deux témoins certifieront son adhésion.

Si le chalet appartient à la commune, tout habitant propriétaire de vaches peut faire partie de la Société, à condition de signer les statuts. Son admission n'est soumise à un vote de l'assemblée générale que s'il faisait partie antérieurement d'une autre société.

2º Celui qui est admis postérieurement, suivant les règles fixées dans les présents statuts.

Art. 10. — Tout habitant qui, dans la suite, désirerait devenir sociétaire devra en adresser la demande, par écrit, au président, au plus tard un mois avant le commencement d'un nouvel exercice.

Art. 11. — L'assemblée générale des sociétaires décidera, à la majorité absolue, l'acceptation ou le rejet de la demande.

Art. 12. — En cas d'admission, le nouveau sociétaire versera au trésorier la somme de          pour droit d'entrée (1).

Art. 13. — Il sera tenu ensuite de donner son adhésion aux statuts par l'apposition de sa signature au registre d'admission.

Art. 14. — Ce registre, qui pourra être celui des délibérations, portera en tête les statuts, contiendra ensuite la déclaration que les signataires connaissent les statuts et qu'ils s'obligent, eux, leurs héritiers ou ayants cause, à s'y conformer. On y inscrira ensuite les admissions

(1) Le montant de cette somme varie avec les localités : on se base, pour le déterminer, sur les dépenses d'installations supportées par les autres sociétaires.

successives, leurs dates et les signatures des nouveaux membres et du président.

Art. 15. — Le droit d'entrée sera exigé pour tout sociétaire qui voudrait, lui ou ses héritiers, rentrer dans l'association après s'en être retiré volontairement pour d'autres motifs que la non possession d'une vache.

Il sera dispensé de la demande préalable d'admission. Mais la demande d'admission et le droit de rentrée seront exigés dans tous les cas, après une interruption de dix ans qui compteront du 1er décembre après la sortie du sociétaire.

Art. 16. — La demande d'admission et le droit de rentrée sont exigés pour tout sociétaire qui, antérieurement, aurait quitté la Société, pour faire partie d'une autre dans la même localité.

Art. 17. — Un membre exclu antérieurement à la mise en vigueur des présents statuts, ou celui qui le serait plus tard, pourra être réadmis aux conditions suivantes :

Il en adressera la demande au président par écrit.

Cette demande sera examinée en assemblée générale et ne sera admise que si elle réunit les trois quarts des suffrages des sociétaires présents, votant au bulletin secret par oui ou par non.

Le postulant versera, comme tout nouvel entrant, la somme de          . Il devra apporter son lait dans le délai d'un mois, sous peine de déchéance de la décision prise en sa faveur.

Art. 18. — Le fermier succédant au fermier partant ou au propriétaire sera exempt de toute indemnité pour entrer dans l'association. Il devra toutefois adhérer aux statuts.

Art. 19. — Au décès d'un sociétaire, son droit d'association ne pourra appartenir qu'à sa veuve, à ses enfants ou à ses frères ou sœurs, si ces frères ou sœurs faisaient ménage avec lui.

Ils s'entendront entre eux dans les deux mois du décès, sous peine de déchéance, pour désigner par écrit au président celui d'entre eux qui succédera au sociétaire décédé. Les autres enfants, frères ou sœurs, pourront entrer dans l'association en payant la moitié de la cotisation ordinaire. La veuve usufruitière sera au droit de son mari, pendant la durée de l'usufruit.

Art. 20. — On cesse de faire partie de la Société dans les cas suivants :

1° Retraite volontaire.

2° Exclusion prononcée par l'assemblée générale.

Art. 21. — La sortie volontaire ne peut avoir lieu qu'à la fin d'un exercice, et celui qui se retire doit aviser de son intention le président au moins deux mois d'avance par écrit. La déclaration du sociétaire sortant sera transcrite au registre de la Société et signée par lui. Il lui sera donné un reçu.

Art. 22. — La sortie volontaire peut cependant s'effectuer en tout temps en cas de partage, de vente, d'amodiation ou de résiliation du bail.

Art. 23. — L'exclusion a lieu dans les cas prévus par les statuts (art. 91).

Art. 24. — Les engagements de l'association, vis-à-vis des tiers, suivant les conditions déterminées dans les statuts, sont garantis par les biens sociaux, y compris les fromages en cave.

Art. 25. — Chaque sociétaire doit porter à la fruitière tout le lait de ses vaches, sous la réserve de ce qui est strictement nécessaire pour les besoins du ménage, l'alimentation des veaux d'élevage nés dans le domaine ou achetés, l'engraissement des veaux nés sur le domaine.

Il est interdit de conserver une partie du lait pour le transformer en beurre ou fromage, pour le vendre ou pour l'employer à l'engraissement des veaux achetés.

Les sociétaires ne pourront garder les veaux à l'engrais que huit semaines après leur naissance.

Le nombre minimum de vaches dont chaque sociétaire s'engage à fournir le lait à la fruitière, sauf les cas de force majeure, est indiqué dans un tableau annexé en regard des noms, prénoms et qualités des sociétaires.

Art. 26. — Toute infraction à l'article 25 sera passible d'une amende de vingt francs pour la première fois, de trente francs à chaque récidive.

Art. 27. — Tout sociétaire qui ne fournira pas de lait à la fruitière, sera tenu de faire constater par les adminis-

trateurs, l'impossibilité où il se trouve de tenir ses
engagements, soit que ses vaches soient taries ou
malades, soit qu'il soit forcé de les vendre.

Art. 28. — Tout sociétaire qui, sans motifs légitimes,
refuserait ou ajournerait l'apport de son lait, serait rede-
vable d'une somme de deux cents francs, de plein droit
immédiatement exigible, sans que la Société soit tenue
préablement à une mise en demeure ou à l'accomplissement d'aucune formalité judiciaire.


TITRE IV

ORGANISATION.


Art. 29. — Le fonctionnement de la Société est celui
dit au grand carnet.

En voici les bases:

Tous les fromages appartiennent à la Société.

Le tour est néanmoins conservé, mais seulement pour
la crème et les sous-produits.

La crème pour la part dont l'enlèvement sera déterminé par le Conseil de gérance, le petit-lait, la cuite, le
sérai appartiendront au sociétaire qui, au moment de la
confection du fromage, aura la plus grande quantité de
lait à son actif.

La crème sera pesée et le poids noté sur le carnet du
sociétaire et sur le livre de réception où seront inscrites
journellement les quantités de lait fournies par chaque
associé.

Lorsqu'un sociétaire sera attributaire de la crème, on
fera la différence de la somme du lait qu'il aura à son
avoir avec la quantité versée par les sociétaires. L'excédent de cette dernière quantité sur son actif sera porté à
son passif ou l'excédent contraire à son actif nouveau.

Les versements ultérieurs seront de jour en jour
affectés à l'extinction du passif, et ensuite à l'accroissement de l'actif jusqu'à ce que cet actif étant devenu supérieur aux autres, le même sociétaire soit de nouveau
attributaire de la crème et des produits secondaires.

On inscrira sur le carnet, entre les quantités de chaque traite qui seront totalisées à la fin du mois et le poids de la crème, le décompte des différences de lait portées au débit du sociétaire, lorsque la crème lui sera attribuée. Le petit-lait et les autres produits secondaires appartiendront au sociétaire selon l'ordre ci-dessus, sans évaluation et comme rétribution de l'aide que l'attributaire sera tenu de donner au fromager dans son travail, selon l'usage local et les indications des gérants (1).

Il est interdit d'emprunter ou de prêter du lait pour modifier son tour de fabrication, sous peine d'une amende de trente francs.

Art. 30. — Les sociétaires ont le droit de se faire délivrer, comme acompte sur la valeur de leur lait, du fromage (2). Le produit est remis contre quittance.

Art. 31. — Les sociétaires peuvent également acheter en commun des tourteaux, sels, semences, engrais chimiques, sur la valeur de leur lait.

Cette valeur de lait représente le gage des sociétaires donné à la Société qui, par ce fait, devient créancière privilégiée jusqu'à remboursement de ses avances en nature.

Art. 32. — Un sociétaire qui désire emprunter une somme exclusivement destinée à l'achat de vaches, mobilier agricole, engrais, tourteaux, semences, adresse une demande au Conseil d'administration qui statue, au vu des apports de lait, si la caution peut être accordée.


## TITRE V

### ADMINISTRATION.

Art. 33. — La Société est représentée par :
1° L'assemblée générale ;
2° Le Conseil d'administration ;

(1) On peut également décider que la répartition des résidus aura lieu chaque jour proportionnellement aux apports.

(2) Si le beurre est fabriqué au chalet pour le compte de la Société, il pourra également être livré aux fournisseurs.

Art. 34. — L'assemblée générale est composée des associés présents.

Art. 35. — Chaque associé a une voix.

Art. 36. — Chaque année, dans la dernière quinzaine de l'exercice, une assemblée des sociétaires aura lieu. En outre, une assemblée générale peut avoir lieu toutes les fois que le Conseil d'administration le juge nécessaire ou que le dixième des associés en font la demande par écrit au Conseil, en indiquant les propositions qu'ils désirent soumettre à l'assemblée.

Art. 37. — L'assemblée générale est régulièrement constituée quand la moitié des membres sont présents.

Art 38. — L'assemblée générale est convoquée par le président du Conseil. La convocation aura lieu au moyen d'une affiche apposée huit jours d'avance au chalet, indiquant l'objet et le lieu, la date et l'heure de la réunion.

Art. 39. — À l'heure fixée, le président fera l'appel des sociétaires et, aussitôt après la lecture de la liste, la séance sera déclarée ouverte.

Art. 40. — Les réunions générales sont présidées par le président de la Société ou, à son défaut, par le vice-président, ou, en cas d'empêchement de celui-ci, par le plus âgé des membres du Conseil présents, avec l'assistance de deux conseillers. En cas d'empêchement du secrétaire, l'assemblée en désignera un.

Art. 41. — Les décisions sont prises à la majorité des voix.

Art. 42. — Toutefois l'assemblée générale ne peut prendre aucune résolution pour modifier les statuts ou y déroger, si elle n'est composée des trois quarts des associés.

De plus, toute dérogation ou modification aux statuts devra réunir au moins les trois quarts des suffrages émis.

Dans le cas où le quorum ne serait pas atteint, il sera procédé à une nouvelle convocation, avec le même ordre du jour et cette assemblée sera régulièrement constituée, quel que soit le nombre des membres présents.

Art. 43. — Les procès-verbaux de l'assemblée générale seront tenus sur le registre qui renfermera, en tête, les statuts.

Les procès-verbaux seront signés par les membres du bureau.

Art. 44. — Les votes pourront avoir lieu au bulletin secret, lorsqu'il en sera ainsi décidé par le Conseil ou que ce mode de scrutin sera demandé par le quart au moins des membres présents.

Art. 45. — Tout associé régulièrement convoqué qui fait défaut à une assemblée générale est passible d'une amende de 0 fr. 50, à moins qu'il ne justifie son absence.

Art. 46. — Les élections auront lieu un dimanche de novembre. Ces élections seront constatées par un procès-verbal inscrit au registre de la Société : les votes seront recueillis par le président en fonctions, assisté de deux conseillers : ces trois scrutateurs signeront le procès-verbal.

Art. 47. — L'assemblée générale a les attributions suivantes :

Élection des membres du Conseil d'administration ;

Modification aux statuts ;

Approbation ou rejet des comptes, bilans et inventaires ;

Autorisation des achats, ventes. emprunts, locations, constructions, réparations, procès, compromis, transactions excédant la compétence du Conseil ;

Admission et exclusion des membres ;

Dissolution de l'association dans les cas énumérés aux présents statuts et nomination d'un ou plusieurs liquidateurs.

Art. 48. — La Société est administrée et légalement représentée par un Conseil composé de sept membres, dont quatre choisis parmi les sociétaires en assemblée générale et nommés à la majorité relative et au scrutin de liste, les trois autres sont les sociétaires qui, dans l'exercice, ont fourni le plus de lait.

Art. 49. — Nul ne peut faire partie du Conseil s'il n'est sociétaire.

Art. 50. — Tout sociétaire ayant encouru une amende pour fraude, ne peut être nommé membre du Conseil.

Art. 51. — Les gérants sont majeurs : il ne doit se trouver parmi eux ni frères, ni alliés au premier degré.

Art. 52. — Les membres du Conseil d'administration

sont élus pour un an : ils sont toujours rééligibles. Ils sont tenus d'accepter la gérance qui leur est confiée.

Toutefois, les conseillers réélus peuvent décliner un nouveau mandat.

Art. 53. — Le Conseil s'organise lui-même pour la nomination d'un président, d'un vice-président, d'un secrétaire trésorier, tous pris dans son sein.

Art. 54. — Le Conseil se réunit au moins une fois par mois sur la convocation du président et toutes les fois qu'il est nécessaire.

Art. 55. — Le procès-verbal des séances est tenu très régulièrement et inscrit dans le registre. Il est signé de tous les membres présents.

Art. 56. — Le président et le trésorier ont ensemble la signature sociale ; ils représentent et engagent l'association vis-à-vis des tiers par leurs signatures collectives.

Art. 57. — En cas de décès, de démission acceptée par le Conseil ou d'exclusion, il sera procédé immédiatement à des élections pour remplacer les membres manquants.

Art. 58. — Si un membre manque trois fois de suite aux réunions du Conseil, sans cause légitime, il sera exclu de droit.

L'exclusion pourra être prononcée contre un gérant convaincu de malversation.

Art. 59. — Les fonctions de membre du Conseil d'administration sont gratuites. Ils seront néanmoins indemnisés de tous les frais de voyage et autres légitimes dépenses qui leur seront payées par le trésorier, sur ordonnancement du président, après décision du Conseil.

Le trésorier pourra être rétribué.

Art. 60. — Les administrateurs entreront en fonctions à partir du 1er décembre de chaque année : ils recevront de leurs prédécesseurs tous les titres composant l'administration et la comptabilité de la fromagerie tant en actif qu'en passif, ainsi que tous documents intéressant la société.

Ils en donneront décharge aux anciens administrateurs, laquelle décharge sera portée au registre de la Société.

Art. 61. — Les décisions et délibérations du Conseil seront valables lorsque cinq membres au moins y prendront part.

Art. 62. — En cas de partage des voix, celle du président est prépondérante.

Art. 63. — Les pesées de fromage auront lieu en présence du président et du trésorier ou, à leur défaut, de deux administrateurs délégués.

Art. 64. — Le trésorier a une délégation spéciale pour toucher les fonds versés en espèces, tirer des traites. Les mandats seront faits en son nom. Il est responsable des fonds qui lui sont confiés.

Art. 65. — La compétence financière du Conseil relativement aux acquisitions, réparations d'immeubles et de matériel, est fixée à trois cents francs pour un seul et même objet.

Art. 66. — Les gérants ont les pleins pouvoirs de la Société. Ils ont le droit d'agir en son nom, passer des marchés, paraitre en justice tant en demandant qu'en défendant, traiter, transiger, compromettre, se concilier en tout état de cause, prévenir et constater les fraudes, maintenir le bon ordre, aplanir les difficultés, faire exécuter le règlement, accomplir, en un mot, tous les actes d'administration nécessaires à la bonne marche de la Société.

Ils traitent notamment pour la vente des fromages, fixent le prix du lait, de la crème et autres produits vendus aux sociétaires, stipulent l'engagement du fromager, le bail de la fromagerie, les achats de combustible, sel, présure, de matériel, de fournitures diverses. Ils vérifient les comptes du trésorier, proposent les modifications nécessaires au règlement, surveillent le fromager, constatent les contraventions. Ils exécutent les décisions de l'assemblée générale. La durée des conventions faites par eux peut valablement excéder celle de leurs fonctions, notamment pour la vente des fromages de l'année courante, l'engagement du fromager et le bail du local de la fromagerie. Les gérants décident si la caution de la Société peut être donnée pour garantir un emprunt.

Art. 67. — Le Conseil se réunira chaque mois pour statuer sur les demandes ou réclamations, fixer, selon les saisons, les heures d'arrivée à la fromagerie, vérifier le lait afin de s'assurer qu'il est de bonne qualité, entendre le rapport du gérant de service sur la marche de la fabrication.

Art. 68. — Toute sentence prononcée contre un associé lui sera notifiée sous trois jours par le président.

Lorsqu'il s'agira d'appliquer une des pénalités prévues dans le règlement à un membre de l'association, il sera invité à comparaître devant le Conseil pour présenter ses observations. Toute réclamation au sujet de l'application du règlement devra être présentée au Conseil avant huit jours.

Art. 69. — Pour la surveillance de la fabrication, le Conseil déléguera chaque mois un de ses membres qui s'assurera si le règlement est bien observé. A cet effet, il sera tenu de faire au moins une visite par semaine au chalet, à moins d'un empêchement légitime dont il devra informer le président en temps utile, pour qu'il puisse le faire remplacer.

Art. 70. — En cas de difficulté entre les membres au sujet des affaires de l'association, les contestations seront jugées souverainement et en dernier ressort par deux arbitres et, en cas de désaccord des experts, par le juge de paix du canton.


## TITRE VI

### COMPTABILITÉ. — CONTRÔLE. — FONDS DE RÉSERVE.

Art. 71. — Les comptes sont tenus par le trésorier dans une forme régulière, constamment à jour, avec inventaire et bilan annuels. Avant d'être arrêtés d'une façon définitive, ils doivent être soumis à la vérification du Conseil.

Après leur approbation par le Conseil, les comptes pourront être examinés par chaque associé.

Art. 72. — A la fin de chaque campagne, le trésorier rendra ses comptes détaillés devant les sociétaires ; il produira un état dans lequel figureront pour les recettes, le produit de la vente du fromage, du lait, de la crème et des sous-produits, les droits d'entrée et amendes, s'il y a lieu ; et pour les dépenses, les frais de fabrication, salaire du

MARTIN. — *La Laiterie.*

19

fromager, fournitures (bois, sel, présure, éclairage, registres), les frais généraux d'entretien, loyer, impôts, réparations, annuités, s'il y a lieu. Ce tableau, qui indiquera aussi la valeur nette du kilo de lait, sera affiché dans la pièce d'entrée du chalet pendant huit jours.

Art. 73. — Lors de chaque règlement, le trésorier remettra à tout associé un bordereau renfermant, à l'avoir, la quantité de lait fournie, le prix net de l'unité, la valeur totale et, au doit, les valeurs reçues en compte (fromage, beurre, crème, etc.), les amendes s'il y a lieu.

Art. 74. — Chaque sociétaire émargera ses acquits sur un registre tenu par le trésorier.

Art. 75. — Les sociétaires ayant le droit de se faire délivrer, contre signature, du fromage sur la valeur de leur lait, les pièces à mettre en débit seront indiquées et pesées par le président; le fromager sera responsable des ventes.

Art. 76. — Le poids du lait fourni est inscrit par le fromager sur le carnet de livraison et sur le registre de réception.

Art. 77. — Ce registre est toujours à la disposition des fournisseurs pour la vérification des carnets.

Art. 78. — Tous les mois le secrétaire-trésorier doit vérifier les carnets et le registre.

Art. 79. — Toute réclamation au sujet des quantités de lait fournies est portée devant la commission, sans préjudice du recours au tribunal arbitral.

Art. 80. — Le fromager vendra du lait aux personnes qui le demanderont, pour leur usage particulier et au prix fixé par le Conseil.

Art. 81. — Chaque vente de fromage aura lieu en gros, seulement quand la marchandise est fabriquée, et chaque fois il sera demandé un acompte au négociant, imputable sur la dernière pesée, afin que le trésorier ait à sa disposition une somme de trois cents francs pour les dépenses courantes. Pour éviter toute contestation, il sera toujours rédigé un acte sous seing privé entre l'acheteur et les gérants qui constatera cette vente et les conditions principales.

Art. 82. — Les adjudications importantes, telles que

fournitures de bois pour une année, seront données au rabais, après un affichage de quinze jours.

Art. 83. — Il sera procédé chaque année à un inventaire général des objets mobiliers, ustensiles appartenant à l'association. Cet inventaire sera soumis à l'assemblée générale.

Art. 84. — Les dépenses une fois payées et suivant que les cours des fromages seront plus ou moins élevés, le Conseil aura le droit de retenir un fonds de réserve sur la base maxima de 1 p. 100, fonds de réserve destiné aux améliorations à apporter dans la fromagerie.


## TITRE VII



LIVRAISON DU LAIT. — POLICE. — RÉPRESSION.

Art. 85. — Le lait sera apporté matin et soir, aux heures, variables suivant les saisons, indiquées par le Conseil et affichées à la porte du chalet.

En dehors de ces heures, le fromager refusera le lait.

Art. 86. — Le lait doit être frais, c'est-à-dire que les associés ont l'obligation de livrer le matin la traite du matin, et le soir, la traite du soir. Si on est obligé de traire trois fois pendant quelques jours après la parturition, il ne faut pas livrer la traite du midi.

Art. 87. — Le lait doit être livré sans être filtré, dans des vases en fer-blanc, clos en temps de pluie.

Les vases, ainsi que les seaux à traire doivent toujours être tenus dans le plus parfait état de propreté. Les sociétaires ont l'obligation, sous peine d'une amende de 5 francs, de les laver après chaque emploi, d'abord avec de l'eau bouillante, puis avec de l'eau froide. Les récipients seront déposés dans un lieu aéré pour les laisser égoutter : ils ne devront jamais servir à d'autres usages que celui auquel ils sont destinés.

Art. 88. — Le lait livré dans des vases malpropres sera refusé.

Art. 89. — Le lait doit être livré chaud. Si le sociétaire est très éloigné du chalet, le Conseil d'administration pourra décider que son lait doit être refroidi et tamisé après la traite.

Le lait doit être livré tel qu'il sort du pis de la vache, sans addition d'eau ou de quelque substance que ce soit, ni soustraction de crème, ni mélange du lait d'autres animaux (1).

Art. 90. — Si un associé garde du lait pour son usage, il devra le prélever sur le produit d'une traite entière, mais ne pourra partager une traite en deux parties pour n'en livrer qu'une à la fruitière.

Toute livraison du lait provenant de la première partie de la traite serait assimilée à l'écrémage.

Art. 91. — Les falsifications du lait, addition d'eau ou de matière étrangère, soustraction de crème, livraison d'une traite partielle, sont soumises aux pénalités suivantes, sans préjudice des peines correctionnelles de droit :

200 francs d'amende par vache ;

Confiscation au profit de l'association de tout le lait livré depuis le dernier règlement ;

Paiement des frais de contrôle ;

Exclusion.

L'assemblée générale décidera, suivant le degré de culpabilité, si l'exclusion doit être temporaire ou définitive.

Art. 92. — Il est interdit de livrer du lait altéré provenant de vaches malades, par exemple ayant une mammite (lèche), un frisson ou une indigestion, avant parfaite guérison ; de vaches en chaleur ; de vaches en traitement, pendant l'absorption des médicaments et quatre jours après ; de vaches portantes pendant les six dernières semaines de la gestation ; de vaches fraîches vêlées pendant les dix jours qui suivent la parturition ; la première fois, il doit être apporté séparément pour que le fruitier puisse l'examiner et le refuser, s'il n'est pas normal ; de vaches qui, pour une cause quelconque, ne peuvent être traites qu'une fois par jour ; de vaches conduites à la foire ou

_______

(1) Le lait de chèvre est généralement proscrit dans les fromageries, surtout par suite de l'alimentation spéciale de ces animaux qui modifie la nature du produit.

ramenées de la foire, avant la quatrième traite qui suit leur entrée ou leur retour dans la commune ; enfin, le lait malade (bleu, rouge, aqueux, alcalin, acide, visqueux, graveleux, amer ou salé), quelle que soit son origine, le lait trait ou transporté dans de mauvaises conditions ; tout lait, en un mot, dont l'aspect, le goût, l'odeur n'ont pas les caractères du produit normal.

Art. 93. — Dès qu'un fournisseur s'aperçoit qu'une vache est malade, il doit en faire la déclaration au fromager.

Art. 94. — Toute contravention aux articles 92 et 93 est passible d'une amende de 20 francs la première fois, de 50 francs la seconde, 100 francs la troisième avec exclusion.

Art. 95. — Le Conseil a le droit d'interdire telle nourriture, boisson, ou régime pouvant avoir une influence défavorable sur le lait au point de compromettre la fabrication : les pulpes de distilleries, les drèches de brasseries, à moins qu'elles ne soient desséchées, les fourrages ensilés, les feuilles de vigne, les marcs de pommes et de raisins, en général, les aliments fermentés qui sont considérés comme dangereux pour la fabrication du gruyère. Il en est de même du petit-lait et de la cuite donnés en boisson.

Art. 96. — Les sociétaires devront déclarer les dates des naissances des veaux au fromager, qui en prendra note sur un registre.

Art. 97. — Les associés sont responsables de la falsification opérée, même à leur insu, par les membres de leur famille ou leurs domestiques.

Art. 98. — Si un sociétaire est reconnu avoir livré en connaissance de cause du mauvais lait qui a occasionné des rebuts (brêchés, gonflés, milletrous, éraillés, il prendra les fromages à son compte ou indemnisera la Société du dommage causé.

Art. 99. — L'examen du lait peut avoir lieu par les gérants, le fromager, un sociétaire et enfin par un contrôleur agréé par le Conseil.

Art. 100. — Les gérants peuvent examiner eux-mêmes les laits en se servant du thermo-lacto-densimètre, de l'acidimètre et du tyroscope.

Art. 101. — Le fromager pourra se servir de ces appareils, s'il accepte la responsabilité complète de son travail, mais dès qu'il aura constaté un lait anormal, il devra en informer le président.

Art. 102. — Chaque sociétaire a le droit de vérifier lui-même, accompagné d'un administrateur, le lait livré par tous les sociétaires.

Art. 103. — En outre, les gérants pourront, s'ils le jugent à propos, prendre un abonnement avec un contrôleur qui vérifiera le lait apporté à la fromagerie, un nombre de fois déterminé, mais aux jours qu'il lui plaira et sans avertissement préalable. Il devra aussi faire cet examen toutes les fois qu'il en sera requis par le président ou deux conseillers.

Chaque sociétaire pourra également, mais à ses frais, provoquer lorsqu'il le voudra, la visite du contrôleur de la Société ou d'un autre à son choix, mais qu'il fera agréer d'avance par le Conseil.

Art. 104. — Le lait reconnu suspect par un gérant, le fromager, un sociétaire ou le contrôleur sera, séance tenante, prélevé en double, mis dans un flacon bouché, contenant un demi-litre, sur lequel on apposera le cachet de la Société. Un des échantillons sera remis au sociétaire qui pourra le faire analyser. Le sociétaire intéressé pourra aussi apposer son cachet.

Art. 105. — Si, lors de la saisie du lait suspect, le sociétaire n'est pas lui-même présent, le saisissant devra le faire mander aussitôt.

Le saisissant devra immédiatement requérir deux témoins, de préférence des gérants ou des sociétaires et, en outre, autant que possible, la personne qui aura apporté le lait suspect, pour constater la densité et la température du lait, assister à la mise en flacon.

Le président préviendra le sociétaire de ne traire ses vaches vingt-quatre heures après, qu'en présence des membres du Conseil et s'il s'y refuse, il sera considéré comme coupable et condamné comme tel.

Les saisissants et les membres du Conseil pourront se présenter chez l'inculpé, faire traire en leur présence ou traire eux-mêmes les vaches qui auront fourni le lait suspect. Ils prélèveront un échantillon en double qu'ils cachèteront : ils en remettront un au sociétaire. Cette prise d'échantillon devra avoir lieu, autant que possible, vingt-quatre heures après la saisie du lait au chalet et, en tout cas, dans un délai qui n'excèdera pas quarante-huit heures, autant que possible à la même heure de traite.

Art. 106. — Aucun sociétaire ne pourra refuser l'entrée de son étable aux membres du Conseil et au fromager.

Art. 107. — Tout sociétaire qui, le jour de l'expertise, remporterait ou renverserait son lait, serait considéré comme fraudeur et les pénalités énoncées à l'article 91 lui seraient appliquées.

Art. 108. — Procès-verbal de toute l'opération sera dressé sur le registre de la Société.

Le procès-verbal sera signé par le saisissant et les témoins.

Art. 109. — Les échantillons seront immédiatement envoyés à un chimiste pour l'analyse.

Si son rapport conclut à la fraude, les pénalités seront aussitôt appliquées.

Art. 110. — Il sera fait une visite des étables pour juger l'état sanitaire des vaches, toutes les fois que le Conseil le jugera à propos, ainsi que pour reconnaître l'état de propreté des ustensiles servant à la manutention du lait.

## TITRE VIII

### DU FROMAGER.

Art. 111. — Le fromager est sous les ordres du Conseil d'administration.

Art. 112. — L'engagement du fromager devra toujours avoir lieu par un acte sous seing privé qui constatera les conditions de l'engagement, notamment pour ce dernier, l'obligation de se conformer aux statuts. Ce traité sera signé par le fromager et les membres du Conseil.

Art. 113. — Le fromager doit tenir sa comptabilité

exactement (livre de réception, comptabilité de fabrication et de rendement).

Il doit donner tous les soins pour obtenir de bons produits. Il pourra être chargé de vendre du fromage aux
sociétaires. Il doit appliquer le règlement en ce qui
concerne la livraison du lait. Il doit tenir la fromagerie
ainsi que le matériel, dans le plus grand état de propreté.

Il veillera à l'entretien du matériel et en sera responsable.

Art. 114. — Chaque semaine, il doit rendre compte au
gérant de service de la qualité des laits, de la fabrication,
du rendement, des réparations ou acquisitions qui lui
paraissent utiles.

Art. 115. — Le fromager aura la responsabilité de son
travail, mais il pourra analyser les laits et refuser les
laits malades; s'il a quelque soupçon, il doit avertir
immédiatement le président, s'il découvre une fraude, le
quart des dommages-intérêts dus par le coupable lui sera
attribué.

Art. 116. — Le Conseil pourra l'appeler à assister à ses
réunions, mais il n'aura pas voix délibérative.

Art. 117. — L'entrée de la fromagerie est interdite
aux personnes autres que les sociétaires et celles qui
achètent du lait. Le fromager veillera à l'exécution de
cette clause.

Art. 118. — Les discussions entre les sociétaires et le
fromager sont interdites.

S'ils ont des contestations ensemble, ils doivent en
référer au Conseil qui statuera.

Art. 119. — Il est interdit à tout sociétaire de faire
boire ou manger le fromager ou de lui faire un cadeau
sous peine d'une amende de 10 francs et pour le sociétaire et pour le fromager.

Art. 120. — Si la Société subit un rabais sur les fromages qu'elle livrera et que cette diminution ait pour
cause la mauvaise fabrication, le fromager supportera le
dommage par voie de retenue sur son salaire.

Art. 121. — Si le fromager commet quelque négligence
dans son service, il est une première fois rappelé à l'ordre

par le président ; en cas de récidive, il peut lui être infligé une amende.

## TITRE IX

### DISSOLUTION.

Art. 122. — La dissolution de la Société pourra être mise en question s'il n'y a pas assez de lait pour faire un fromage, et si la moitié au moins des sociétaires le demandent.

Art. 123. — Elle ne sera prononcée qu'à la majorité des trois quarts des membres.

Art. 124. — L'assemblée donnera à un liquidateur les pouvoirs nécessaires pour réaliser l'actif qui sera réparti, de la même façon que le prix des fromages, entre tous les membres faisant partie de l'association à cette époque.

Fait en autant de doubles que de parties intéressées.

A            , le            190  .

## FRUITIÈRES A VENTE DE LAIT

Si théoriquement la coopération doit permettre de retirer le plus grand profit du lait, il n'en est malheureusement pas toujours ainsi dans la pratique.

Les difficultés pour obtenir l'adhésion de tous quand il s'agit d'effectuer les réformes nécessaires, l'insouciance que l'on apporte à surveiller la fabrication, les divisions locales, sont autant de pierres d'achoppement au fonctionnement normal des fruitières.

Aussi la vente du lait à un entrepreneur tend-elle de plus en plus à se répandre.

Supprimer tout aléa concernant la production et la livraison des fromages, connaître à l'avance le rendement pécuniaire de l'étable, de façon à pouvoir établir une prévision des dépenses, en un mot, effacer dans l'utilisation du lait le souci du lendemain, enfin recevoir

plus tôt la valeur argent, telles sont les pensées déter-
minantes qui poussent les cultivateurs à remplacer
l'exploitation sociétaire par l'entreprise.

Au point de vue général, comment influe cette transformation ? Est-ce un recul ? Est-ce un progrès ?

En matière de fabrication fromagère, nous plaçons sans
hésiter l'idéal dans une coopérative qui, ayant adopté
résolument tous les perfectionnements de la technique
moderne, serait dirigée par une gérance écoutée, capable
d'assurer la réussite en veillant aux livraisons régulières
du lait, en s'assurant le concours d'un fromager expérimenté, enfin aussi en sachant vendre pour le mieux
les produits.

Là est l'exemple à proposer, parce que là est la perfection. Aux sociétés qui fonctionnent dans ces conditions
il faut souhaiter longue vie et qu'elles suscitent des
imitateurs.

Mais parfois, il ne sert à rien de le cacher, la bonne
volonté des hommes d'initiative vient se heurter contre
l'entêtement d'une majorité ignorante qui se refuse à
tout progrès, sous prétexte que l'on a toujours fabriqué
ainsi, sans réfrigérant, sans calorifère.... Ailleurs, des
gérants dépourvus d'autorité, ne parviennent pas à faire
respecter le règlement : la qualité des apports laisse à
désirer, le fromager, sans appui, se décourage.

D'autres fois, par suite de discordes, un certain nombre
s'éloignent de la fruitière.

Dans ces conditions, un laitier acheteur, dégagé de
préoccupations étrangères, indifférent aux coteries, libre
d'agir à son gré pour établir un perfectionnement qu'il
sait devoir être fructueux, a toutes les chances du monde
pour obtenir le meilleur résultat.

Voici, d'autre part, une localité dont les habitants ont
le plus vif désir de s'adonner à la production intensive
du lait. Mais la fabrication en société n'a jamais eu lieu
et l'on ne peut se résoudre à la tenter. Survienne un

acheteur qui exploite à son compte. Dès lors toute hésitation disparaît et voilà une commune pourvue d'un débouché pour les produits de son troupeau.

Jetons les yeux en dehors de la Comté.

La Haute-Savoie a vu, depuis quelques années, son industrie fromagère prendre un merveilleux essor, grâce au système des ventes de lait. Les cultivateurs d'un même village, se constituent en association, établissent un chalet suivant les dernières données, habituellement avec une porcherie pour annexe. Puis le lait est mis en adjudication : les paiements ont lieu chaque mois, on réserve un demi ou un centime par litre pour l'amortissement et l'entretien. Résultat : augmentation considérable de la production laitière sous l'action d'un débouché rémunérateur, assuré et connu d'avance.

Ce mode d'exploitation n'a pas été étranger à la perfection des chalets savoisiens. On n'épargne pas les dépenses nécessaires quand on sait que les prix du lait atteindront un taux d'autant plus élevé que les locaux seront mieux aménagés.

Ainsi en est-il de même en Suisse, où cette mode, répandue surtout dans les cantons allemands, a amené une rapide transformation de l'outillage.

Nous ne pouvons donc suivre ceux qui systématiquement combattent les ventes de lait en fruitière. Ce mode d'exploitation a fait ses preuves, parfois il est un véritable stimulant du progrès, dans certains cas, seul, il permet la création de fruitières nouvelles; c'est par lui sans doute que se développera en France l'industrie de l'emmenthal qu'il faut absolument vulgariser.

Concluons donc que ce système a sa place légitimement et utilement marquée à coté de nos associations les plus parfaites.

L'industriel, a-t-on dit, prélève inutilement un bénéfice sur le producteur. Dans la pratique, les choses ne se passent pas habituellement ainsi.

Le plus généralement un entrepreneur indépendant fabriquera mieux, vendra mieux. Il pourra payer aux fournisseurs un prix du lait sensiblement égal à celui que leur aurait procuré un travail en commun moins bien exécuté.

Au reste, qu'on soit pour, qu'on soit contre, nul ne peut nier la tendance généralisée de plus en plus des ventes de lait dans les fromageries. Il faut donc absolument tenir compte de ce phénomène économique.

Aux sociétés qui désirent absolument renoncer à l'exploitatation directe nous conseillons instamment de conserver intacte leur unité en face de l'acheteur. Comme elles seront plus fortes alors pour débattre leurs intérêts !

Les producteurs réunis, sachant bien ce qu'ils veulent, pourront toujours par le fait du groupement obtenir les conditions les plus favorables. Le lien social est maintenu, la fruitière subsiste et avec elle tous ses avantages.

A moins d'un prix notablement supérieur, il faut exiger la fabrication sur place, dans le chalet.

Les sociétaires peuvent ainsi disposer du beurre et des résidus pour leur usage.

D'autre part le chalet reste en activité, le matériel étant entretenu ne se détériore pas et si à l'expiration du marché, les producteurs, éclairés sur les avantages du travail perfectionné, veulent de nouveau fabriquer en commun, rien ne s'y opposera.

Il est utile, en général, d'exiger un cautionnement. Dans certains cas, on réserve que les fromages en cave ne seront pas enlevés avant que le lait correspondant à cette fabrication ne soit payé.

Enfin à tout prix, que les sociétaires, sous prétexte que le lait est vendu, ne se désintéressent pas de sa qualité.

C'est, en effet, pour avoir méconnu cette nécessité que les producteurs de la Suisse allemande sont fréquemment en conflit avec les laitiers. Ceux-ci, à la suite d'accidents de fabrication, provoqués par une nourriture défectueuse du bétail, ont absolument interdit l'emploi de tous les aliments concentrés pendant l'été.

Ici, l'abus a fait proscrire l'usage. Il n'est donc pas inutile de recommander aux sociétaires de viser toujours à obtenir une matière première irréprochable de qualité, quel que soit le mode d'exploitation adopté.

# V

# INDUSTRIES DIVERSES

## I. — LAIT CONDENSÉ.

Le lait condensé ou concentré est du lait qui a été amené par évaporation au quart ou au cinquième de son volume primitif; on l'additionne d'une certaine quantité de sucre qui assure sa conservation.

Le lait concentré est fabriqué depuis quarante ans environ. En ces dernières années, cette industrie a pris une extension considérable.

Voici, sommairement indiquées, les différentes phases de la fabrication. A son arrivée à l'usine, le lait est dégusté et les échantillons douteux sont soumis à un examen approfondi. Après avoir été pesé, le lait est filtré et versé dans de grandes bassines de cuivre chauffées au bain-marie. Le lait est maintenu à une température d'environ 80° pendant dix minutes. De là on le fait passer dans un autre récipient où s'opère le sucrage; on ajoute 10 à 12 p. 100 de sucre de canne très pur.

Le lait, sucré au degré convenable, est aspiré dans les chaudières d'évaporation. Ce sont des appareils semblables à ceux employés dans les sucreries pour la concentration dans le vide des jus sucrés.

L'appareil à concentrer le lait dans le vide Gaulin

(fig. 111) est muni d'un brise-mousse pour prévenir les
pertes de lait par entraînement.

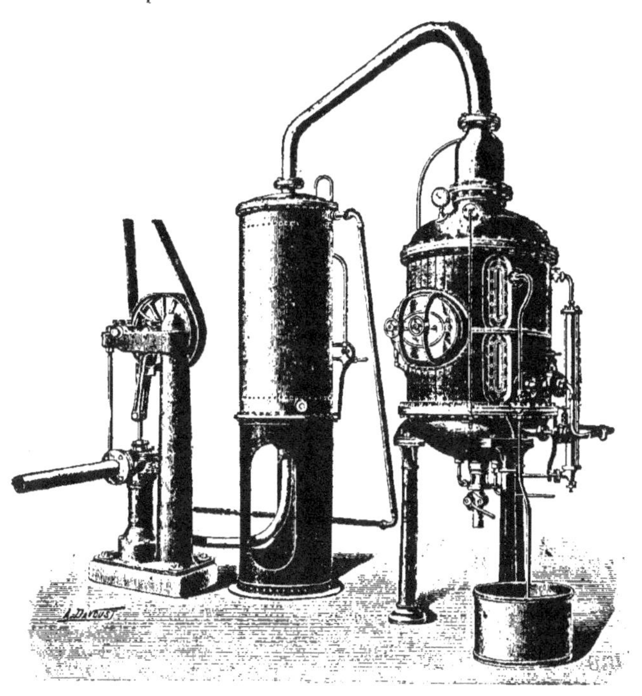

Fig. 111. — Appareil à concentrer le lait dans le vide (Gaulin).

La détermination du degré de condensation est une
opération délicate et il faut, pour l'effectuer exactement,
toute l'attention d'un ouvrier exercé.

Le lait, amené au degré de concentration voulu, est
coulé dans des vases qui sont placés dans un bassin
réfrigérant.

De ces récipients, le lait sirupeux est transvasé dans
des boîtes de fer-blanc cylindriques que l'on ferme avec
un couvercle soudé.

Le lait concentré, contenu dans ces boîtes en fer-blanc,
pèse une livre anglaise, soit 453 grammes.

Lorsqu'on veut employer ce produit, on ajoute environ quatre fois son poids d'eau.

On prépare aussi du lait condensé sans sucre, qui est préféré par certains consommateurs.

## II. — KÉPHYR.

Depuis un temps immémorial, les peuplades qui habitent les chaînes septentrionales du Caucase préparaient, en faisant fermenter le lait de vache, une boisson appelée *Képhyr*.

Convaincus de l'influence bienfaisante de ce produit sur la santé, les montagnards cachaient d'autre part, avec un soin jaloux, le mode de préparation.

Malgré ces précautions, le képhyr finit, il y a quelques années, par être connu dans quelques villes de la Russie. Il se produisit alors un puissant mouvement d'opinion en sa faveur. Les chercheurs, médecins et chimistes, se mirent à étudier cette curieuse boisson et, bientôt, les uns dans le laboratoire, les autres dans la clinique, constatèrent unanimement son grand pouvoir réconfortant.

C'est au Dr Dmitriey de walta (Crimée) que revient l'honneur des observations sur l'emploi du képhyr dans les maladies pulmonaires et intestinales (1882). Les résultats absolument concluants qu'il publia ne contribuèrent pas peu à généraliser l'emploi de ce produit.

Depuis, de nombreuses expériences ont été effectuées avec succès dans différents pays et, aujourd'hui, il est entré définitivement dans la thérapeutique.

En raison de la facilité que présente la préparation de cette boisson, jointe à son bas prix de revient, nous croyons utile de la décrire en détail.

Le képhyr s'obtient au moyen de ferments particuliers se composant de petites masses ovoïdes ou sphériques, dont la grosseur peut varier entre des limites assez étendues. Ces amas sont appelés « champignons, grains, ou semences de képhyr ».

Les grains secs sont jaunes ; placés dans l'eau, ils deviennent blancs avec une nuance jaunâtre, augmentent de volume et acquièrent une certaine élasticité.

Les grains de képhyr renferment trois sortes d'organismes qui jouent un rôle utile dans la préparation du produit : les levures qui transforment une partie du sucre en alcool, en acide carbonique ; les ferments lactiques qui en transforment une autre partie en acide lactique ; enfin les bactéries spécifiques qui modifient la caséine.

Pour préparer le képhyr on emploie les grains secs que l'on place pendant cinq à six heures dans de l'eau tiède. Après les avoir lavés à grande eau, on les place dans un verre de lait que l'on change deux ou trois fois par jour pendant six jours. Peu à peu, les germes gonflés montent à la surface ; ils peuvent alors être employés. On les met dans un récipient plus haut que large et on ajoute une quantité de lait préalablement bouilli et refroidi qui corresponde à dix fois le poids des germes secs. Le vase, recouvert de tarlatane pliée en quatre pour éviter que les microbes de l'air ne tombent dans le lait, est maintenu à une température de 14° à 16°. Il faut agiter le mélange toutes les heures avec une cuiller afin de répartir uniformément les germes qui monteraient à la surface, comme aussi pour diviser les grumeaux de caillé qui pourraient se former.

Après douze heures, on remue une dernière fois le liquide et on le filtre sur un tamis très fin.

Les germes retenus sur le tamis, sont lavés soigneusement ainsi que le récipient, puis employés comme il vient d'être dit.

Le liquide filtré est versé dans une bouteille munie de la fermeture dite de la cannette à bière. On emploie aussi des bouteilles spéciales dans lesquelles le bouchon est percé dans toute sa longueur ; une tige à ressort terminée par un bouton ferme le conduit. En pressant sur le bouton le conduit est ouvert et le liquide gazeux peut s'échapper. Ce système très pratique permet de verser de très petites quantités de boisson à la fois sans que l'on ait à craindre les projections, comme il arrive avec le système ordinaire si l'on ouvre sans précaution une bouteille de képhyr très mousseux.

Le levain versé dans la bouteille est additionné de cinq fois son poids de lait bouilli et refroidi. Il faut avoir soin de ne pas remplir complètement la bouteille.

Les bouteilles sont placées, couchées, dans un local ayant une température de 12° à 15°. On les agite toutes les heures, sauf la nuit. Il faut éviter d'agiter trop vivement afin de ne pas transformer le lait en beurre. Les bouteilles spéciales dont nous avons parlé ont un fond ovoïde afin que l'on ne puisse pas les maintenir debout.

Au bout de vingt-quatre heures, le képhyr contient encore peu d'alcool et d'acide carbonique, c'est le képhyr faible ; celui de quarante-huit heures est appelé képhyr moyen, c'est celui qui est le plus généralement employé. Le képhyr de trois jours est le képhyr fort.

Dans le commerce on désigne les diverses sortes par des numéros. On peut aussi préparer des képhyr gras, demi-gras, maigre, d'après la richesse du lait employé et suivant qu'il s'agit de telle ou telle maladie.

Le képhyr préparé peut être conservé pendant quelques jours dans une cave glacière. Si, au contraire, on le laisse à la température ordinaire, la fermentation continue et les propriétés de la boisson sont complètement modifiées. C'est pourquoi il est très difficile de préparer du képhyr pour être expédié. Suivant la température en cours de route il pourra être trop fort ou trop faible lorsqu'il arrivera à destination. Aussi le képhyr doit-il être préparé au lieu même de consommation.

Un képhyr de deux jours, bien réussi, mousse fortement, sa consistance est crémeuse, il laisse sur les parois de verre un précipité dont la finesse est un critérium certain de la qualité du produit. Il possède une saveur agréable, aigrelette, une odeur rappelant celle du lait de beurre. Il est absolument homogène et l'on ne doit pas sentir de granulations de caillé sur la langue.

Si la fabrication a été conduite à trop haute température, ou si l'on n'a pas assez agité, il se produit dans la masse liquide des grumeaux de caséine coagulée.

Le point essentiel pour la réussite c'est de réunir les conditions pour que la fermentation alcoolique prenne le pas sur la fermentation lactique. Des képhyrs de même âge peuvent ne pas avoir la même force ; celle-ci dépend de la quantité de ferment et de la température de préparation.

Tous les ustensiles en contact avec le képhyr doivent être tenus dans le plus parfait état de propreté ; le nettoyage se fait à l'eau bouillie. Quelquefois il se trouve des germes malades, on les reconnaît facilement parce qu'ils ont perdu leur élasticité ; ils sont mucilagineux. Il faut les enlever immédiatement.

D'après le Dr Podwyssotsky, qui a publié un intéressant travail sur le képhyr (1), on peut préparer cette boisson sans avoir de germes à sa disposition. Voici le procédé qu'il indique :

On commence par se procurer une bouteille de képhyr de deux ou trois jours, on en enlève les trois quarts ; au quart qui reste on ajoute du lait frais. On laisse d'abord la bouteille débouchée pendant quelques heures, puis on la ferme et on la conserve à la température de 14° à 16° en l'agitant de temps à autre (en été il faut la conserver à la cave). Au bout de deux ou trois jours on obtient ainsi du très bon képhyr avec lequel on recommence l'opéra-

(1) *Le Képhyr*, traduction française par Mlle Broïdo et Mme Eliacheff. Paris. Naud.

tion comme avec la première bouteille ; on en boit les trois quarts et on remplace le liquide enlevé par du lait frais. Une seule bouteille peut ainsi permettre de faire du képhyr pendant plusieurs mois, par cette simple raison que tous les microorganismes contenus dans le képhyr continuent à se multiplier.

Si l'on a besoin de plusieurs bouteilles de boisson à la fois, il est préférable de verser le contenu d'une bouteille préparée dans plusieurs bouteilles et de finir de remplir chacune de ces bouteilles de lait frais. Ensuite on procédera comme il a été dit plus haut.

Pour que la fermentation réussisse toujours, il faut, à la cinquième ou à la sixième préparation, verser le reste du levain dans un verre, bien débarrasser la bouteille des caillots de caséine qui s'attachent à ses parois, puis y introduire le levain, l'additionner de lait et continuer l'opération comme il a été dit plus haut.

Dans la préparation du képhyr il se produit, aux dépens du sucre, de l'acide carbonique, de l'alcool éthylique et de l'acide lactique ; d'autre part, la caséine est modifiée, elle est d'abord précipitée en petits flocons, puis elle se dissout en partie, pendant qu'une autre partie subit la peptonisation.

Voici une analyse d'un képhyr de deux jours faite par Hammarsten (1).

| | |
|---|---|
| Eau | 89.00 |
| Total d'albuminoïdes | 2,9 |
| Caséine | 2,7 |
| Albumine | 0,17 |
| Peptones | 0,07 |
| Lactose | 2,9 |
| Acide lactique | 0.6 |
| Graisse | 3,1 |
| Alcool | 0,6 |
| Matières minérales | 0,65 |

_______

(1) W. Podwyssotsky. *Le Képhyr.*

La fermentation képhyrique provoque dans le lait des modifications notables qui le rendent plus assimilable, et ainsi s'explique l'action reconstituante du képhyr que l'on peut définir *un aliment complet à son maximum de digestibilité.*

# VI

# UTILISATION DES SOUS-PRODUITS

La fabrication du beurre et celle des fromages laissent des résidus : c'est le lait écrémé et le babeurre dans le premier cas, le petit-lait dans les seconds.

Suivant les circonstances, on peut utiliser ces sous-produits d'une façon plus ou moins avantageuse.

## I. — LAIT ÉCRÉMÉ.

La composition moyenne du lait sorti d'une écrémeuse bien construite, en travail normal, est indiquée par les chiffres suivants :

| | |
|---|---|
| Eau | 90,35 |
| Matière grasse | 0,20 |
| Caséine | 4,00 |
| Sucre de lait | 4,75 |
| Sels | 0,70 |
| | 100,00 |

Cette proportion entre les éléments peut varier suivant l'origine des laits traités ; toutefois, les chiffres se rapportant à la graisse, au sucre et aux sels ont une certaine constance.

Le lait centrifugé, vu la faible quantité de matière

grasse qu'il renferme, n'est pas un aliment complet, mais, d'après la composition indiquée plus haut, il n'en possède pas moins une valeur nutritive de premier ordre. Dans le lait écrémé, la matière azotée est livrée à très bas prix, comparativement à la viande.

**Alimentation humaine.** — On a donc tout naturellement songé à utiliser ce produit pour *l'alimentation de l'homme*; un tel emploi ne s'est pas généralisé partout.

En Suède, en Danemark, les habitants consomment beaucoup de lait centrifugé en nature. En Angleterre, on le condense au préalable. Mais, en France, la consommation du lait centrifugé sous son vrai nom est très restreinte.

Il y a quelques années, on a essayé de l'employer pour la fabrication du pain : le lait remplaçait l'eau, mais ce procédé n'a pas été suivi.

Une utilisation déjà ancienne du lait écrémé consiste à le transformer en fromage.

Avant l'emploi des centrifuges, lorsque le lait provenant de l'écrémage spontané renfermait encore 0,8 p. 100 de matière grasse, on fabriquait de nombreux fromages maigres, imitations des sortes connues, obtenues avec le lait gras. En prenant certains soins, on pouvait préparer un produit de qualité marchande et très nutritif.

Par contre, les essais tentés de différents côtés avec le lait centrifugé ne renfermant que 0,15 à 0,25 p. 100 de matière grasse, donnèrent des mécomptes. Le produit obtenu était sec et trouvait difficilement preneur, exception faite pour le fromage blanc, dont la vente est encore relativement importante en été, dans les villes, mais à des prix plus bas que jadis, et également pour la cancoillote dont la fabrication a été décrite plus haut.

On a proposé de réincorporer au lait écrémé des matières grasses (margarine, huiles de coton et d'arachide) au moyen de l'émulseur ou de l'écrémeuse danoise et de fabriquer un fromage avec le mélange.

Si le produit est offert sous son vrai nom, le consommateur le refuse ; s'il est vendu comme naturel, il fait une concurrence déloyale aux produits authentiques sur lesquels il jette un certain discrédit ; cette fabrication n'est pas à conseiller.

En Allemagne, on a été amené à faire certaines expériences avec le lait centrifugé pasteurisé en vue de sa transformation en fromage.

Dans plusieurs provinces, le chauffage des résidus de laiterie est obligatoire, il est même question de généraliser cette mesure sur le territoire tout entier ; ceci dans le but d'éviter la transmission des maladies contagieuses, notamment de la fièvre aphteuse et de la tuberculose.

Or, le lait pasteurisé, soumis à l'action de la présure, ne donne pas un caillé de même nature que le lait normal. Le précipité obtenu est moins cohérent. D'autre part, les microbes utiles à la fermentation sont détruits.

Le Dr Klein a proposé d'ajouter au lait pasteurisé du chlorure de calcium qui permet d'obtenir un caillé normal et du fromage en fermentation qui restitue à la masse les microbes nécessaires. Il aurait obtenu, ainsi que d'autres expérimentateurs, des résultats favorables, amélioration du produit et augmentation de rendement. Ses expériences ont porté sur le fromage de Limbourg. Il serait intéressant de continuer ces essais en opérant sur d'autres sortes.

Depuis quelques années, on a cherché à isoler la caséine et à la présenter sous une forme assimilable, de façon à éviter les frais de transport qui sont un obstacle à la consommation du lait écrémé en nature, loin du lieu de production.

La caséine est solubilisée par les alcalis. Si l'on évapore la solution on obtient un extrait qui pourra ensuite être redissous dans l'eau. C'est ainsi qu'on a vu apparaître : la *nutrose*, combinaison de soude et de caséine ; *l'eucasine*, combinaison d'ammoniaque et de caséine ; le *sanatogène*, qui renferme de la caséine et du glycérophosphate, etc.

Ces préparations alimentaires, à base de caséine, peuvent se consommer soit seules, soit associées au pain, au chocolat, etc.

L'usage s'en est peu répandu jusqu'à ce jour, soit en raison de la défiance des consommateurs pour les aliments obtenus en fabrique, soit en raison du prix.

Aux États-Unis, d'après M. Alvord, on vend, sous le nom de *faracurd*, un produit destiné à remplacer l'albumine des œufs dans les préparations culinaires. C'est un mélange de caséine précipitable par la présure et de caséine précipitable à l'ébullition par les acides.

**Nourriture du bétail.** — L'utilisation du lait écrémé par les veaux d'engraissement a fait l'objet d'expériences intéréssantes en ces dernières années. Rappelons celles bien connues de M. Gouin, qui préconise comme adjuvant la fécule ; de MM. Dikson et Malpeaux, qui ont obtenu de bons résulats avec la fécule et la farine de malt, et aussi avec la décoction de graine de lin employée simultanément avec la fécule ou la farine de riz. Ces expérimentateurs ont constaté qu'il est utile d'ajouter du lait pur à la ration à la fin de l'engraissement, la viande est plus blanche et, par suite, acquiert une plus-value.

En Allemagne, on cite de nombreux essais avec l'huile d'arachide ajoutée au lait dans la proportion de 2 p. 100. Mais cette alimentation ne convient, paraît-il, qu'aux veaux très vigoureux.

Les résultats contradictoires que l'on signale parfois relativement à l'action de tel adjuvant peuvent provenir de ce que les conditions d'expérimentation ne sont pas identiques.

L'engraissement des veaux est une opération délicate qui ne peut réussir que si les règles suivantes sont observées.

Il faut d'abord choisir des veaux robustes. Certains sujets, d'ailleurs, s'accommodent mieux de la nourriture. Il y a là une question d'individualité. Les loges doivent être sombres, étroites, de façon que les veaux fassent le moins de mouvements possible. Le lait sera donné complètement doux; l'acidité est nuisible. Lorsque le sous-produit provient d'une laiterie centrale il faut donc le chauffer avant de le retourner aux fournisseurs.

Le lait pasteurisé a subi des modifications, les sels solubles de chaux sont devenus insolubles et la présure n'agit plus de la même façon; néanmoins ce produit n'est pas inférieur au lait cru pour l'alimentation des veaux; il serait même mieux utilisé d'après les récentes expériences du Dr Hittcher.

Cet observateur a constaté également que l'addition de sel au lait pasteurisé avait une action favorable. Dans ses essais, il ajoutait à chaque litre de lait 10 centimètres cubes d'une solution salée à 20 p. 100.

En ce qui concerne la pasteurisation, signalons qu'en Danemark on ne refroidit plus le lait après le chauffage. Aussitôt après la sortie du pasteurisateur, le liquide est versé dans les bidons qui sont immédiatement fermés hermétiquement. Le lait étant maintenu plus longtemps à une température élevée, la destruction des germes est plus complète et il ne se produit pas d'ensemencement ultérieur. Le lait étant encore tiède après quelques heures, il n'est pas nécessaire de le réchauffer pour le donner aux veaux. En résumé, il y a économie d'appareils, d'eau et de main-d'œuvre.

Le lait doit être distribué à une température déterminée, environ 35°. Il faut observer la plus grande ponctualité pour les heures des trois repas journaliers; il faut aussi graduer la quantité suivant l'appétit de chaque sujet.

Les seaux doivent être lavés à l'eau chaude après chaque repas et à l'eau de soude bouillante une fois par jour.

Cette industrie n'est guère praticable en grand. A la
ferme, au contraire, le cultivateur qui soigne lui-même
quelques sujets est plus assuré de la réussite. Si toutes
les règles sont observées, le litre de lait écrémé peut
rapporter de 4 à 6 centimes.

Le lait écrémé convient également aux veaux d'élevage.
Les craintes manifestées au moment de l'introduction
des centrifuges dans les régions où l'on se livre à la
production des jeunes ne se sont pas réalisées. L'industrie
beurrière n'est pas incompatible avec l'élevage. On peut,
d'autre part, donner aux veaux du lait écrémé pendant
quatre ou cinq mois, c'est-à-dire plus longtemps que si
l'on emploie le lait pur.

Malgré toutes les précautions prises, le lait n'est pas
toujours doux, et, lorsqu'il devient acide, il faut l'envoyer
à la porcherie.

En réalité, ce sont les porcs qui consomment la plus
grande partie de lait écrémé. Cette utilisation est la plus
simple, surtout pour opérer en grand, mais elle n'est pas
la plus lucrative.

La valeur moyenne du lait écrémé donné aux porcs
va de 1 cent., 5 à 2 centimes par litre suivant le cours
des animaux.

M. Lindström, de Trystorp, en Suède, a préconisé
l'emploi pour les vaches du lait écrémé auquel il faisait
subir la préparation suivante :

Le lait pasteurisé à 80°-85° était emprésuré lorsque
la température était descendue à 35°. La coagulation
achevée, on divisait la masse, on y incorporait des balles
de céréales, de la paille hachée, dans la proportion de
100 kilogrammes de lait pour 75 à 85 kilogrammes
d'absorbant et on laissait fermenter pendant quarante-
huit heures.

Les vaches consommaient volontiers ce produit et la
valeur du lait écrémé se serait élevée à 5 centimes par
litre.

D'autres expérimentateurs, il est vrai, n'ont pas obtenu des chiffres aussi favorables. La méthode ne s'est pas propagée jusqu'à ce jour.

Le lait écrémé est également utilisé pour les poulains, les agneaux, et dans la basse-cour. Le metton fermenté favorise la ponte et l'engraissement des poules.

D'après une communication de M. Émile Saillard, professeur à l'École nationale des industries agricoles de Douai, on prépare en Allemagne un fourrage mélassé au lait écrémé, suivant les indications de M. Ernest Ring de Doppel.

La caséine extraite au moyen d'un acide et de la pression est mélangée avec du tourteau d'arachide, du son de riz, du maïs concassé, de la farine de palme et à la masse ainsi obtenue on incorpore de la mélasse.

Si le prix de revient n'est pas excessif, il y aurait là un débouché important pour le lait centrifugé et aussi pour la mélasse dans les régions qui ne cultivent pas la betterave.

**Usages industriels.** — La caséine a des propriétés adhésives qui ont permis de l'employer dans diverses industries.

Depuis longtemps on prépare en Suisse une colle pour l'ébénisterie avec le fromage maigre.

La caséine trouve son principal débouché dans la fabrication du papier où elle remplace la gélatine.

Pour les apprêts, on en emploie une certaine quantité, de même pour le collage des vins.

Le collage des tubes pour filature, utilise également la caséine. Aux États-Unis, on se sert de la caséine comme enduit pour les plafonds, à la place de la gélatine.

En mélange avec la chaux ou le ciment hydraulique, ce produit donne un enduit pour les murs très résistant.

Depuis quelques années, plusieurs brevets ont été pris pour obtenir une matière plastique à base de caséine, devant imiter l'ivoire, la corne, le celluloïd. On fabrique

ainsi des billes de billard, des manches et dessus de
brosses, des peignes, des pièces de jeu d'échec, des
boutons, des manches d'ombrelles, des supports isolants
d'appareils électriques.

**Fabrication de la caséine.** — La préparation de la
caséine s'opère de la façon suivante : Le lait, qui doit
être aussi purgé que possible de matière grasse, est coagulé au moyen d'un acide, généralement l'acide chlorhy-
drique.

On emploie les acides de préférence, parce que la
caséine à la présure est moins pure, elle contient davantage de sels. Par contre, avec le premier procédé, le
petit-lait a moins de valeur en raison de son acidité.

Le lait étant caillé, on divise la masse et on enlève le
petit-lait. La caséine est lavée plusieurs fois à l'eau pure,
afin d'éliminer le sucre et l'acide, puis elle est soumise à
la pression. La masse est ensuite divisée, soit à la main,
soit dans un moulin, puis desséchée à l'étuve ou dans un
séchoir à chariots (fig. 112).

L'aéro-condenseur Fouché est l'organe essentiel de ce
séchoir. Il se compose d'un ventilateur qui fait passer un
très fort courant d'air sur une batterie de radiateurs
ondulés renfermés dans la caisse en tôle B. La vapeur
venant de l'échappement d'une machine ou directement
d'une chaudière arrive dans la batterie par la tubulure D
et l'eau de condensation est extraite par la tubulure C.

La porte à coulisse E permet de régler la température
de l'air envoyé dans le séchoir.

Le courant d'air chaud produit par l'aéro-condenseur
est lancé dans une série de chariots I placés les uns à la
suite des autres dans un tunnel F G. La caséine est
répartie sur des claies. Lorsque le contenu du chariot
qui est le plus près du ventilateur est convenablement
séché, on retire le chariot latéralement, on fait avancer le
train de chariots de telle manière que le chariot suivant
vienne prendre, près du ventilateur, la place de celui que

20.

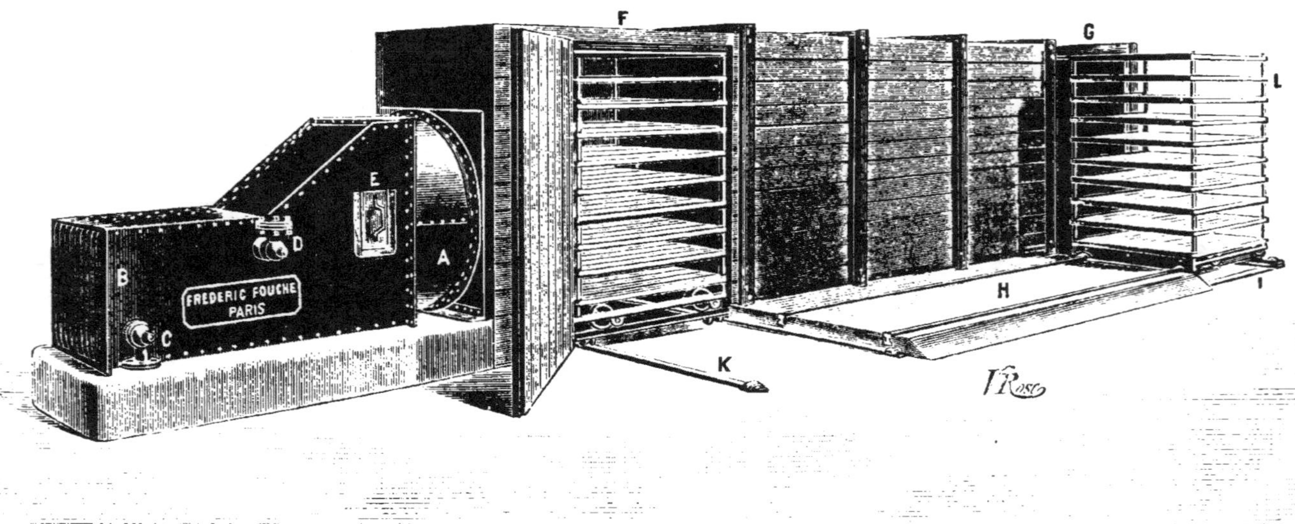


Fig. 112. — Séchoir à chariots pour la caséine (Fouché).

l'on a retiré. On le recharge et on l'amène à la queue du train.

On compte que 100 kilogrammes de lait écrémé donnent environ 3 kilog. à 3$^{kgr}$,5 de caséine sèche marchande.

Les prix ont varié de 85 à 110 francs les 100 kilogrammes.

L'importation étrangère s'élèverait à 600 000 kilogrammes. Selon toute vraisemblance, le débouché s'élargira soit par des applications nouvelles, soit par le développement de celles existantes.

L'agriculture est intéressée à cette extension du marché de la caséine et il faut souhaiter que le lait écrémé, jadis exclusivement employé à la ferme, soit de plus en plus utilisé par l'industrie.

## II. — LAIT DE BEURRE.

La composition moyenne du lait de beurre ou babeurre est la suivante :

| | |
|---|---:|
| Eau | 91,3 |
| Matière grasse | 0,5 |
| Caséine | 3,5 |
| Sucre | 4,0 |
| Sels | 0,7 |
| | 100,00 |

On emploie quelquefois ce produit en boissons. Certains le transforment en fromage. Sa destination la plus habituelle et la plus pratique est la porcherie.

## III. — PETIT-LAIT.

Le petit-lait a une composition variable suivant la nature du fromage qui l'a fourni.

Les fromages dits à pâte molle, dont le caillé est peu ou pas divisé, retiennent la plus grande partie de la matière grasse. Les fromages à pâte ferme exigeant un brassage prolongé, parfois la cuisson ou la pression laissent échapper dans le petit-lait une proportion de beurre plus considérable. Voici, à titre d'exemple, la composition moyenne du petit-lait de gruyère :

| | |
|---|---:|
| Eau | 92,60 |
| Matière grasse | 0,50 |
| Caséine | 1,15 |
| Sucre et acide lactique | 5,35 |
| Sels | 0,51 |
| | 100,00 |

**Beurre de petit-lait.** — Le pourcent de matière grasse est suffisamment élevé pour que son extraction soit avantageuse.

Trois méthodes sont en usage :

1° *Montée des brèches*. — Lorsqu'on chauffe le petit-lait à 85° et que le milieu est suffisamment acide, la matière grasse se rassemble à la partie supérieure sous forme de crème que l'on appelle *brèches*. On détermine l'acidité voulue en ajoutant de l'aisy, petit-lait aigri employé dans la fabrication du gruyère.

Le beurre de brèches a un goût de cuit plus ou moins prononcé, il convient bien pour les usages culinaires.

2° *Écrémage spontané*. — Le petit-lait est placé dans des cuveaux en bois; après quarante-huit heures de repos, la crème est montée. L'inconvénient du système, c'est que le liquide s'acidifie, surtout en été, et le beurre obtenu n'est pas de première qualité.

Si l'on emploie ce système, il faut refroidir le petit-lait sortant de la chaudière au moyen d'un réfrigérant : le liquide, ramené à 15°, est placé dans des bacs en fonte ou en fer étamé entourés d'un courant d'eau.

3° *Écrémage par le centrifuge*. — Quand on dispose d'un moteur, l'extraction de la matière grasse du petit-lait par le centrifuge est à préconiser. Le rendement est élevé si l'on opère à chaud, à 45° environ, et le beurre conserve ses qualités.

Le petit-lait écrémé est employé pour l'alimentation des porcs qui s'en montrent très friands et l'utilisent pour le mieux. Il en est de même de celui venant de la fabrication des pâtes molles dont la faible teneur en matière grasse ne permet pas l'écrémage préalable.

Plus rarement ce liquide est consommé par les veaux d'élevage.

**Sérai.** — Au lieu d'extraire le beurre isolément, on retire souvent dans les fruitières à gruyère un produit qu'on appelle le *sérai*, c'est-à-dire la matière grasse du petit-lait et la caséine soluble mélangées.

Ce produit s'obtient par l'ébullition du liquide auquel on a ajouté de l'aisy. Le sérai est un élément très nutritif; on ne le consomme guère que dans les pays de production.

Le petit-lait privé du sérai prend le nom de *cuite*, on l'utilise pour la nourriture des porcs. Dans les chalets de montagnes de Comté, les vaches consomment la cuite et l'on prétend que cette boisson a une action manifeste sur la sécrétion laitière.

**Sucre de lait.** — Le petit-lait trouve encore son emploi pour la préparation du sucre de lait.

C'est en Suisse que cette industrie a pris naissance. On extrait le sucre du petit-lait provenant de la fabrication du gruyère. Une fois le sérai enlevé, on évapore la cuite à feu nu.

Quand le sirop a atteint le degré de concentration voulu, il est mis à refroidir; le sucre étant beaucoup plus soluble à chaud qu'à froid se dépose.

Il est coloré, chargé d'impuretés; on l'expédie aux raffineurs qui le transforment en un produit marchand.

Depuis plusieurs années, ce sucre est préparé industriellement en Allemagne et aux États-Unis.

Voici, succinctement décrites, les différentes phases du travail : Le petit-lait est traité aussi frais que possible pour éviter toute acidification qui diminuerait le rendement. Si, malgré toutes les précautions, le liquide a une réaction acide, on ajoute de la soude jusqu'à la neutrali-

Fig. 113. — Appareil à condenser à l'air libre Streckheisen (Ferdinand Dobler). Appareil à un axe démonté pour nettoyage.

sation ; l'acide lactique, en effet, met obstacle à la cris-tallisation et peut, d'autre part, intervertir le lactose.

La concentration a lieu dans le vide. La masse cuite
refroidie est turbinée et le sirop concentré à nouveau.

Fig. 114. — « Tandem ». Appareil à condenser à l'air libre.
Appareil à un axe, prêt à marcher.

L'appareil à condenser Streckheisen (fig. 113 et 114)
effectue la condensation à l'air libre. Le liquide est
amené au contact de disques lenticulaires chauffés par

la vapeur : le liquide réparti en couche mince s'évapore rapidement.

Le sucre brut est raffiné par l'addition à sa solution de noir animal et d'alun ; le liquide, clarifié par le passage à travers un filtre-presse, est concentré à nouveau. On obtient ainsi le sucre en poudre, qu'une dessiccation à l'étuve transforme définitivement en produit marchand. Le rendement moyen en sucre raffiné est 2,2 p. 100 seulement.

Les prix ont sensiblement baissé depuis quelques années, par suite de l'augmentation de la production. Jusqu'à ce qu'un nouveau débouché ait été trouvé, il ne semble pas qu'il soit avantageux de monter cette fabrication. Elle n'aurait d'ailleurs des chances de réussite que pratiquée en grand, dans une usine convenablement agencée, si les conditions économiques étaient plus favorables.

**Boisson fermentée.** — On peut préparer avec le petit-lait une boisson alcoolique, suivant le procédé de M. Kayser (1).

On ajoute au sérum du lactose ou, de préférence, du sucre ordinaire à la dose de 30 grammes par litre.

On chauffe à 100°, si le petit-lait est un peu acide, cette température est suffisante. On laisse refroidir le liquide et on l'ensemence avec des levures de lactose. La boisson obtenue après fermentation a une saveur fraîche, alcoolique et piquante se rapprochant de celle du cidre : son prix de revient est peu élevé.

(1) E. Kayser, *Contribution à l'étude physiologique des levures alcooliques du lactose.*

# LOI DU 16 AVRIL 1897 CONCERNANT LA RÉPRESSION DE LA FRAUDE DANS LE COMMERCE DU BEURRE ET LA FABRICATION DE LA MARGARINE.

## TITRE PREMIER

Article premier. — Il est interdit de désigner, d'exposer, de mettre en vente ou de vendre, d'importer ou d'exporter, sous le nom de beurre, avec ou sans qualificatif, tout produit qui n'est pas exclusivement fait avec du lait ou de la crème provenant du lait ou avec l'un ou l'autre, avec ou sans sel, avec ou sans colorant.

Art. 2. — Toutes les substances alimentaires autres que le beurre, quelles que soient leur origine, leur provenance et leur composition, qui présentent l'aspect du beurre et sont préparées pour le même usage que ce dernier produit, ne peuvent être désignées que sous le nom de margarine.

La margarine ainsi définie ne pourra, dans aucun cas, être additionnée de matières colorantes.

Art. 3. — Il est interdit à quiconque se livre à la fabrication ou à la préparation du beurre, de fabriquer et de détenir dans ses locaux, et dans quelque lieu que ce soit, de la margarine ou de l'oléo-margarine, ni d'en laisser fabriquer et détenir par une autre personne dans les locaux occupés par lui.

La même interdiction est faite aux entrepositaires, commerçants et débitants de beurre.

Les deux premiers paragraphes du présent article ne sont pas applicables aux sociétés coopératives d'alimentation qui ne font pas acte de commerce.

La margarine et l'oléo-margarine ne pourront être introduites sur les marchés qu'aux endroits spécialement désignés à cet effet par l'autorité municipale.

La quantité de beurre contenue dans la margarine mise en vente, que cette quantité provienne du barattage du lait ou de la crème avec l'oléo-margarine, ou qu'elle provienne d'une addition de beurre, ne pourra dépasser 10 p. 100.

Art. 4. — Toute personne qui veut se livrer à la fabrication de la margarine ou de l'oléo-margarine est tenue d'en faire la déclaration, à Paris àla préfecture de police, et dans les départements au maire de la commune où elle veut établir sa fabrique.

Art. 5. — Les locaux dans lesquels on fabrique ou conserve en dépôt et où on vend de la margarine ou de l'oléo-margarine doivent porter une enseigne indiquant, en caractères apparents d'au moins 30 centimètres (0$^m$30) de hauteur les mots « fabrique, dépôt ou débit de margarine ou d'oléo-margarine ».

Art. 6. — Les fabriques de margarine et d'oléo-margarine sont soumises à la surveillance d'inspecteurs nommés par le Gouvernement. Ces employés ont pour mission de veiller sur la fabrication, sur les entrées de matières premières, sur la qualité de celles-ci et sur les sorties de margarine et d'oléo-margarine. Ils s'assurent que les règles prescrites par le Gouvernement, sur l'avis du comité d'hygiène publique, sont rigoureusement observées.

Ils ont le droit de s'opposer à l'emploi de matières corrompues ou nuisibles à la santé et de rejeter de la fabrication les suifs avariés. Ils peuvent déférer aux tribunaux les infractions aux dispositions de la présente loi et les décrets et arrêts ministériels intervenus pour son exécution.

Art. 7. — Les inspecteurs mentionnés à l'article 6 peuvent pénétrer en tout temps dans tous les locaux des fabriques de margarine et d'oléo-margarine soumises à leur surveillance, dans les magasins, caves, celliers, greniers y attenant ou en dépendant, de même que dans tous les dépôts et débits de margarine et d'oléo-margarine.

Art. 8. — Le traitement des inspecteurs est à la charge des établissements surveillés. Le décret rendu en Conseil d'Etat pour l'exécution de la loi en fixera le montant ainsi que le mode de perception et de recouvrement des taxes.

Art. 9. — Les fûts, caisses, boîtes et récipients quelconques renfermant de la margarine ou de l'oléo-margarine doivent tous porter sur toutes leurs faces, en caractères apparents et indélébiles, le mot « margarine » ou « oléo-margarine ».

Les éléments entrant dans la composition de la margarine devront être indiqués par des étiquettes et par les factures des fabricants et débitants.

Dans le commerce en gros, les récipients devront en outre, indiquer en caractères très apparents le nom et l'adresse du fabricant.

En ce qui concerne la margarine destinée à l'exportation, le fabricant sera autorisé à substituer à sa marque de fabrique celle de l'acheteur, à la condition que cette marque porte en caractères apparents le mot « margarine ».

Dans le commerce de détail, la margarine ou l'oléo-margarine doivent être livrées sous la forme de pains cubiques avec une empreinte portant sur une des faces, soit le mot « margarine », soit le mot « oléo-margarine », et mises dans une enveloppe portant, en caractères apparents et indélébiles, la même désignation ainsi que le nom et l'adresse du vendeur.

Lorsque ces pains seront détaillés, la marchandise sera livrée dans une enveloppe portant lesdites inscriptions.

Art. 10. — La margarine ou l'oléo-margarine importées, exportées ou expédiées doivent être, suivant les cas, mises dans des récipients de la forme et portant les indications mentionnées à l'article qui précède.

Art. 11. — Il est interdit d'exposer, de mettre en vente ou en dépôt et de vendre dans un lieu quelconque de la margarine ou de l'oléo-margarine sans qu'elles soient renfermées dans les récipients indiqués à l'article 9 et portant les indications qui y sont prescrites.

L'absence de ces désignations indique que la marchandise exposée, mise en dépôt ou en vente, est du beurre.

Art. 12. — Dans les comptes, factures, connaissements, reçus de chemins de fer, contrats de vente et de livraison et autres documents relatifs à la vente, à l'expédition, au transport et à la livraison de la margarine ou de l'oléo-margarine, la marchandise doit être expressément désignée, suivant le cas, comme « margarine ou oléo-margarine ». L'absence de ces formalités indique que la marchandise est du beurre.

Art. 13. — Les inspecteurs désignés à l'article 6 et au besoin des experts spéciaux nommés par le Gouvernement ont le droit de pénétrer dans les locaux où on fabrique pour la vente, dans ceux où l'on prépare et vend du beurre, de prélever des échantillons de la marchandise fabriquée, préparée, exposée, mise en vente ou vendue comme beurre.

Ils peuvent de même prélever des échantillons en douane, ou dans les ports, ou dans les gares de chemins de fer.

Autant que possible le prélèvement des échantillons est effectué en présence du propriétaire de la marchandise ou de son représentant.

Les échantillons sont envoyés aux laboratoires désignés par arrêté ministériel pour être soumis à l'analyse chimique et à l'examen microscopique.

En cas de fraude constatée, procès-verbal est dressé et transmis, avec le rapport du chimiste expert, au procureur de la République qui instruit l'affaire immédiatement.

Art. 14. — Chaque année, le Ministre de l'agriculture, sur l'avis du comité consultatif des stations agronomiques et des laboratoires agricoles :

1° Prescrit les méthodes d'analyse à suivre pour l'examen des échantillons de beurre prélevés comme soupçonnés d'être falsifiés ;

2° Fixe le taux des analyses ;

3° Arrête la liste des chimistes-experts seuls chargés de faire l'analyse légale des échantillons prélevés.

Art. 15. — Les échantillons prélevés sont payés aux détenteurs sur le budget de l'Etat, ainsi que les frais d'expertise et d'analyse.

En cas de condamnation, les frais sont à la charge des délinquants.

## TITRE II

### PÉNALITÉS.

Art. 16. — Ceux qui auront sciemment contrevenu aux dispositions de la présente loi seront punis d'un emprisonnement de six jours à trois mois et d'une amende de cent francs à cinq mille francs (100 fr. à 5000 fr.) ou de l'une de ces deux peines seulement. Toutefois, seront présumés avoir connu la falsification de la marchandise ceux qui ne pourront indiquer le nom du vendeur ou de l'expéditeur.

Les voituriers ou compagnies de transport par terre ou par eau qui auront sciemment contrevenu aux dispositions des articles 10 et 12 ne seront passibles que d'une amende de cinquante à cinq cents francs (50 à 500 fr.).

Ceux qui auront empêché les inspecteurs et experts désignés dans les articles 6 et 13 d'accomplir leurs fonctions en leur refusant l'entrée de leurs locaux de fabrication, de dépôt et de vente, et de prendre des échantillons, seront passibles d'une amende de cinq cents à mille francs (500 à 1 000 fr.).

Art. 17. — Ceux qui auront sciemment employé des matières corrompues ou nuisibles à la santé publique pour la fabrication de la margarine ou de l'oléo-margarine seront passibles des peines portées à l'article 423 du Code pénal.

Art. 18. — En cas de récidive dans l'année qui suivra la condamnation, le maximum de l'amende sera toujours appliqué.

Art. 19. — Les tribunaux pourront toujours ordonner que les jugements de condamnation prononcés contre les infractions aux articles 1, 2, 3, 5, 6, 9, 10, 11 seront publiés par extrait ou intégralement dans les journaux qu'ils désigneront et affichés dans les lieux et marchés où la fraude a été commise, ainsi qu'aux portes de la maison, de l'usine, de la fabrique et des magasins du délinquant, et ce aux frais du condamné.

Art. 20. — Les substances ou les mélanges frauduleuse-

21.

ment désignés, exposés, mis en vente, vendus, importés ou exportés, restés en la possession de l'auteur du délit, seront de plus confisqués conformément aux dispositions de l'article 5 de la loi du 7 mars 1851.

Art. 21. — Les dispositions de l'article 463 du Code pénal sont applicables aux délits prévus et punis par la présente loi.

Art. 22. — Un règlement d'administration publique statuera sur toutes les mesures à prendre pour l'exécution de la présente loi, et notamment sur toutes les formalités à remplir pour l'établissement et la surveillance des fabriques de margarine et d'oléo-margarine, sur la surveillance des beurreries, des débits de beurre, de margarine et d'oléo-margarine, des halles et marchés, sur le prélèvement et la vérification des échantillons des marchandises suspectes, sur la désignation des fonctionnaires préposés à cette surveillance et sur les garanties à édicter pour assurer les secrets de fabrication.

Ce règlement devra être fait dans un délai de trois mois, sans que ce délai puisse en rien arrêter l'exécution de la présente loi dans tous les cas où l'application dudit règlement n'est pas nécessaire.

Art. 23. — Sont abrogées la loi du 14 mars 1887 et toutes les dispositions contraires à la présente loi.

Art. 24. — La présente loi est applicable à l'Algérie et aux colonies.

# RÈGLEMENT D'ADMINISTRATION PUBLIQUE POUR L'APPLICATION DE LA LOI DU 16 AVRIL 1897.

Le Président de la République,

Sur le rapport du Président du conseil, ministre de l'agriculture,

Vu la loi du 16 avril 1897, concernant la répression de la fraude dans le commerce du beurre et la fabrication de la margarine, et notamment l'article 22, dont le 1er paragraphe est ainsi conçu :

« Un règlement d'administration publique statuera sur toutes les mesures à prendre pour l'exécution de la présente loi, et notamment sur les formalités à remplir pour l'établissement de la surveillance des fabriques de margarine et d'oléo-margarine, sur la surveillance des beurreries, des débits de beurre, de margarine et d'oléo-margarine, des halles et marchés, sur le prélèvement et la vérification des échantillons des marchandises suspectes, sur la désignation des fonctionnaires préposés à cette surveillance et sur les garanties à édicter pour assurer les secrets de la fabrication ; »

Le Conseil d'État entendu,

Décrète :

## TITRE PREMIER

### SURVEILLANCE DES FABRIQUES DE MARGARINE ET D'OLÉO-MARGARINE

Article premier. — La déclaration exigée par l'article 4 de la loi du 16 avril 1897 de toute personne qui veut se livrer à la fabrication de l'oléo-margarine ou de la margarine, est faite sur papier timbré et en double expédition.

Elle indique les noms, prénoms et domicile du fabricant, et la nature des matières employées dans la fabrication.

A la déclaration est joint un plan descriptif de la fabrique et de toutes ses dépendances, en simple expédition.

Il est immédiatement donné récépissé de cette déclaration et des plans annexes.

Pour les fabriques actuellement existantes, la déclaration sera faite dans les huit jours de la publication du présent décret au *Journal Officiel*.

Pour les fabriques qui seront établies à l'avenir, elle sera faite un mois au moins avant le commencement de la fabrication.

Art. 2. — Dans les trois jours du dépôt de la déclaration, le maire de la commune transmet au préfet du département une des expéditions de la déclaration ainsi que les plans annexes.

Le préfet du département transmet aussitôt ces pièces au ministre de l'agriculture.

Le préfet de police transmet de même au ministre les déclarations qui lui sont adressés directement.

Art. 3. — Aucune modification ne peut être apportée aux dispositions mentionnées dans la déclaration et les pièces qui y sont annexées sans avoir fait l'objet, huit jours au moins à l'avance, d'une déclaration dans les formes prévues à l'article 1er ci-dessus.

Le changement du fabricant doit être déclaré dans les trois jours qui suivent la transmission de la fabrique.

Art. 4. — Chaque fabrique de margarine ou d'oléo-margarine est placée d'une manière permanente sous la surveillance d'un ou de plusieurs inspecteurs spéciaux, désignés à cet effet par le ministre de l'agriculture, conformément à l'article 17 du présent décret.

Les heures d'ouverture et de fermeture de la fabrique sont déclarées aux inspecteurs par le propriétaire ou le gérant : toute modification dans ces heures leur est notifiée au moins quarante-huit heures à l'avance. Tout travail est interdit en dehors des heures déclarées.

Les locaux dépendant de la fabrique, ateliers, magasins, caves, celliers, greniers, etc., sont ouverts en permanence aux inspecteurs pendant la durée du travail, et doivent leur être ouverts en dehors de cette durée, sur leur réquisition.

Art. 5. — Toute entrée de matières premières destinées à la production de la margarine doit être inscrite par le fabricant sur un registre spécial qui en indique la provenance.

Les inspecteurs vérifient l'exactitude des indications portées à ce registre et examinent les matières premières pour s'assurer de leur innocuité.

Art. 6. — Les inspecteurs s'assurent que la proportion de beurre autorisée par l'article 3 de la loi du 16 avril 1897 n'est pas dépassée et qu'il n'est fait aucune addition de matière colorante, soit directement, soit indirectement.

Art. 7. — Toute expédition de margarine ou d'oléo-margarine faite par une fabrique, doit être inscrite sur un registre spécial.

Les inspecteurs constatent la sortie et s'assurent que les récipients et étiquettes sont conformes aux prescriptions de l'article 9 de la loi.


## TITRE II

### SURVEILLANCE DES BEURRERIES INDUSTRIELLES ET DE LA VENTE DE LA MARGARINE, DE L'OLÉO-MARGARINE ET DU BEURRE

**Art. 8.** — Sont placés sous la surveillance des agents désignés à cet effet par l'administration, conformément aux articles 17 et 19 ci-après, et soumis à leur inspection, les dépôts et débits de margarine et d'oléo-margarine, les locaux où l'on fabrique pour la vente et ceux où l'on prépare et vend du beurre.

**Art. 9.** — Dans les halles ou marchés, les pavillons, comptoirs et endroits quelconques affectés au déchargement et à la vente de la margarine et de l'oléo-margarine doivent être séparésde ceux réservés au déchargement et à la vente du beurre, par une distance suffisante pour prévenir toute tentative de fraude.


## TITRE III

### EXPERTISES

**Art. 10.** — Les inspecteurs spéciaux institués conformément à l'article 17 du présent décret, et les employés des contributions indirectes, des douanes et des octrois commis à cet effet, conformément à l'article 19, sont autorisés à prélever des échantillons des margarines et oléo-margarines ainsi que des beurres qui sont exposés, transportés ou mis en vente, afin d'en faire vérifier la composition.

Les voituriers ainsi que les directeurs et agents des compagnies de transport par terre ou par eau sont tenus de n'apporter aucun obstacle aux réquisitions pour prises d'échantillon, et de représenter les titres de mouvement, lettres de voiture, récépissés, connaissements et déclarations dont ils doivent être porteurs.

21.

Art. 11. — Les échantillons sont toujours pris en trois exemplaires, enfermés dans des vases hermétiquement clos et immédiatement scellés.

Une étiquette engagée dans l'un des cachets porte le nom du produit, la date de la prise de l'échantillon et le nom du fonctionnaire ou de l'agent qui requiert l'analyse.

Art. 12. — Chaque prise d'échantillon est constatée par un procès-verbal qui relate :

1° La date et le lieu de l'opération ;

2° Le nom et la qualité des personnes qui y ont procédé;

3° La copie, s'il y a lieu, des marques et étiquettes apposées sur les enveloppes ou les récipients contenant du beurre ou de la margarine ;

4° La copie, s'il y a lieu, du double de la facture du récépissé ou du connaissement dont le détenteur était porteur;

5° Enfin, toutes les indications jugées utiles pour établir l'authenticité des échantillons prélevés et l'identité de la marchandise vendue.

Art. 13. — Des trois exemplaires de chaque échantillon prélevé, le premier est, conformément au paragraphe 4 de l'article 13 de la loi du 16 avril 1897, envoyé à l'un des experts désignés par le gouvernement pour être soumis à l'analyse chimique et à l'examen microscopique; le second échantillon est remis au propriétaire ou, à défaut, au détenteur de la marchandise; le troisième est conservé au greffe du tribunal de l'arrondissement pour servir, s'il y a lieu, à de nouvelles vérifications ou analyses.

Art. 14. — Lorsque la prise d'échantillons est effectuée ailleurs que chez le propriétaire, celui entre les mains de qui elle est opérée est tenu de faire connaître le nom et la demeure de la personne dont il détient la marchandise; s'il ne veut ou ne peut indiquer ce nom et cette demeure, comme s'il refuse de signer le procès-verbal, mention en est faite audit procès-verbal.

Art. 15. L'analyse de l'échantillon doit être effectuée dans un délai de huit jours au plus à partir du jour de la remise dudit échantillon au chimiste-expert.

Les frais de l'expertise sont réglés d'après un tarif arrêté par le ministre de l'agriculture.

Art. 16. — Le rapport du chimiste-expert est déposé au greffe du tribunal de l'arrondissement. Avis de ce dépôt est donné par l'expert aux parties intéressés, au moyen d'une lettre recommandée.

Si l'analyse n'est pas contestée, le rapport du chimiste-expert est transmis au procureur de la République.

Si le fabricant ou vendeur conteste l'analyse, il doit faire sa déclaration au greffe dans un délai de deux jours, le jour de la notification non compris.

Dans ce dernier cas, le troisième exemplaire de l'échantillon est soumis à une contre-expertise confiée à un chimiste-expert choisi sur la liste dressée par le ministre de l'agriculture et désigné par le président du tribunal de l'arrondissement où il a été procédé à la prise d'échantillon.

Le rapport du chimiste chargé de la contre-expertise devra être transmis au procureur de la République dans le délai de huit jours à partir du jour de la remise de l'échantillon au contre-expert.

## TITRE IV

### ORGANISATION DU SERVICE D'INSPECTION.

Art. 17. — Le service de surveillance prévu par l'article 6 de la loi du 16 avril 1897, et par le titre premier du présent décret, est confié à des inspecteurs nommés par le ministre de l'agriculture, parmi les agents de l'administration des contributions indirectes et y conservent leurs droits à l'avancement.

Ils reçoivent sur le budget du ministre de l'agriculture le traitement correspondant à leur grade dans l'administration des contributions indirectes et les allocations accessoires arrêtées par le ministre de l'agriculture.

Ceux de ces agents qui auraient révélé les secrets de fabrication venus à leur connaissance, seraient immédiatement relevés de leurs fonctions, sans préjudice des autres mesures disciplinaires qui pourraient être prises à leur égard, ni des poursuites civiles ou correctionnelles qu'ils auraient encourues.

Art. 18. — Les traitements et allocations accessoires attribués aux inspecteurs sont à la charge du fabricant à l'usine duquel chacun d'eux est attaché.

L'état des frais à rembourser par chaque fabricant, d'après le nombre des agents spécialement affectés à la surveillance de son usine, est arrêté chaque année par le ministre de l'agriculture et transmis au ministre des finances, qui en assure le recouvrement comme en matière de contributions directes.

Les fabricants de margarine et d'oléo-margarine sont tenus de fournir gratuitement un local servant de bureau aux contrôleurs.

Art. 19. — La surveillance prévue au titre II du présent décret est exercée, concurremment avec les officiers de police judiciaire, les agents préposés à la surveillance des halles et marchés et les inspecteurs mentionnés à l'article 17 ci-dessus, par des employés des contributions indirectes, des douanes ou des octrois, commissionnés à cet effet par le ministre de l'agriculture.

Le ministre de l'agriculture et le ministre des finances fixent les indemnités à attribuer s'il y a lieu, à ces agents, en raison du travail supplémentaire qui leur est ainsi imposé.

Art. 20. — Les ministres de l'agriculture et de la justice sont chargés, chacun en ce qui le concerne, de l'exécution du présent décret.

Fait à Paris, le 9 novembre 1897.

Par le Président de la République :

FÉLIX FAURE.

*Le président du conseil, ministre de l'agriculture,*

J. MÉLINE.

*Le ministre de la justice et des cultes,*

DARLAN.

Un projet de loi a été déposé par le Gouvernement pour modifier la loi du 16 avril 1897.

Afin de faciliter la répression de la fraude, on rendrait obligatoire l'addition à la margarine de certaines substances inoffensives facilement reconnaissables à l'analyse, telles que l'huile de sésame et la fécule.

# TABLE ALPHABÉTIQUE DES MATIÈRES

FIN DE LA TABLE ALPHABÉTIQUE DES MATIÈRES.

# TABLE DES MATIÈRES

## IV. — INDUSTRIE DES FROMAGES.



## V. — INDUSTRIES DIVERSES.



## VI. — UTILISATION DES SOUS-PRODUITS.



FIN DE LA TABLE DES MATIÈRES

# TABLE DES FIGURES

FIN DE LA TABLE DES FIGURES

9376-03 — Corbeil. Imprimerie. Ed. Crété.

# Constructions agricoles et architecture rurale, par J. BUCHARD, ingénieur-agronome, 1889, 1 vol in-16 de 392 pages, avec 143 figures, cartonné............. 4 fr.

Matériaux de construction, préparation et emploi ; maison d'habitation, hygiène rurale, étables, écuries, bergeries, porcheries, basses-cours, granges, magasins à grains et à fourrages, laiteries, cidreries, pressoirs, magnaneries, fontaines, abreuvoirs, citernes, pompes hydrauliques agricoles ; drainages ; disposition générale des bâtiments, alignements, moyenneté et servitudes ; devis et prix de revient.

# Le Matériel agricole, Machines, outils, instruments employés dans la grande et la petite culture, par J. BUCHARD, 1891, 1 vol. in-16 de 384 p., avec 142 figures, cartonné............ 4 fr.

Charrues, scarificateurs, herses, rouleaux, semoirs, sarcleuses, bineuses, moissonneuses, faucheuses, faneuses, batteuses, rateaux, tarares, trieurs, hache-paille, presses, coupe-racines, appareils de laiterie, vinification, distillation, cidrerie, huilerie, scieries, machines hydrauliques, pompes, arrosages, brouettes, charrettes, porteurs, manéges, roues hydrauliques, moteurs aériens, machines à vapeur.

# Les Vaches laitières, choix, entretien, production, élevage, maladies, produits, par E. THIERRY, directeur de l'Ecole pratique d'agriculture de l'Yonne, 1895, 1 vol. in-16 de 349 pages avec 75 figures, cartonné........................ 4 fr.

M. Thierry vient de réunir en un volume de 350 pages tout ce qui peut intéresser les propriétaires de vaches laitières.

L'ouvrage débute par des notions sommaires d'anatomie et de physiologie des bovidés, et par l'étude de la connaissance de l'âge. Vient ensuite l'examen des principales races françaises et étrangères utilisées comme laitières. Les chapitres suivants sont consacrés à la production du lait, au choix des vaches laitières, à leur amélioration. L'hygiène de la vache laitière est longuement traitée, tant au point de vue de l'habitation, du pansage que de l'alimentation aux pâturages et à l'étable. Après avoir parlé de la traite, des causes de variation de la production du lait, puis de l'engraissement de la vache laitière, M. Thierry entre dans des considérations étendues sur tout ce qui concerne la production (choix des reproducteurs, rut, chaleur, monte, gestation, parturition, etc.) et l'élevage (allaitement, sevrage, castration, régime, etc.). Puis il donne quelques conseils pratiques sur l'achat de la vache laitière. Il passe en revue les maladies qui peuvent affecter la vache et le veau. Enfin il termine par l'étude du lait, de la laiterie et des industries laitiè

Ce livre résumant les travaux les plus modernes sera tout particulièrement utile aux cultivateurs et aux vétérinaires.

# L'industrie laitière, le lait, le beurre et le fromage, par E. FERVILLE, 1888, 1 volume in-16, de 384 pages, avec 88 figures, cartonné........................................ 4 fr.

Le lait : essayage ; vente ; lait condensé ; le beurre ; la crème ; système Swartz, écrémeuses centrifuges ; barattage ; délaitage mécanique ; margarine ; fromages frais et affinés, fromages pressés et cuits ; construction des laiteries ; comptabilité ; enseignement. A mesure que l'industrie des céréales est devenu moins rénumératrice, l'attention des propriétaires et des fermiers s'est préoccupée davantage des heureux résultats produits par les spéculations laitières. Ce livre expose les nouvelles méthodes adoptées dans les laiteries perfectionnées.

# Guide pratique de l'élevage du cheval,

par L. RELIER, vétérinaire principal au Haras de Pompadour, 1889,
1 vol. in-16 de 382 pages, avec 128 figures, cartonné......... 4 fr.

M. Relier a résumé, sous une forme très concise et très claire, toutes les connaissances
indispensables à l'homme de cheval. Organisations et fonctions, extérieur (régions,
aplombs, proportions, mouvements, allures, âge, robes, signalements, examen du cheval
en vente) ; hygiène, maréchalerie ; reproduction et élevage ; art des accouplements. Ce
livre est destiné aux propriétaires, cultivateurs, fermiers, ainsi qu'aux palefreniers des
haras, qui y trouveront les renseignements dont ils ont sans cesse besoin dans l'accomplissement de leur tâche.

# Les Maladies du jeune cheval, par P. CHAM-

PETIER, vétérinaire en premier de l'armée. 1896, 1 vol. in-16 de
348 pages, avec 8 planches en couleurs.................... 4 fr

Les maladies du jeune cheval par leur fréquence, la mortalité qu'elles occasionnent et
les pertes qui en sont la conséquence sont de celles qu'il importe aux vétérinaires et aux
éleveurs de connaître le mieux dans leurs causes et leur traitement, afin de les conjurer
et de les guérir plus sûrement.

M. Champetier passe successivement en revue la gourme, la scarlatinoïde, la variole
(Horse Pox), la pneumonie infectieuse, l'entérite diarrhéique, l'arthrite des poulains, le
muguet, les affections vermineuses et les insectes cavitaires.

On trouvera dans ce livre, outre les traitements rationnels et méthodiques, les procédés
pratiques permettant d'en éviter les désastreuses conséquences.

# Le cheval anglo-normand, par A. GALLIER, mé-

decin vétérinaire, inspecteur sanitaire de la ville de Caen. 1900,
1 vol. in-16 de 320 pages avec figures, cartonné............. 4 fr.

L'anglo-normand. Ses origines ; histoire de la famille normande ; l'anglo-normand considéré comme reproducteur, comme cheval de guerre et comme cheval de service ; l'administration des haras. Son rôle, son système ; encouragements à l'industrie chevaline ;
courses, concours.

# L'âge du cheval et des principaux ani-

## maux domestiques, âne, mulet, bœuf, mouton, chèvre,

chien, porc et oiseaux, par MARCELIN DUPONT, médecin-vétérinaire, professeur à l'Ecole d'agriculture pratique de l'Aisne, 1894,
1 vol. in-16, avec 36 planches dont 30 coloriées............. 4 fr.

# Le Chien, Races. — Hygiène. — Maladies, par J. PERTUS,

médecin-vétérinaire, 1893, 1 vol. in-16 de 298 pages, avec 77 figures,
cartonné ...................................................... 4 fr.

Différentes races, espèces et variétés ; valeur relative et choix à faire suivant le service, — extérieur et détermination de l'âge, — hygiène de l'alimentation et de l'habitation,
— accouplement et parturition. — Etude des maladies : maladies contagieuses, maladie
du jeune âge, rage, tuberculose, etc., — maladies de la peau, démangeaisons, eczéma,
herpès, plaies et brûlures, parasites, gale, etc., — de l'appareil respiratoire, — du tube
digestif, constipation, diarrhée, gastrite, vers intestinaux, etc., — de l'appareil génito-
urinaire et des mamelles, — des yeux et des oreilles, — accidents de chasse, — maladies
chirurgicales, — pansements, bandages et sutures, — administration des médicaments et
formulaire.

# Les Animaux de la Ferme, par E. GUYOT, agronome

éleveur. 1892, 1 vol. in-16 de 344 pages, avec 146 figures, cart. **4 fr.**

Résumer tout ce que l'on sait sur nos différentes espèces d'animaux domestiques, cheval, bœuf, mouton, porc, chien, chat ; poules, dindons, pigeons, canards, oies, lapins, abeilles, et leurs nombreuses races, sur leur anatomie, leur physiologie, leur utilisation et leur amélioration, leur hygiène, leurs maladies, etc., était une œuvre difficile ; aussi ce livre pourra-t-il être très utilement placé dans les bibliothèques rurales.

# Les Oiseaux de Basse-cour, par Rémy SAINT-LOUP,

maître de conférences à l'Ecole pratique des Hautes-Études, secrétaire de la Société nationale d'acclimatation. 1895, 1 vol. in-16 de 368 pages, avec 105 figures, cartonné........................ **4 fr.**

*Première partie.* — Classification des oiseaux de basse-cour. — Variation du type dans les principales races. — Sélection. — Organisation des oiseaux. — Incubation naturelle et artificielle. — Élevage des poulets, des dindons, des canards et des oies. — Aménagement du local.. — Bénéfices de l'industrie avicole. — Maladies des oiseaux de basse-cour. — Parasites. — *Deuxième partie.* — Descriptions des races. — I. Coqs et poules ; II. Pigeons ; III. Dindons; IV. Pintades; V. Canards ; VI. Oies.

# Les Oiseaux de Parcs et de Faisanderies.

Histoire naturelle. Acclimatation. Élevage, par Rémy SAINT-LOUP. 1896, 1 vol. in-16 de 354 pages avec 48 figures, cartonné...... **4 fr.**

Sans doute il est bon de faire multiplier les oiseaux de basse-cour, il est attrayant d'obtenir dans ces espèces des centaines de races et de variétés, mais la naturalisation des oiseaux exotiques est incontestablement plus intéressante. Enfin le repeuplement des chasses offre à l'activité des amateurs d'oiseaux des sujets de recherches et d'expériences que l'on doit faciliter et dont l'étude doit être indiquée par des livres spéciaux. Aussi était-il intéressant d'exposer ce qui a été fait et de signaler les résultats obtenus en un livre pouvant servir de guide à la fois pour la connaissance zoologique et pour l'éducation des oiseaux de parc et de faisanderie.

# Canards, Oies et Cygnes. Palmipèdes de produit, de

chasse et d'ornement, par A. BLANCHON. 1896, 1 vol. in-16 de 348 pages avec 73 figures, cartonné........................ **4 fr.**

La première partie de ce volume est consacrée à l'installation, à la nourriture, à l'incubation, à l'élevage, à l'éjointage, aux maladies, à l'acquisition et au transport des oiseaux et des œufs. Dans la deuxième partie, M. Blanchon passe en revue les différentes races de cygnes, oies et bernaches et autres anséridés, canards, sarcelles et autres anatidés : il donne, à propos de chaque espèce, les caractères distinctifs, la distribution géographique, les migrations, le nid, la ponte, l'incubation, les mœurs, la nourriture, les produits, la chasse, la vie en captivité, la longévité.

# L'Amateur d'Oiseaux de Volière, espèces indi-

gènes et exotiques, caractères, mœurs et habitudes, reproduction en cage et en volière, nourriture, chasse, captivité, maladie, par H. MOREAU. 1902, 1 vol. in-16 de 432 p., avec 51 fig., cart.. **4 fr.**

**L'Élevage des animaux de basse-cour**, par E. et J. Philippe 1894, 1 vol. in-16 de 144 pages, avec figures.................. **1 fr.**

**Monographie des Races de Poules : la Langsham, par Rouillé.** 1893, in-8, 80 pages et 1 atlas in-4 de 8 planches............. **2 fr.**

## L'Amateur d'oiseaux de volière, espèces indigènes et exotiques, caractères, mœurs et habitudes, reproduction en cage et en volière, nourriture, chasse, captivité, maladie, par HENRI MOREAU, 1891, 1 vol. in-16 de 432 pages, avec 51 figures, cartonné............................................................ 4 fr.

Ce livre est l'œuvre d'un amateur qui a cherché, par la description la plus exacte possible, à rendre la physionomie et le plumage des principaux oiseaux de volière, à retracer avec ses observations personnelles, leur genre de vie. Le lecteur y trouvera des détails complets sur l'habitude, les mœurs, la reproduction, le caractère, les qualités et la nourriture de chaque oiseau.

## Les Oiseaux de basse-cour, par RÉMY SAINT-LOUP, maître de conférences à l'École pratique des Hautes-Études, secrétaire de la Société nationale d'acclimatation, 1895, 1 vol. in-16 de 368 pages, avec 105 figures, cartonné.................................. 4 fr.

*Première partie.* — Classification des oiseaux de basse-cour. — Variation du type dans les principales races. — Sélection. — Organisation des oiseaux. — Incubation naturelle et artificielle. — Elevage des poulets, des dindons, des canards et des oies. — Aménagement du local. — Bénéfices de l'industrie avicole. — Maladies des oiseaux de basse-cour. — Parasites.
*Deuxième partie.* — Descriptions des races. — I. Coqs et poules ; II. Pigeons ; III. Dindons ; IV. Pintades ; V. Canards ; VI. Oies.

## Les Oiseaux de parcs et de faisanderies. Histoire naturelle. Acclimatation. Elevage, par RÉMY SAINT-LOUP, 1896, 1 vol. in-16 de 354 pages avec 48 figures, cartonné.... 4 fr.

Sans doute il est bon de faire multiplier les oiseaux de basse-cour, il est attrayant d'obtenir dans ces espèces des centaines de races et de variétés, mais la naturalisation des nombreux oiseaux exotiques plus rares, au plumage plus éclatant, est incontestablement plus intéressante. Enfin le repeuplement des chasses offre à l'activité des amateurs d'oiseaux des sujets de recherches et d'expériences que l'on doit faciliter et dont l'étude doit être indiquée par des livres spéciaux. Aussi était-il intéressant d'exposer ce qui a été fait et de signaler les résultats obtenus en un livre pouvant servir de guide à la fois pour la connaissance zoologique et pour l'éducation des oiseaux de parc et de faisanderie.

## Canards, oies et cygnes, Palmipèdes de produit, de chasse et d'ornement, par A. BLANCHON. 1896, 1 vol. in-16 de 348 pages avec 73 figures, cartonné...................................... 4 fr.

La première partie de ce volume est consacrée à l'installation, à la nourriture, à l'incubation, à l'élevage, à l'éjointage, aux maladies, à l'acquisition et au transport des oiseaux et des œufs.
Dans la deuxième partie, M. Blanchon passe en revue les différentes races de cygnes, oies et bernaches et autres anséridés, canards, sarcelles et autres anatidés : il donne, à propos de chaque espèce, les caractères distinctifs, la distribution géographique, les migrations, le nid, la ponte, l'incubation, les mœurs, la nourriture, les produits, la chasse, la vie en captivité, la longévité.